PSYCHE UND LEISTUNG DER TIERE

Von

WERNER FISCHEL

Dr. habil., Leiter der Forschungsstelle für Tierpsychologie im Zoologischen Garten zu Münster in Westfalen

Mit 105 Figuren im Text

BERLIN 1938

WALTER DE GRUYTER & CO.

vormals G. J. Göschen'sche Verlagshandlung — J. Guttentag, Verlagsbuchhandlung — Georg Reimer — Karl J. Trübner — Veit & Comp.

Printed in Germany / Druck von Walter de Gruyter & Co., Berlin / Archiv-Nr. 526138

VORWORT

Tierpsychologische Forschung hat vielfältige Bedeutung. Sie erstrebt zunächst ein möglichst tiefes Verständnis für das Wesen des Einzeltieres, des Hundes, des Pferdes oder des Affen.

Sie ist ferner eine Voraussetzung für eine erfolgreiche Psychologie des Menschen. Wie der Körper hat auch die Seele eine Geschichte. Darum kann die Menschenseele nur verstehen, wer sich mit der Rolle des Psychischen in der Gesamtheit aller Lebenserscheinungen befaßt hat.

Erst dann, wenn sie als allgemeine vergleichende Psychologie betrieben wird, bekommt tierseelenkundliche Forschung ihren vollen Wert. So braucht sie der Psychologe und der Pädagoge, der Psychiater, der Naturwissenschaftler und der Philosoph.

Im Hinblick auf diese vielfältigen Bedürfnisse ist im folgenden die Psychologie der Tiere wissenschaftlich dargestellt. Dabei kam es nicht so sehr auf die Leistungsfähigkeit der Organismen an als vielmehr auf die psychischen Faktoren, die aus den Leistungen erschlossen werden können. Alle vorkommenden Probleme sind möglichst umfassend und in ihrer ganzen Schwierigkeit erörtert. Möglichkeiten zu weiterer Experimentalforschung findet man wiederholt auseinandergesetzt.

Es war mein Ziel, den gegenwärtigen Stand der tierpsychologischen Forschung klarzulegen und zerstreutes Material unter einheitlichen Gesichtspunkten zusammenzufassen. Führend war dabei die Frage nach der Rolle der Psyche in der Gesamtheit des Lebens. Sind die seelischen Faktoren bei der Entfaltung der Organismenwelt gewissermaßen nebenbei entstanden oder kommt ihnen eine ausschlaggebende Bedeutung zu?

Zahlreiche Kollegen haben mich vor allem durch Überlassung von Schriften unterstützt. Ihnen sei hiermit bestens gedankt! Besonderen Dank bin ich auch der Notgemeinschaft der Deutschen Wissenschaft und dem Reichsforschungsrat für die Förderung meiner Arbeiten schuldig.

Ich hoffe, besonders den Forschern und Praktikern etwas Brauchbares geboten zu haben, die aus einem bestimmten Arbeitsgebiet heraus das Wesentliche an den psychischen Erscheinungen in der ganzen Natur überblicken wollen.

Münster (Westf.), im Herbst 1938 Werner Fischel

Zoologischer Garten

INHALTSVERZEICHNIS

1. ERREGTHEIT UND STIMMUNG ALS AUSGANGSPUNKTE PSYCHOLOGISCHER FORSCHUNG

KÖRPER, SEELE UND GEIST

Die Zeiten sind vorbei, in denen man annehmen konnte, daß die Intelligenz der Menschen sich als gewissermaßen höchste Fähigkeit der Psyche aus Reflex und Instinkt langsam und geradlinig entwickelt habe. Das darf indessen keine Abkehr von stammesgeschichtlicher Betrachtung bedeuten. In der überreichen Fülle moderner Lebensäußerungen und neuester Forschungsergebnisse ist es dringender als je zuvor notwendig, die Menschenseele in der Gesamtheit aller Lebenserscheinungen zu sehen und zu beurteilen. Denn jedes leistungsfähige Wesen drängt vorwärts, erstrebt höhere Daseinsformen und sucht den Verfall zu meiden. Kenntnis und Verständnis für das Werden und Vergehen der Organismen liefert die erste Voraussetzung für erfolgreiches Bemühen um den Fortschritt. Das gilt sowohl für den Einzelnen, dessen Kraft für die Gestaltung und Erfüllung der eigenen Lebenszeit durchaus verbraucht wird, als auch für diejenigen, denen es auf machtvolles Eingreifen in das Schicksal großer Menschengemeinschaften ankommt.

Menschliches Dasein empfinden wir als die untrennbare Einheit von Körper, Seele und Geist. Da aber geistige Gebilde nicht ohne Mitwirkung der Intelligenz entstehen und sie in der Tierwelt durchaus fehlen, hat man durch Jahrhunderte dieses Fehlen auf mangelnde Intelligenz zurückgeführt. Jegliches Denken wurde den Tieren abgesprochen und man unterschied die »anima sensitiva« von der »anima cogitans« der Menschen.

Heute kann der Gegensatz von Mensch und Tier nicht mehr so leicht umschrieben werden wie vor dem Beginn der modernen naturwissenschaftlichen Forschung. Wir werden aber sehen, daß in sehr wesentlichen, das Denken betreffenden Punkten die alte Unterscheidung nach wie vor gilt. Auch die Leistungen der gescheitesten, Kisten aufeinander türmenden Schimpansen verwischen diesen Unterschied nicht. Er wird am Ende dieses Buches eingehend erörtert werden. Schon jetzt darf aber vermutet werden, daß wegen des fehlenden oder mangelhaften Denkens geistige Gebilde in der Tierwelt nicht entstanden sind. Daß sich diese Vermutung als Arbeitshypothese bewährt, kann von späteren Überlegungen vorweggenommen werden.

Wie steht es nun aber mit der zweiten uns hier angehenden Erscheinung: der *Seele*? Wir erleben sie als einen unendlichen Reichtum qualitativ verschiedener Gefühle und ein ständiges Auf und Ab dieser Regungen vom leisen Bewegtsein bis zur stürmischen Wallung. Seit langem wird Ähnliches auch Tieren zugeschrieben. Die Annahme einer »anima sensitiva« stammt von *Aristoteles*.

Als mit Beginn des 20. Jahrhunderts eine wissenschaftliche Tierpsychologie ernste Forschungsarbeiten begann, verhielt sie sich diesem Gedanken gegenüber außerordentlich zurückhaltend. Seelische, mit den menschlichen Gefühlsäußerungen irgendwie vergleichbare Erscheinungen glaubte man bei Tieren nicht mit der erforderlichen Sicherheit feststellen zu können. Darum muß heute der vergleichende Tierpsychologe mit Bedauern große Lücken in dem für die Beurteilung verfügbaren Wissensbestand hinnehmen, ein Mangel, der sich nicht nur bei der Bearbeitung tierischer Affektäußerungen, sondern auch bei anderen Problemen bemerkbar macht.

Nur ein Rückblick auf die neuere Geschichte der Tierpsychologie macht die Zurückhaltung unseres Forschungsgebietes vor dem Problem tierischer Gefühlsregungen verständlich. Wissenschaftsgeschichtlich außerordentlich beachtenswert ist dabei die ursprünglich enge Verknüpfung der modernen Tierpsychologie mit den Abstammungs- und Artbildungsproblemen. Sie hat sich aber in eigenen Bahnen fortentwickelt und zeitweise den Anschluß an die übrige Lebensforschung ganz verloren. Heute bahnt sich allenthalben eine fruchtbare Zusammenarbeit an, aus der heraus auch dieses Buch verfaßt ist. Indessen lohnt es sich, zunächst auf den merkwürdigen Entwicklungsgang der neueren tierpsychologischen Forschung näher einzugehen.

DIE ANFÄNGE MODERNER TIERSEELENKUNDE

Durch sein umfassendes Wirken hat *Charles Darwin* der gesamten Biologie und darin neben der Abstammungslehre besonders der Tierpsychologie eine außerordentliche Anregung gegeben, die heute wieder stärker als vor einem Jahrzehnt nachwirkt. Lange Zeit hat er die Äußerungen der Gefühle bei Menschen und Tieren eingehend studiert und 1873 ein Buch darüber veröffentlicht. (Ins Deutsche übersetzt von Victor Carus: »Der Ausdruck der Gemütsbewegungen bei den Menschen und den Tieren.« Stuttgart 1884.)

Wissenschaftsgeschichtlich ist an diesem Werk die Annahme bemerkenswert, daß aus Gewohnheit häufig vorkommende Bewegungen erblich werden könnten. Ja, es soll sogar eine erblich feste Beziehung zwischen einer bestimmten Affektlage und der ursprünglich dabei »aus Zweckmäßigkeit«, später aus angeborener Gewohnheit (= Instinkt) ausgeführten Handlung geben.

Am Beispiel des Weinens soll *Darwins* Auffassung erläutert werden. Hungrige Säuglinge schreien »gleich den Jungen der meisten anderen Tiere«, wobei ein peinlicher Affekt erlebt wird. Schreien soll aber nach damals herrschender Meinung Überfüllung der Blutgefäße des Auges herbeiführen, was schädlichen Überdruck und Schutz durch Lidschluß sowie Tränenabsonderung auslöst. Durch häufige Wiederholung des Vorgangs ist es zu einer vererblichen Assoziation: Schmerz — Tränenerguß gekommen.

Zu kritisieren brauchen wir diese Auffassung nicht. Und es ist auch nicht nötig, weiter auf das Werk des großen Engländers einzugehen. Als wesentlich muß nur hervorgehoben werden, wie sehr die Denkweise von *Darwin* der von heute in den Naturwissenschaften entspricht. Er sucht die affektiv bedingten Regungen der Tiere durch die Annahme biologischer Vorgänge zu erklären, eine Art des Forschens, die heute in der ganzen Biologie gepflegt wird. Nur soweit wie unbedingt erforderlich schien, hat er auf Eigenschaften der Menschenseele zurückgegriffen, von der ausgehend er Arbeitshypothesen aufstellt und sie am verfügbaren Wissensbestand prüft. Daß dieser heute wesentlich größer und vor allem differenzierter ist als vor zwei Menschenaltern, hat der Fortschritt von der reinen Beobachtung zum systematischen Versuch ergeben. Durch seinen umfassenden Blick sowohl auf stammesgeschichtliche, als auch auf seelenkundliche Probleme übertrifft *Darwin* die weitaus meisten der späteren Forscher, die sich mit diesen Problemen befaßt haben.

1882 starb *Darwin* und schon 1883 erschien zum Unglück für die Tierpsychologie das Buch von *Romanes* über »Die geistige Entwicklung im Tierreich« (Deutsch 1885). Der Verfasser kann als Schüler des großen britischen Biologen gelten, war ihm aber in der Strenge und Schlichtheit des Denkens weit unterlegen. In üppiger Weise werden mit schlechter Begründung den verschiedensten Tieren menschliche Eigenschaften zuerkannt, die auch ohne modernes Fachwissen schon damals als Ergebnisse verwickelten Zusammenspieles höchster seelischer Funktionen gelten mußten. So war *Romanes* z. B. der Meinung, daß es bei den Hymenopteren gegenseitige Sympathie und die Mitteilung von Ideen gebe. Bei Vögeln glaubt er Stolz, ästhetische Gefühle und Träume erkennen zu können. Daß er ihnen Wortverständnis (Papagei) zuschreibt, kann in gewissem Sinne gebilligt werden. Wie er aber in den einzelnen Säugetiergruppen Kummer, Haß, Grausamkeit oder Wohlwollen festgestellt zu haben meint, befremdet jeden Psychologen auch dann, wenn er das Werk von *Romanes* nur aus historischem Interesse durchsieht. Es ist ein Musterbeispiel für den sogenannten *Anthropomorphismus*, das Vermenschlichen der Tiere, denen auf Grund äußerlicher Verhaltensähnlichkeiten die gleichen psychischen Eigenschaften zugeschrieben werden wie Menschen bei vergleichbarem Handeln oder ähnlichen Ausdrucksbewegungen.

Da *Romanes* mit den Ansprüchen eines ernsthaften Forschers in wissenschaftlicher Weise schrieb, konnte es nicht ausbleiben, daß die Biologie sein Werk ablehnte und die Psyche des Tieres als etwas anscheinend Unerforschbares nicht weiter beachtete. Die vergleichende Anatomie, die Entwicklungsgeschichte und die Erblehre kamen auf und erarbeiteten sich Erfolge, die bekannt sind.

Zu der Wirkung des Buches von *Romanes* kam in Deutschland und anderwärts noch der Einfluß des »Tierlebens« von Alfred *Brehm* (1864). Während das Werk im Volke außerordentlichen Anklang fand, gingen die Wissenschaftler gleichmütig an ihm vorüber. Obwohl es tierpsychologische Gedanken mehr als irgendein anderes Buch enthielt, war das kein Grund nicht einmal zu abfälliger Erwähnung. Und die Schuld daran trug *Brehm* selbst, wenn auch nicht in dem Maße, wie es ihm später zugerechnet wurde. Er gilt noch heute vielfach als der Vertreter eines Anthropomorphismus, der nicht ernst genommen zu werden braucht.

Ich darf gestehen, daß mir ein Rehbock sympathisch ist. *Brehm* empfindet anders: »Der Bock ist ein unverträglicher, boshafter, selbst- und herrschsüchtiger Gesell, behandelt schwächere seiner Art stets, die Rike nicht selten ganz abscheulich, mißhandelt ohne Erbarmen seine Sprößlinge, sobald er meint, daß sie seinen Gelüsten im Wege stehen könnten, zeigt allen Geschöpfen, welche er nicht fürchten muß oder aus Gewohnheit nicht mehr fürchtet, das Gehörn und gebraucht es in höchst gefährlicher Weise.«

Das Pferd soll nach *Brehm* »innere Vorstellungskraft, Gedächtnis, Erinnerungsvermögen, Einbildungskraft, mannigfache Empfindungsfähigkeiten für eine große Anzahl von Zuständen des Leibes und der Seele, ferner gemütliche Liebe und gemütlichen Haß« zeigen.

Der Wahrheitswert dieser Ausführungen steigt, wenn man sie als Vergleich des Verhaltens von Tier und Mensch auffaßt. Gelegentlich stimmt es durchaus, daß der Rehbock sich wie eine unverträgliche und boshafte Person verhält, ein subjektiver Eindruck, den jeder Kenner vor allem gefangener Rehböcke erhalten kann.

Man darf den Ausdruck eines Tieres nicht mit dem Eindruck auf den Beschauer verwechseln und *Brehm* geschieht Unrecht, wenn ihm diese Verwechselung als ausschließliche Grundlage seiner psychologischen Tierbeobachtung vorgeworfen wird. Schwerer wiegt schon das Bedenken ungleichmäßiger und wenig sorgfältiger Darstellung. Von letzterem seien einige Beispiele gegeben.

Vom Esel heißt es: »Seine Liebeswerbung ist unwiderstehlich.«

»Ich kenne Ziegen, welche die menschliche Sprache verstehen.«

Vom Kranich sagt er: »Der große, wohlgebaute, bewegungsfähige, scharfsinnige und verständige Vogel ist sich seiner ausgezeichneten Fähigkeiten wohl bewußt und drückt solche durch sein Betragen aus, so verschiedenartig dieses auch sein mag.«

»Man nennt die Ringelnatter ein gutmütiges Tier, weil sie dem Menschen gegenüber nur äußerst selten von ihrem Gebisse Gebrauch macht.«

Genug dieser Beispiele — es sind durchweg Behauptungen, die zu beweisen sich der Verfasser keine große Mühe macht. Wie könnte auch *Brehm* seine Ansicht verteidigen, wenn ein anderer den Mangel an Angriffslust der Ringelnatter nicht auf Gutmütigkeit, sondern auf Faulheit zurückführt? Somit schien die Tierseelenkunde ein der wissenschaftlichen Argumentierung unzugängliches Gebiet zu sein. Vor allem fehlten *Methoden zur sicheren Feststellung psychologisch wichtiger Tatsachen.*

* *

Mit der Jahrhundertwende (genau im Jahre 1899) wurde durch einen klugen Einfall des Amerikaners *Small* der Tierpsychologie mit dem *Labyrinthversuch* ein Verfahren geschenkt, das Tatsachen unabhängig von der zufälligen Ansicht der Beurteiler zu sichern gestattete. Meistens werden Ratten im Irrgarten beobachtet und man zählt, wie oft das Versuchstier in eine Sackgasse einbiegt, oder man mißt die Zeit, die es braucht, um die Anlage zu durchwandern. Da die eine Ratte mehr, die andere weniger »Fehler« macht, die eine längere und die andere kürzere Zeit braucht, um das Ziel zu erreichen, schien mit diesem Verfahren die Möglichkeit gegeben, durch Fehler- und Zeitzahl die leistungsfähige von der untüchtigen Psyche zu unterscheiden, eine Möglichkeit, die gründlich ausgenutzt wurde. *Bierens de Haan* (1937) sagt: »Tausende und abertausende von Lebewesen — von Kindern bis zu Kröten und Küchenschaben — hat man seit den Versuchen *Smalls* unzählbare Labyrinthe durchlaufen, durchwaten durchschwimmen lassen. Man hat die Tiere dabei hungern und dürsten lassen, ihnen Nerven durchschnitten und Sinnesorgane exstirpiert, Gifte eingespritzt und Vitamine vorenthalten.«

Grundsätzlich schien mit dem Irrgartenversuch eine Grundlage dafür gegeben, Dummheit oder Klugheit in Abhängigkeit von Alter und Geschlecht, Nahrung, Körperbau, Rasseneigenart usw. zu studieren. Ja, man konnte die Ausdrücke »dumm« oder »klug« ganz vermeiden und einfach nur Fehlerzahlen angeben. Dieser eigenartige Triumph der Methode bekam sogar eine gescheite erkenntniskritische Begründung durch das bekannte Werk von *Watson*: »Behavior. An Introduction to Comparative Psychology« (1914).

In der klassischen Psychologie befaßt man sich vorwiegend mit den Bewußtseinsinhalten des Menschen. Da sie aber bald als leises Ahnen und bald als scharfes Vorstellungsbild erscheinen, und da sie ferner durch bestimmte Bedingungen experimentell nicht sicher ausgelöst werden können, gehören sie nach der Meinung von *Watson* nicht zu den naturwissenschaftlich erfaßbaren Gebilden. Im Gegensatz dazu lassen sich Handlungen sowohl bei Menschen als auch bei Tieren eindeutig beschreiben. Die äußeren Umstände, durch die sie ausgelöst wurden, kann man bei einfachen Verhältnissen oft wiederholen. Darum stellt *Watson* das Verhalten der Lebewesen in den Vordergrund der psychologischen Betrachtung und nannte seine Arbeitsrichtung die Verhaltensforschung oder »*Behaviorismus*«. Damit entstand eine neue Psychologie, »A science without soul — that is, a natural science«.

Reiz und Reaktion sollen nach dieser Auffassung die allein bestehenden Tatsachen sein. Wenn ich denke, so ist das ein innerlich — implizit — verlaufendes Handeln, das aus erlernten Reaktionsfolgen besteht.

Mechanistisch oder gar materialistisch ist *Watsons* Ansicht durchaus nicht. Gewohnheiten faßt er keineswegs als mechanisch aneinander gekoppelte Einzelreaktionen auf, sondern als »tying together or integration of separate movements in such a way as to produce a new unitary activity« (*Watson*, II. Aufl. 1924, S. 291).

Mit dieser Hervorhebung des Integrierens von Handlungsteilen zu einem neuen Gebilde stimmt er mit der modernen Ganzheitslehre überein, nach der biologische Ganzheiten oder »Gestalten« mehr als nur die Summe ihrer Teile sind.

Am stärksten befremdet die Gefühlslehre des Behaviorismus. Affekte werden nur als ererbte »pattern-reactions« gelten gelassen. Lachen und Weinen sind wie andere Instinkte angeborene Verhaltensformen, die durch äußere Anlässe verursacht werden.

Hier liegt wohl der schwächste Punkt des ganzen Systems. Daß der innere Zustand eines Menschen einen harmlosen Depeschenboten zu einer Trauer auslösenden Erscheinung machen kann, übersieht *Watson*.

Diesen Bedenken zum Trotz ist es für den Psychologen ein Gewinn, *Watsons* Werk durchzuarbeiten. Es lehrt die Wichtigkeit guter Verhaltensbeobachtung und zuverlässiger Beschreibung. Es lehrt uns ferner die nach des Autors Meinung gar nicht überschätzbare Bedeutung der bei einfachen Handgriffen gesammelten Erfahrungen. Die lange und einschneidende Nachwirkung der ersten Kindheitserlebnisse ist ebenso hervorgehoben wie die Wichtigkeit des Erfassens der Gesamtpersönlichkeit des Menschen.

Der Behaviorismus ist ein weitblickend durchgeführter Versuch zu einer einheitlichen Beurteilung des Verhaltens der Menschen und der Tiere. Seine Gleichgültigkeit gegenüber dem eigentlich seelischen Geschehen hat ihn aber zur wissenschaftlichen Episode werden lassen.

In Deutschland ist der Behaviorismus ein erledigtes Problem. Wir anerkennen und bewundern die Leistungen dieser Forschungsrichtung, sehen aber auch mit Enttäuschung die Lücken, die durch seine Einseitigkeit in der psychologischen Forschung entstanden sind. Denn nur *eine* tierpsychologische Methode — den zur Labyrinthforschung erweiterten Umwegversuch — hat der Behaviorismus erfolgreich gepflegt und nur in *einer* Problemgruppe sichere Ergebnisse gebracht. Aber gerade die gute Begründung seiner Ergebnisse war die Ursache seines Erfolges und steht in klar und kraß erkennbarem Gegensatz zu den schlechten Fundamentierungen der Ansichten der älteren Schule. Erfolg entscheidet im Leben des Menschen nicht nur über die eigene Stellung, sondern auch über den Vorrang der zur Bearbeitung stehenden wissenschaftlichen Probleme. Erfolge erleben Aufstieg, Höhepunkt und Ende. Auch die Labyrinthforschung hat ihren Höhepunkt überschritten.

* *

Der letzte wesentliche Fortschritt, der beim Rückblick auf die Entwicklung unseres Forschungsgebietes auffällt, entspringt wiederum keiner erklärenden Idee, sondern einer Verbesserung der Methode, die dem Versuchstier eine weit größere Handlungsfreiheit gibt, als es im Irrgarten möglich ist. Nahezu gleichzeitig haben *Wolfgang Köhler* und *Robert Yerkes* Menschenaffen geprüft und ihnen dabei Kisten, Stöcke und andere Hilfsmittel so zur Verfügung gestellt, daß die Tiere nach Belieben damit umgehen konnten. Sie hatten nicht nur die Wahl zwischen vorher festgelegten Verhaltensmöglichkeiten, wie es im Labyrinth der Fall ist, sondern konnten diese auch geradezu frei erfinden, durften Erfahrungen in jeder ihnen günstig erscheinenden Weise anwenden und hatten stets die Möglichkeit, einfach gegliederte Anordnungen leicht zu übersehen.

Mit diesen Methoden zur freien Entfaltungsmöglichkeit tierischen Könnens tauchten außerordentliche Schwierigkeiten beim Urteil über die erzielten Leistungen auf, die der vergleichenden Psychologie noch heute zu schaffen machen und bei der Vieldeutigkeit der erzielten Forschungsergebnisse zu einer Aufspaltung des psychologischen Forschens in eine Reihe von Schulen führte.

Indessen hat man wie in anderen Forschungsgebieten auch einen gesicherten Tatbestand erarbeitet, den systematisch darzustellen die vornehmste Aufgabe dieses Buches sein soll. Wir werden psychische Kräfte annehmen, deren Wirken oder Fehlen uns tierische Handlungen verständlich macht. Das ist ein analytisches Arbeiten.

Über die Analyse soll aber unsere Darstellung weit hinausgreifen und uns zu der klassischen Ausgangsfrage der modernen Biologie zurückführen, die zugleich auch dieselbe Frage ist, von der ausgehend *Darwin* seinerseits psychologische Beobachtungen gesammelt hat, nämlich die Frage nach dem Werden und Vergehen der Lebewesen und vor allem nach der Entstehung des Neuen in der lebendigen Welt. Denn in der Auseinandersetzung mit historischen Problemen wird das Wissen des Forschers zum Können, mit dem aus der Erkenntnis der Vergangenheit heraus die Zukunft gemeistert werden kann. Nicht nur für die züchterische Praxis mit ihrem Streben nach verbesserter Zukunftsleistung brauchen wir die Kenntnis der Vergangenheit des Lebens. Jegliches menschliche Vorwärtsstreben ist in die Zukunft gerichtet und überall bemerken wir seelisches Wirken, sehen es dem Verfall ausgesetzt oder um weitere Fortschritte bemüht.

Mit diesen Überlegungen kommen wir auf das wichtigste Problem das uns beschäftigen soll:

die Rolle der Psyche bei der Entfaltung des Lebens.

Kennen wir nun aber die Tierseele gut genug, um sie in so umfassender Weise erörtern zu können?

Haben wir überhaupt ein Recht, nicht nur dem Hunde sondern auch der Ringelnatter, dem Kolibri, dem Amphioxus, der Ameise, der Schnecke, dem Regenwurm und gar der Hydra eine Seele zuzuschreiben?

Solange es Wissenschaft gibt, ist darüber hin- und hergeredet worden und unser geschichtlicher Rückblick hat sich mit den meisten der dabei geäußerten Meinungen nicht befaßt. Nur auf die Geschichte der Gewinnung wissenschaftlicher Tatsachen sind wir eingegangen und auf einzelne Folgerungen, mit denen aber das eigentliche Wesen der Tierseele nicht erschlossen war. Denn der Behaviorismus hat uns zwar tiefe Einblicke in die Orientierung von Ratten verschafft, die neuere und neueste Affenforschung hat hohe Intelligenzleistungen gezeigt und analysiert, ohne indessen gewissermaßen ein Bild der Affen- oder Rattenseele in ganzheitlicher Schau zu entwerfen. Diesen Mangel kann man nur im Hinblick auf den Erfolg der Leistungsforschung verstehen, mit der das Problem der Intelligenz bearbeitet war, während das Problem der Affekte stiefmütterlich behandelt wurde, weil es nach dem Auftreten von *Romanes* und *Brehm* zu keiner ernsthaften Erörterung mehr geeignet schien.

DER AFFEKT ALS WIRKENDER PSYCHISCHER FAKTOR

Wir sind davon ausgegangen, daß bei der Unterscheidung von Seele und Geist in der Menschheit höchstens nach ersterer in der Tierwelt geforscht werden könne. Richtiger ist es zu fragen: ob in der Tierwelt Gebilde vorhanden sind, die mit der Menschenseele verglichen werden können. Ohne weiteres darf dabei angenommen werden, daß in der Natur vorkommende Gebilde auch wirken, so daß es möglich ist, aus diesem Wirken Eigenarten des Gebildes zu erschließen.

Ein Zustand meiner Seele kann das Gesicht so verändern, daß es meinen Ärger verrät. Wer nun aber annimmt, daß eine Veränderung in der Seele die Ursache einer besonderen Spannung der Gesichtsmuskeln geradezu bewirke, äußert damit eine durch nichts beweisbare Vermutung. Denn er läßt den Vorgang psychisch beginnen und körperlich enden, wobei nicht gesagt werden kann, wo auch nur ungefähr das eine aufhört und das andere endet. Liegt etwa die Grenze der Seele an den Enden der Nerven?

Und doch dürfen wir mit gutem wissenschaftlichen Recht sagen, daß der Ärger, also *ein Affekt, Ursache körperlicher Vorgänge* sei. Denn selbst dann, wenn sich sicher beweisen ließe, daß es keine Kausalbeziehung zwischen Körper und Seele gäbe, kann es sich als fruchtbar erweisen, diese Beziehung als Fiktion zu setzen. Wir tun also, als ob es so sei, und sehen zu, ob wir in der Tierwelt Vorgänge finden, die psychisch verursacht sein können. Damit haben wir dann den wichtigen Gewinn zweier klar festlegbarer Dinge:

1. die als Verhalten beobachteten Tatsachen einerseits und
2. die allenfalls als Ursache angenommenen psychischen Inhalte andererseits.

Darüber darf dann unter keinen Umständen das Problematische an der Beziehung zwischen ihnen vergessen werden. Unbestreitbar ist sie wechselseitig, weil ein körperlicher Defekt der Seele schaden kann. *Wie* der Prozeß der gegenseitigen Beeinflussung aber vor sich geht, ist eine offene Frage, auf die eine Antwort nicht einmal vermutet werden kann. Diese Frage muß auch heute und vielleicht noch für mehrere Forschergenerationen hinter einer anderen zurücktreten, nämlich hinter der Frage nach dem, *was* in einem besonderen Fall wirkt. Denn die Seele eines Menschen ist nichts Einfaches und es ist geradezu wahrscheinlich, daß zu ihr gehörende Teilfunktionen bei

Tieren vorkommen. Wir müssen nun festzustellen suchen, welche das sind.

Um fruchtlosem Grübeln zu entgehen, ist es am besten, wenn der tätig forschende Psychologe das Problem der Beziehung zwischen Körper und Seele zurückstellt und sich um die Gewinnung von Tatsachen bemüht, die später die Lösung des Problems erleichtern werden. Es bewährt sich aber, eine einfache kausale und wechselseitige Beziehung anzunehmen. Das tut man dann nicht als Hypothese, sondern als Fiktion, also als Annahme eines Geschehens, dessen wahre Eigenschaften voraussichtlich anders sind, als die behelfsweise herangezogene Vermutung sie erscheinen läßt.

Oft ist behauptet worden, nur aus dem Erleben der eigenen Seele heraus könne man auf seelische Vorgänge bei Tieren schließen, eine Meinung, die hier angezweifelt sei. Wenn ein absolut gefühlloses, aber uns Menschen an Beobachtungsgabe und Erschließungskraft überlegenes Wesen käme und würde Tiere wie Menschen beobachten, so müßte auch dieser überlegene Geist zur Annahme von besonderen wirkenden Faktoren kommen, die neben den physischen Einflüssen für das Verhalten der betrachteten Organismen wichtig sind. Darum würde er auch einen Faktor annehmen, auf den unsere Gefühlswallungen zurückzuführen wären. Denn sie sind naturwissenschaftlicher Forschung durchaus zugänglich, weit mehr als bisher angenommen durch Beobachtung und Versuch erschließbar und sollen uns zuerst beschäftigen. Gefühlsregungen greifen auslösend und steuernd in jedes andere psychische Geschehen ein, ohne Rücksicht auf sie ist es nicht möglich, eine allgemeine vergleichende Psychologie zu betreiben.

* *

Den ganzheitlichen Zusammenklang menschlicher Affekte kennen wir als *Stimmung*. Für sie ist zweierlei charakteristisch:

erstens eine das Bewußtsein beherrschende Gefühlslage und

zweitens eine bestimmte Intensität der Lebensäußerungen.

Da letztere ohne weiteres zu sehen ist, hat sie tierpsychologische Bedeutung. Den Schwung der lebhaften Handlung eines begeisterten Menschen beobachtet man auch bei aufgeregten Hunden und der Schluß liegt nahe, daß auch für sie die gleiche Ursache wie beim Menschen das Handeln lebhaft werden läßt. Ebenso ist man leicht geneigt, bei einem gedrückt, langsam und gleichgültig daherlaufenden Hund auf Traurigkeit zu schließen.

Als wichtig muß jedoch mit Nachdruck hervorgehoben werden, daß es außer Freude und Schmerz noch einen anderen hierher gehörenden Gegensatz gibt, der sehr treffend als *Aufgeregtheit und Niedergeschlagenheit* bezeichnet wird.

Leichte Aufgeregtheit schafft einen Spannungszustand, der bei äußerlicher Ruhe, aber meist straffer Körperhaltung beschleunigten Herzschlag und verstärkte Atmung als Zeichen des Affektes, des »Angetan-seins« enthält. Jeder Kenner von Hunden hat das schon beobachtet.

Starke Aufgeregtheit verrät sich bei Menschen und Tieren durch Unruhe, lebhaftes und oft heftiges Handeln.

Diese Erscheinungen sind wichtig genug, um eine Erörterung der Affekte ausschließlich als *psychische Wallungen*, ohne Rücksicht auf die Qualität der von Menschen dabei erlebten Gefühle zu rechtfertigen. Gibt es Zeichen der Aufgeregtheit bei Tieren, die auf psychische Zustandsänderungen zurückgeführt werden müssen und mit anderen psychischen Erscheinungen zusammenhängen? Haben wir überhaupt Anlaß, Aufwallungen der tierischen Lebensäußerung in irgendwelcher Hinsicht mit den Affekten der Menschen zu vergleichen? Diese Fragen fordern zur Erörterung von Einzelheiten heraus, damit die weitere Überlegung gut begründet sein wird.

DIE AFFEKTWALLUNGEN BEI TIEREN

Zur Einführung in den nunmehr zu betrachtenden Tatsachenbereich gehen wir auf eine Untersuchung von *Schiche* (1921) ein, der Welse, also Bodenfische studiert hat.

Ein ruhig auf dem Boden eines Aquariums liegender Wels (*Amiurus*) atmet bei 12,5° C rund 40mal in der Minute (genauer: 42, 40, 43, 41, 42, 40mal usw.). Geringste Reize verschiedener Art bewirken, daß die Atemfrequenz um rund 10 je Minute hinaufschnellt. Bei starker mechanischer Reizung fand *Schiche* die Höchstfrequenz mit 100 bis 110 Atemzüge je Minute.

Die Reizung löste also keine qualitativ neue Handlung aus, sondern ändert nur die Intensität physiologischer Prozesse. Diese Änderung kann darum nur als Folge der Veränderung anderer Geschehnisse im

Tier aufgefaßt werden, weshalb man die Atemfrequenz geradezu als Ausdruckserscheinung anführen darf. Da kein physiologischer Grund zu verstärkter Sauerstoffaufnahme vorliegt, muß die Psyche von dem Reize betroffen worden sein.

Aufgeregtheit jeglicher Art hat eine gewisse ansteckende Wirkung. Wer einen anscheinend freudigen Hund betrachtet, und der Natur den Einfluß auf sein eigenes Fühlen nicht verschließt, spürt selber eine Regung des Frohseins. Da aber Anlagen und Erziehung das Gefühlsleben der Menschen verschieden sein lassen, erleben zwei Beobachter hier keineswegs das Gleiche. Und sie vergeuden ihre Zeit, wenn sie nicht bestrebt sind, nach »objektiven« Kennzeichnungsmethoden zur festen Umschreibung der Tatsachen zu suchen, die sie interessieren. Wir müssen also nach Vorgängen fragen, die von den Affektwallungen der Tiere beeinflußt werden.

Einen wichtigen Versuch in dieser Hinsicht bedeutet die Untersuchung von *Hall* (1936), der die Aufgeregtheit von Ratten in fremder Umgebung studierte. Zu diesem Zweck setzte er die Tiere in ein rundes Gehege von etwa 1 m Durchmesser, wo sie unbeeinflußt blieben und teils zwei, teils vier Minuten lang beobachtet wurden.

Durch das rigorose Versetzen sind die Ratten erregt und beschnüffeln eifrig die unbekannte Fläche. Dabei kommt es auch zu Defäkationen und zwar umso stärker, je aufgeregter die Tiere sind. Die Prozentzahl von etwa 30 Ratten, die beim Versuch Darminhalt abscheiden, gibt ein brauchbares Maß für den Grad der Erregtheit. Wir wollen diese Zahl hier einfach als »Affektgrad« bezeichnen.

Selbstverständlich ist dieser Grad von Tier zu Tier und von Tag zu Tag verschieden. Bei der Kürze der einzelnen Versuche ist die Ratte bei jedem Aufenthalt im Prüfungsfelde aufgeregt, was auch bei längerer Fortsetzung der Versuche in keiner Weise zurückgeht.

Das gilt aber nur für ausreichend gesättigte Tiere. Hungrige Ratten zeigen sich in fremder Umgebung von Tag zu Tag weniger aufgeregt, was aus folgender Zusammenstellung ersichtlich ist.

Zustand der Ratten	Versuchstage 1.	2.	3.	4.	5.	6.	7.	8.
Hungrig (n = 31)	58	45	45	32	35	26	26	19
Gesättigt (n = 50)	76	84	68	78	74	62	72	72

Dabei spielt es keine Rolle, ob die hungrige Ratte tatsächlich Futter findet oder nur ungesättigt umherschnüffelt. Der Hunger vermindert die sonst von der Fremdheit der Situation bedingte Aufgeregtheit.

Das ist eine überraschende Feststellung, denn der Hunger selbst macht aufgeregt, wie es bei der Fütterung von vielen Tieren zu sehen ist. Die Versuche von *Hall* haben nun gezeigt, daß die affektive Wirkung anderer Einflüsse dadurch nicht verstärkt, sondern verringert wird.

Die besonderen Affektlagen betreffen die Lebewesen als ganzheitliche Organismen, nicht nur einzelne Teile des Nervensystems. Schwankungen des Erregtheitszustandes sind bei Menschenkindern besonders leicht zu beobachten. Oft ist es, als ob die Fröhlichkeit oder die Lust zum Tollen wie ein Anfall über sie komme. Solchen jähen Stimmungswechsel hat man auch bei Tieren oft bemerkt. *F. Goethe* (1937) hat vor kurzem Hirschkuh und Kalb beobachtet und berichtet davon Folgendes:

Um 5 Uhr früh ziehen Alttier und Kalb zum Waldrand hinauf. „Das Kalb beginnt" — wie uns geschildert wird — „wild den Hang hinauf in den Bestand zu rasen und immer wieder zum Alttier zurückzukehren. Schließlich rennt es etwa 25mal mit 25 bis 50 m Radius um das Alttier herum. Diese Laufspiele in der Morgensonne gaben Bilder von einer Lebhaftigkeit, wie man sie sonst nur von jungen Horntieren gewohnt ist. Richtige Bocksprünge macht das Kalb, das also in keiner Weise mehr als unbeholfen zu bezeichnen ist."

Wahrscheinlich wird sich ein solcher Übergang von ruhiger zu lebhafter Lebensäußerung auch dann zeigen, wenn in einer experimentell erzeugten gleichbleibenden Umgebung jeder äußere Anlaß zu ihr ausgeschlossen ist. Denn im Gegensatz zur einförmig tickenden Uhr ändert sich Geschwindigkeit und Intensität wohl aller Lebenserscheinungen mit der Zeit. Wenn kein exterozeptiver Einfluß als Ursache lebhafter Tätigkeit gefunden werden kann, sagt man, daß das Tier spontan handele. Das gibt es schon bei den einzelligen Lebewesen und ist vor kurzem von *Bierens de Haan* besonders hervorgehoben worden (1935). Er spricht von der ungeheueren Mannigfaltigkeit der spontanen Bewegungen bei Protozoen, vom durchaus regellosen Wechsel der Schwimmrichtung und Geschwindigkeit bei Bakterien und Flagellaten, von den Suchbewegungen der Geißel bei *Euglena*, dem plötzlichen Zusammenzucken von *Vorticella* und *Stentor* als Beispielen für spontane Aktivitätsänderungen, für die kein äußerer Anlaß zu finden ist. Besonders auffallend sind diese spontanen Bewegungen bei Infusorien, die Sprungwimpern besitzen wie *Halteria grandinella*, die mit ihren adoralen Wimpern vorwärts schwimmend, plötzlich ohne merkbaren Grund mittels ihrer Sprungborsten zurückschnellt, um dann in einer anderen Richtung wieder weiterzuschwimmen.

Oft sind äußere Anlässe im Zusammenhang mit einer gewissen inneren Bereitschaft die Ursache plötzlich ausbrechender Erregtheit. *F. Goethe* vermutet, daß der Abhang und der Waldrand, also Geländeformen, das Hirschkalb zum Tollen veranlaßt haben. Indessen kommt es vorläufig nicht auf den Anlaß, sondern auf das Tollen als solches an. Am Anfang der psychologischen Erörterung darf nicht die Form der Bewegung stehen, sondern es gilt zunächst die Intensität, mit der sie abläuft, zu betrachten, ihre Heftigkeit oder Schwächlichkeit. Es ist auch der Gegensatz von Ruhe und Unruhe, der uns als eine der urtümlichsten Eigenarten des Lebens vorerst beschäftigen soll.

Brunst schafft Unruhe und es kann nicht nachdrücklich genug hervorgehoben werden, daß diese Unruhe, die bis zu Wildheitsausbrüchen steigen kann, schon als solche der wissenschaftlichen Beobachtung bedarf. Die Forschung hat sie bisher allzu wenig beachtet und über dem Studium komplizierter Sexualinstinkte vernachlässigt.

Im Hochsommer fegt der Elch den Bast von den Schaufeln. In der nun erwachenden Brunst wird sein Bad in der See zur rasenden Leidenschaftsäußerung. *M. Kakies* (1937) hat das geschildert.

„Der Elch rast wie ein Ungewitter durch die Brandung, um plötzlich mitten im Lauf das Wasser mit den Läufen zu peitschen oder mit allen Vieren zugleich hochzuspritzen. Der Gischt, von der Kraft der Läufe und dem Fall des Körpers emporgewirbelt, spritzt nach allen Seiten. Manchmal ist der Elch eingehüllt in Millionen sprühender und sonnenglänzender Wassertropfen. Bald darauf ist er am Strand, wirft das schaufelbewehrte Haupt wie ein rassiges Pferd auf und stampft Wasser und Sand mit den Läufen. Dann wieder wirft er sich den anrollenden Wogen entgegen, daß er von ihnen fast bedeckt wird."

Nicht nur bei höheren Tieren kennen wir verschiedene Grade der Lebhaftigkeit. Man spricht mit Recht von einem *»chemischen Alarm«* bei Planarien. Denn der chemische Reiz wird nicht nur einfach wahrgenommen, sondern regt sie zu eifrigster Tätigkeit an. Ruhende Planarien sitzen im Wasser an festen Gegenständen und im Zuchtgefäß eng in den Winkel zwischen Rand und Boden geschmiegt. Sie leben von Fleisch, das man beim Alarmierungsversuch bis zu 5 cm vor dem Wurm vorsichtig ins Wasser legt. Nach den Schilderungen von *O. Koehler* (1932) sind schwächste und sehr langsame Bewegungen des Vorderendes das erste »Alarmzeichen«. Das Tier wird nun unruhig, der Kopflappen streckt sich, die »Öhrchen« werden lang und schmal. Dann hebt sich das ganze Vorderende von der Unterlage empor und führt, je weiter es sich hebt, umso weiter ausschlagende Pendelbewegungen aus.

Die äußere Reizung regt nun den Wurm zu weiter nichts als zu Bewegung schlechthin an. Das gilt aber nur für *Planaria alpina*, wenn sie aus rasch fließenden Bächen stammt, und mit der Einschränkung, daß der alarmierende Stoff weiter als 1 cm vom Tier entfernt ist. Unter diesen Umständen sind die Bewegungen ungerichtet. Es kommt vor, daß das aufgeregte Tier in nächster Nähe der Beute vorbeikriecht, ohne sich ihr zuzuwenden.

Das ist *phobisches Verhalten*, dessen Kennzeichen die aufgeregte, vor allem aber ungerichtete Bewegungsfolge ist. Der Weg eines so handelnden Tieres sieht aus wie ein locker in zufällig entstehenden Windungen auf den Tisch gelegter Bindfaden.

Wer nun glaubt, diese Handlungsweise käme nur bei niederen Tieren vor, ist ein schlechter Beobachter. Das »Stöbern« der Hunde ist ein Verhalten mit grundsätzlich gleichen Eigentümlichkeiten und es ist nicht selten verblüffend, wie nah ein Hund an Dingen vorbeirennt, die er bei anderer Einstellung riechen oder sehen müßte.

Phobien können echte *Suchhandlungen* sein, was man sich klarmachen muß, um die seelische Lage des betreffenden Tieres richtig zu verstehen. Das Suchen der chemisch alarmierten Planarie wie auch das Stöbern des Hundes, den ein Wildgeruch aufregt, unterscheidet sich allerdings in einem sehr wichtigen Punkt vom Suchen bei Menschen. Wir suchen in der Regel nach versteckten Dingen, die weder zu sehen sind, noch auf andere Weise von uns wahrgenommen werden können. Im Gegensatz dazu ist aber für den alarmierten Strudelwurm eine wichtige Eigenschaft des erstrebten Gebildes schon von vornherein da: nämlich eine »chemische« Eigenschaft, oder, wie wir getrost sagen wollen, sein Geschmack. Das Ziel wirkt also durch das Vorhandensein und nicht durch das Verborgensein von Eigenschaften.

Durch Fernwirkung wahrgenommene Eigenschaften lösen nicht immer nur phobisches, sondern auch *tropische Reaktionen*, also gerichtetes Verhalten aus. Im Gegensatz zur *Planaria alpina* kriecht die im Stillwasser lebende *Planaria lugubris* häufiger und auf Entfernungen bis zu 17 mm geradewegs auf ein Stück Schneckenfleisch zu. Wie solche gerichtete Wege, von deren Mannigfaltigkeit Abb. 1 ein Beispiel gibt, zustande kommen, wird uns noch beschäftigen. Hier handelt es sich zunächst um den Unterschied zwischen den ausschließlich erregenden Reizwirkungen einerseits und den anlockenden oder abstoßenden andererseits, deren Folge die als naturwissenschaftliche Tatsache un-

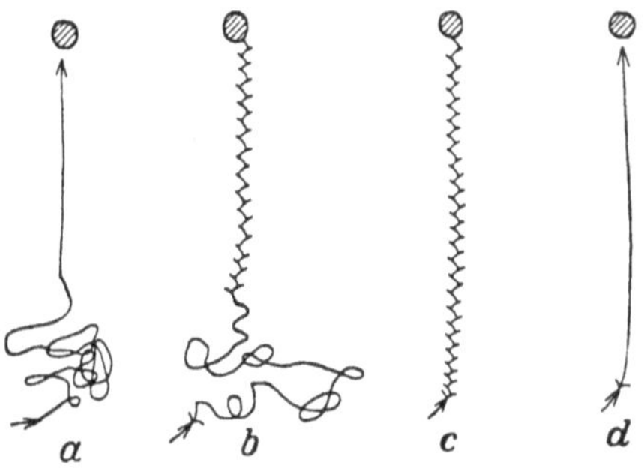

Abb. 1. Kriechspuren von Planaria lugubris. a und b anfangs ungerichtetes Verhalten. c und d von vornherein gerichtete Kriechbahnen. a und d geradliniges, b und c Suchen mit Pendelbewegungen. (Nach Koehler)

bestreitbar vorhandenen und damit zunächst nur beschreibend unterschiedenen phobischen und tropischen Reaktionen sind.

Mit dem Hinweis auf diese Verschiedenheit sind wir aber über unser Ausgangsproblem hinausgegangen, auf das wir zurückkommen müssen. Der für jegliches Leben so charakteristische Wechsel zwischen ruhiger und lebhafter Tätigkeit kann durch innere und äußere Einflüsse bedingt werden. Oft wirken beide zusammen, wenn auch wohl meistens einer von beiden stark vorherrscht. Die im Blute des Elches kreisenden Sexualhormone machen ihn als von innen wirkende Faktoren wild. Diese äußern sich im Trieb, den wir wegen seiner Wichtigkeit eingehend besprechen müssen.

DIE TRIEBE

Der Stoffwechsel ist das physiologische Charakteristikum des Lebens. Jeder Mensch wie auch jedes Tier braucht Sauerstoff, Nahrung, Wasser und ein Mindestmaß an Wärme. Bei Tieren, in deren Biotop Wasser oder Luft zur Atmung ständig vorhanden sind, pflegt ihr Fehlen sehr rasch zum Tode zu führen. Fehlen Nahrung und Wärme, so entsteht ein Zustand des Unbehagens, bei Tieren ein Zustand der Unruhe oder der Bereitschaft.

Oft wird beim Fehlen der Nahrung das nun bestehende *Bedürfnis* als Grund der in diesem Zustand vorkommenden Reaktionen angegeben. Demgegenüber kann nicht nachdrücklich genug darauf hingewiesen werden, daß der mangelnde Stoff, dessen der Organismus bedarf, bei Tieren nur sehr selten und nur auf höchster Entwicklungsstufe einen psychischen Inhalt bildet. Was beweist uns, daß eine auf trockene Straße geratene, eifrig kriechende Schnecke einen wirkenden inneren Faktor besitzt, der irgendwie feuchtes Laub betrifft? Nicht auf schlummernde oder latente Faktoren kommt es bei der Leistungsbeurteilung an, sondern auf die wirkenden. Die Trockenheit und das helle Licht veranlassen unsere Schnecke zu emsiger Bewegung. Wer meint, daß sie sich vielleicht in irgend einer Weise an feuchtes Milieu erinnere, muß das beweisen.

Gewiß könnte es beim hungrigen Hund und gar beim hungrigen Schimpansen anders sein, also so, daß ein Bewußtsein des Bedürfnisses, nämlich der Nahrung, sie zum Handeln treibt. Ohne weiteres dürfen wir das aber nicht behaupten und müssen zuerst festzustellen suchen, welches denn die Folgen reiner Hungerwirkung sind.

Mit dem Hinweis auf das Bedürfnis wird gesagt, daß dem Tier etwas fehlt, also etwas beschrieben und nichts erklärt. Damit ist indessen für den, der nach wirkenden Kräften sucht, nichts gewonnen. Es ist der Mangel, der erregt, und hat diese Wirkung so lange, bis er beseitigt wird.

Nur für drei Triebe, den Hunger, den Durst und die Brunft hat die Sprache Ausdrücke. Sie sind die bekanntesten Triebe und für höhere Lebensformen unbedingt charakteristisch. Bei dieser Allgemeinheit der fraglichen Erscheinungen darf aber ein wichtiger Gegensatz nicht übersehen werden:

Die Triebe sind in der gesamten Tierwelt wesensgleich. Die aus ihnen folgenden Leistungen sind aber ungeheuer verschieden.

Im Hunger hackt der Specht an Bäumen, baut die Spinne ein Fangnetz und der Ameisenlöwe den Trichter. Wir werden noch davon zu reden haben, daß diese verwickelten und eigentümlichen Handlungsformen auf einen besonderen psychischen Faktor, den *Instinkt* zurückgeführt werden müssen. Es ist eine von Tierart zu Tierart verschiedene Anlage, während die den Instinkt zum Wirken bringenden Triebe wesensgleich sind. *Der Trieb liefert den Impuls zum Handeln, während der Instinkt seine Form bestimmt.*

Diese wichtige, allzu oft übersehene Unterscheidung läßt sich gelegentlich durch unmittelbare Beobachtung begründen. Beim Stichling (*Gasterosteus aculeatus*) ist das Männchen in der Erregung prächtig leuchtend gefärbt. Seine Farbenpracht zeigt sich, wenn es im Kampf ein anderes Männchen besiegt hat. Sie zeigt sich ferner, wenn es ein Nest gebaut hat und auf ein laichreifes Weibchen wartet. Außer dieser besonderen Färbung und einer gewissen Unruhe oder Nervosität ist indessen nichts Auffallendes wahrzunehmen.

Sobald nun das Weibchen erscheint, wird das aber anders. *Wunder* (1930) hat anschaulich geschildert, wie das Männchen nun zunächst das Nest nochmals herrichtet. „Dann streicht es über dem Nesteingang nochmals zitternd Nierensekret ab und schwimmt mit kurzen, ruckartigen Bewegungen, die als Zickzacktanz beschrieben worden sind, zum Weibchen. Es sucht nun hier die Aufmerksamkeit des Weibchens auf sich zu lenken. Das geschieht gewöhnlich durch ein leichtes Anstoßen an den Kopf des Weibchens, das meistens in dem Becken zunächst einmal ruhig an dem Ort stehen bleibt, an dem es hereingesetzt wurde. Ist das Weibchen laichwillig, so stellt es sich mit dem Kopf zum Männchen hin ein, dieses spreizt dann die Rückenstacheln und das Weibchen legt seinen Kopf direkt an den Rücken des Männchens an und läßt sich, das Männchen berührend und mitschwimmend, zum Nest führen."

Das alles sind Handlungen von instinktiv bedingter Form, die erst mit dem Auftauchen des Weibchens beginnen, während der durch den Trieb verursachte Erregtheitszustand schon vorher vorhanden war.

Ein weiteres anschauliches Beispiel für die Unruhe vor dem Abreagieren der Triebwirkung in einer speziellen Tätigkeit liefern die Schlupfwespen. Sie legen mit einem langen Legebohrer Eier in die Larven von Käfern ab, die im Holz vorkommen. In ihrem Drang sieht man die Wespe unter erregten Fühlerbewegungen — die dem Riechen dienen und keine Ausdrucksbewegungen sind — mit unermüdlichem Eifer auf Baumstämmen hin- und herlaufen, bis eine Stelle zum Einstechengefunden ist.

Aus diesen Überlegungen heraus geben wir nun eine Umschreibung: *Triebe sind Erregtheitszustände, die mit dem Erreichen eines Zieles verklingen.*

DIE AKTIVITÄT

Die Regsamkeit eines Lebewesens wird nicht nur durch Sonderzustände wie den Trieb oder äußere Einwirkungen bestimmt. Es gibt auch ihrer Anlage nach träge oder lebhafte Tiere, ein Unterschied, der für die Grundlegung einer gesicherten Temperamentslehre wichtig ist. Da durch neuere Untersuchungen der Grad der Lebhaftigkeit, die Aktivität, sich als Erbeigenschaft erwiesen hat, gehen wir näher darauf ein.

Systematische Erbpsychologie ist bisher nur mit der domestizierten Ratte betrieben worden. Ihre Regsamkeit stellt man in einer »*Aktivitätstrommel*« fest. Sie wird aus einem kreisrunden, flachen Käfig hergestellt, der entsteht, wenn man den Rand von zwei runden Holzscheiben von 50 cm Durchmesser mit etwa 8 cm langen Metallstäben verbindet. Wie ein Rad wird dieser Käfig auf eine durch die Mitte der Scheiben zu steckende Achse gebracht und senkrecht drehbar befestigt. Bringt man nun eine Ratte hinein, so läuft sie auf den Gitterstäben und dreht durch ihr Gewicht das Ganze. Ein Zählwerk gibt die Anzahl der Umdrehungen des Käfigs an.

Bei umfangreichen Messungen dieser Art fallen Schwankungen auf. Auch bei Tag für Tag genau gleichem Futter und unbedingt gleichförmiger Umgebung erhält man für jede 24-Stunden-Periode verschiedene Zahlen; unter allen Umständen ist das Tier bald regsamer, bald ruhiger. Man muß also Durchschnittzahlen errechnen.

Da sich in diesen Durchschnitten überwiegend regsame von geradezu faulen Ratten unterscheiden, lag der Gedanke nahe, zur Prüfung der Vererbbarkeit dieser Eigenschaften einen Zuchtversuch anzustellen. *Rundquist* (1933) hat ihn durch 12 Generationen durchgeführt.

Wegen der täglichen Schwankungen hat der Forscher seine Ratten im Alter von 55 Tagen beginnend 21 Tage lang je eine Stunde geprüft. Ihre Leistung wurde in je 1000 Umdrehungen der Trommel angegeben.

Für die Züchtung ordnete er die Tiere in den ersten 5 Generationen geschlechtsweise nach der Leistung und wählte von den Extremen eine je nach der Anzahl der verfügbaren Käfige wechselnde Menge von Ratten zur Weitervermehrung aus. Mit der 6. Generation wurden zwei Zuchtstämme, ein „aktiver" und ein „inaktiver" begonnen, in denen (von seltenen Ausnahmen unterbrochen) Geschwisterinzucht die Regel war.

Abb. 2 zeigt die mit den Männchen gewonnenen Ergebnisse, auf die wir uns beschränken können, weil das Verhalten der Weibchen nicht wesentlich anders war. Anfangs sieht man beide Kurven — also sowohl die Leistung der aktiven als auch der inaktiven Ratten — steigen. Daraus muß auf teilweise *Dominanz der Regsamkeit* geschlossen werden. Denn die steigenden Aktivitätszahlen können nur durch eine vermehrte Anzahl der besonders lebhaften Tiere zustande gekommen sein.

Mit der Bildung der Zuchtstämme zeigte sich eine Uneinheitlichkeit der Anlagen. Denn die Ziffern der „faulen" Ratten (Abb. 2 untere Kurve) schwanken weniger als die der regsamen (obere Kurve). Also sind diese letzteren genetisch einheitlicher als die ersteren, aus denen die rezessive Eigenschaft noch stärker herausgezüchtet werden muß.

Aktivität ist eine für Arbeitstiere und bei der Beurteilung der Anlagen von Menschen willkommene Eigenschaft. Im Hinblick darauf sei noch gesagt, daß die inaktiven Ratten mit durchschnittlich 7 Jungen

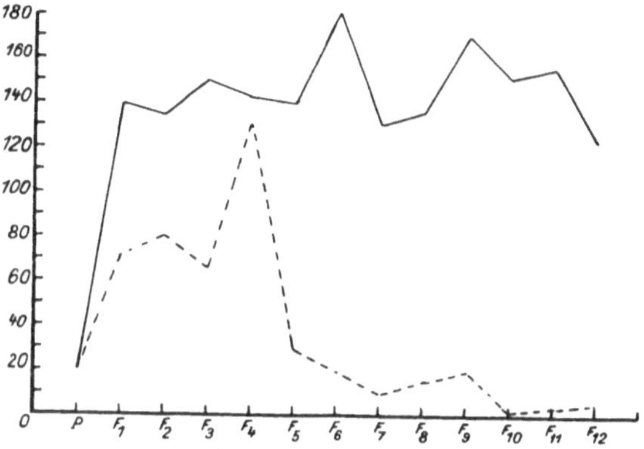

Abb. 2. Die Aktivität von Ratten aus zwei Zuchtstämmen.
Abszisse: Generationen. Ordinate: Umdrehungen der Aktivitätstrommel in Tausend.
(Nach Rundquist)

sich etwas weniger reich fortpflanzten als die aktiven, die durchschnittlich 8,4 Kinder hatten.

Hat nun der Grad der Aktivität etwas mit der Psyche zu tun? Ist der Vogel in Zeiten der Lebhaftigkeit vielleicht in einer irgendwie »gehobenen Stimmung«?

Mit dieser Frage taucht auch die Verlockung zu einer bejahenden Antwort auf. Sie bedarf aber einer hieb- und stichfesten Beantwortung durch Tatsachen, die den Anforderungen an moderne Forschungsergebnisse genügt. Und es genügt durchaus nicht, wenn ich jetzt sage, daß mindestens der Käfigvogel in Stunden der Lebhaftigkeit mir häufiger in der Art der Bewegungen, der Haltung und den Tonäußerungen Zeichen der Befriedigung zu geben scheint als in anderer Zeit. Wir brauchen hier geordnete Beobachtungstatsachen, für die wir als Hinweis auf eines der vielen noch offenen Probleme die wichtigsten Erfordernisse angeben wollen.

1. Die Zeichen der Befriedigung z. B. beim Finden von Futter müssen sorgfältig beschrieben werden.

2. In den »Aktivitätszeiten«, die wir aus den Untersuchungen von *Szymanski* (1916) kennen, muß jede Äußerung des Tieres studiert und die Häufigkeit dieser Äußerungen muß im Vergleich mit anderen Zeiten festgestellt werden.

Methodisch hat *Wagner* (1930) hierfür ein Vorbild gegeben. Er untersuchte die »Zugunruhe« von Vögeln. Im Herbst werden gekäfigte Zugvögel unruhig und flattern, wenn es sich um Arten handelt, die nachts ziehen, während der Dunkelheit erregt hin und her. Das kann man durch einen Registrierkäfig aufzeichnen.

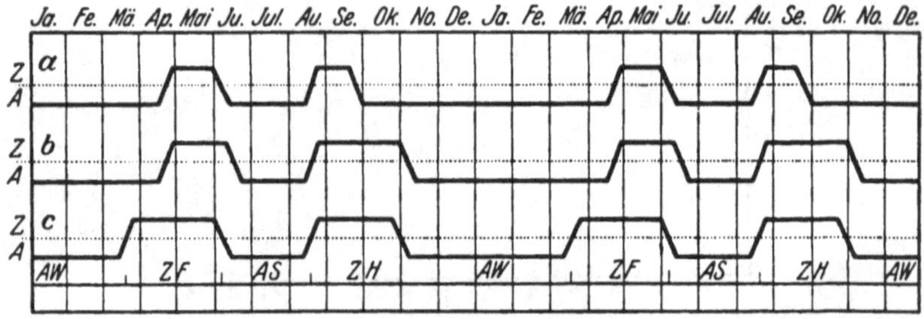

Abb. 3. Aktivitätsverteilung der Dorngrasmücke. Z = Zugzeit, A = Zeit außerhalb des Zuges. ZF = Zug im Frühjahr, ZH = Zug im Herbst. a = Durchzugszeit in Helgoland, b = Zeit in Göttingen (gefangene Tiere), c = mutmaßliche Phasenverteilung in der Freiheit. (Nach Wagner)

Ein Käfig dieser Art steht auf feinen Spiralfedern. Jede Bewegung des Vogels läßt ihn leicht auf- und niedergehen, wodurch eine Kontakteinrichtung betätigt wird. Geschlossener Kontakt läßt Strom durch einen Morseschreiber gehen, der nun auf das Papierband einen Punkt oder einen kurzen Strich aufzeichnet. Aus der Häufigkeit dieser Zeichen ergibt sich ohne weiteres der Grad der Lebhaftigkeit der Tiere.

Abb. 3 zeigt die gesteigerte Regsamkeit der Grasmücke während der Zugzeit. Dabei äußert sich eine echte Triebwirkung. Das Tier ist unruhig. Wenn es nun in der Freiheit in einer bestimmten Richtung davonzieht, müssen noch weitere Faktoren wirken, die seinen Weg bestimmen. Auf sie kann hier nicht eingegangen werden.

Außerhalb der Zugzeit ist indessen der Vogel nicht den ganzen Tag in gleichmäßiger Bewegung. Früh am Morgen ist die Grasmücke (*Sylvia communis*) am lebhaftesten, wie Abb. 4 zeigt. Gegen Mittag sinkt die Aktivitätskurve und steigt am Nachmittag in Sprüngen wieder hoch.

Der Wechsel zwischen Ruhe und Lebhaftigkeit wird durch das Licht bedingt. Dunkelheit wirkt einschläfernd. Indessen schwindet die Tagesregsamkeit bei Vögeln, die dauernd im Dunkeln gehalten werden, mit der Zeit. Wahrscheinlich beruht sie auf Gewohnheiten und nicht auf angeborenen Anlagen. Man kann den Tages- und Nachtrhythmus nämlich umkehren, also während der Nacht den Käfig beleuchten und am Tage verdunkeln. Nun gewöhnt sich das Tier daran, während der normalen Ruhezeit lebhaft umherzuspringen. Ferner gelang es, Grasmücken und Kanarienvögel an einen 12stündigen Wechsel von Licht und

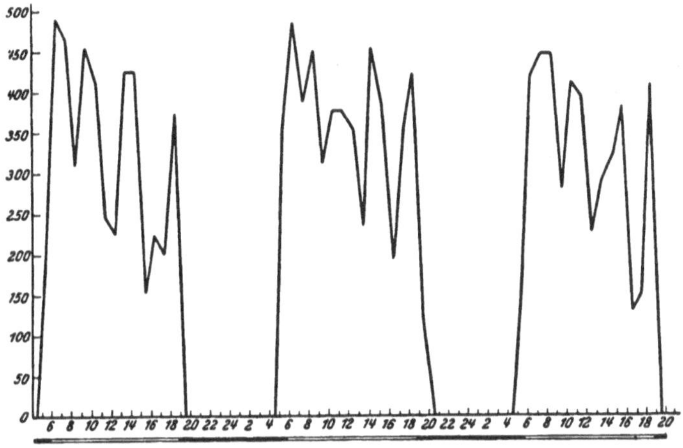

Abb. 4. Anzahl der Sprünge einer Dorngrasmücke im Käfig. Abszisse: Stunden. Die schwarz-weiße Linie unter der Kurve zeigt die Dauer der Helligkeit an. (Nach Wagner)

Dunkelheit (also je 6 Std. mit und je 6 Std. ohne Beleuchtung) zu gewöhnen. Zu diesem Zweck wurde der 24stündige Rhythmus der Vögel erst durch einen 9tägigen Aufenthalt im Dauerdunkel zerstört. Nach 10maligem Wechsel von 6stündiger Helligkeit und 6stündiger Dunkelheit wurden sie wieder ins Dauerdunkel gebracht. Eine schwache Nachwirkung des 12stündigen Rhythmus ließ sich schon nachweisen. Dieselben Vögel wurden sofort anschließend nochmals 10mal dem 12stündigen Rhythmus ausgesetzt mit dem Resultat, daß eine Beeinflussung der Regsamkeit der Tiere nun sehr deutlich zu erkennen war.

Die Tatsache, daß Licht erregt und Dunkelheit einschläfert, gilt also nicht nur bei Menschen, sondern auch bei Tieren; selbstverständlich aber nur bei bei denjenigen, die ihrer Veranlagung nach Tagtiere sind.

Die Wirkung des Lichtes, von der hier die Rede ist, bezeichnet man auch als *Photokinese. Seifert* (1930) hat sie eingehend beim Kiemenfuß (*Triops cancriformis*) beschrieben. Wenn dieser eigentümliche Krebs ruhig auf dem Grunde des Wassers sitzt, strudelt er sich ständig Atemwasser heran. Das wird durch ein kompliziertes Zusammenspiel der Glieder bewerkstelligt. Mit Ausnahme des vordersten Paares sind alle Beine in dauernder, wellenförmiger Bewegung. Dabei nimmt das Tier, wenn es auf dem Boden ruht, stets die gleiche typische Haltung ein. Die ersten, fühlerartig verlängerten Beine werden seitwärts nach außen gehalten. Das zweite und dritte Beinpaar liegt schräg nach außen gerichtet der Unterlage auf, während das vierte und die übrigen Beinpaare nach innen unter den Körper gebogen sind. Das normale Tier reagiert in dieser Haltung auf einen Lichtreiz, mag er nun wie gewöhnlich von oben oder im Experiment von unten kommen, durch eine sofortige Beschleunigung der Beinbewegung. Dabei ändert sich auch die Körperhaltung (Abb. 5), das Hinterende erscheint hochgestemmt. Nun strömt das Wasser schneller als vorher unter dem Krebs hindurch.

Zu richtiger Beurteilung der Aktivität eines Tieres gehört also die Feststellung der inneren und äußeren Ursachen seiner Regsamkeit und

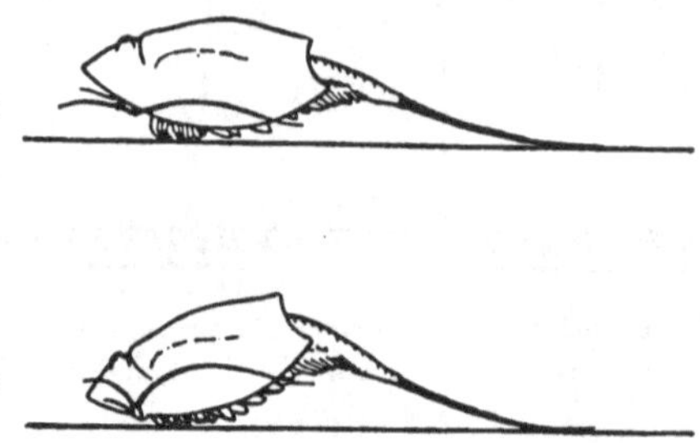

Abb. 5. Haltung von Triops cancriformis, a normal in Ruhe, b nach plötzlich verstärkter Belichtung. (Nach Seifert)

ihrer Veränderung. Wichtiger als diese selbst ist aber die Frage nach der eigentlichen »Stimmung« des Tieres. Beobachtungstatsachen, die in dieser Hinsicht Schlüsse gestatten, liegen noch nicht vor. Wir kennen indessen genug Tiere, die über unzweideutige Zeichen — seien es nun Bewegungen oder Lautäußerungen — verfügen, die nur als Ausdruck einer bestimmten psychischen Verfassung zu begreifen sind. Wie weit wir dereinst das Wesen tierischer Stimmungen werden erschließen können, ist heute noch nicht zu sagen. Aber die Aufgabe für die künftige Forschung kann nach den jüngst erreichten Erfolgen klar herausgestellt werden. Es kommt darauf an, die Affektäußerungen im Zusammenhang mit den Regsamkeitsschwankungen zu studieren.

Die Aktivität als solche ist psychologisch wenig belangreich. Ihre Folgen sind aber außerordentlich wichtig. Denn *große Regsamkeit kommt der Erfahrungsbildung zugute.* Das lebhafte Tier sammelt einen größeren Gedächtnisschatz als das geruhsame. Jenes wird darum leicht einen »intelligenteren« Eindruck machen als dieses. Das hat *Sarris* (1927) in jüngster Zeit betont und mit Recht gefordert, daß bei der Beurteilung der Leistungen von Hunden die Aktivität berücksichtigt werden müsse. (Er spricht von »Vitalität« was hier nicht getan wird, weil man in der Erblehre mit diesem Begriff die Lebensfähigkeit eines Organismus bezeichnet.)

W. K. Weyrauch (1935) hat in einer anregenden Arbeit darauf hingewiesen, daß der einfache Lauf vieler Insekten ohne weiteres als Ausdruck verschiedener Erregtheitszustände aufgefaßt werden darf. Denn es gibt viele Arten, die gewissermaßen stoßweise laufen, halten, laufen usw. Dabei wechseln sie oft die Richtung (Abb. 6). *Weyrauch* spricht von einem »*Internodial-Lauf*«. Seiner Meinung nach benimmt sich ein Insekt, das wir taktil reizen, daraufhin eine Zeitlang nicht nur bei Berührungen, sondern auch bei Reizen aller anderen Sinnesgebiete gegenüber ganz anders als vorher. Der gesamte zentrale Erregungszustand ist ein anderer geworden.

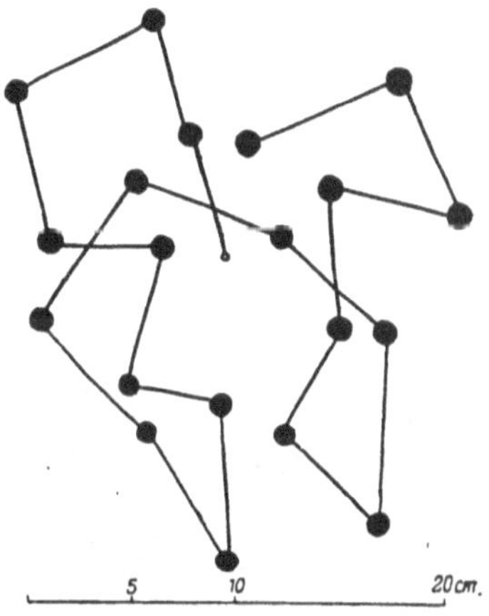

Abb. 6. Wegform eines auf stillem Wasser ruckweise hin- und herlaufenden Bachläufers, Velia currens. (Nach Weyrauch)

Indessen fehlt es noch an Einzelbeobachtungen, mit denen diese Behauptung gesichert werden muß. Aber die Annahme einer infolge von Reizen veränderten gesamten Affektlage läßt sich auch bei niederen Tieren nicht von der Hand weisen. Es ist letzten Endes dasselbe was *Alverdes* meint, wenn er von »intrazentraler« Disponiertheit spricht.

Daß die Temperatur die Regsamkeit von Tieren beeinflußt, ist eine Vermutung, der meines Wissens noch nicht durch Versuche nachgegangen worden ist. Den Einfluß von farbigem Licht kennen wir aus einer älteren Untersuchung von *Bierens de Haan* (1924), der die Regsamkeit von Mäusen in roter Beleuchtung größer als in blauer fand.

Bewegung ist Arbeit und vergrößert den Nahrungsverbrauch. Indessen ist auch die Art der bei verstärkter Aktivität aufgenommenen Nahrung etwas anders als sonst. *Hühnerfeld* und *Fischel* (1937) haben an Ratten Hämatoporphorin verfüttert, das in der Irrenheilkunde mit Erfolg zur Behandlung der Melancholie benutzt wird.

Bei den wichtigsten Versuchen dieser Art wurde Ratten die Nahrung hinter Türchen geboten, die sie aufstoßen mußten, um das unmittelbar dahinter stehende Futter erreichen zu können. Zwei solcher Türen befanden sich nebeneinander. Hinter der einen, die weiß war, gab es Hafer, hinter der schwarzen Tür daneben stand ein Schälchen mit Sonnenblumenkernen. Beim Versuch darf die Ratte 5 Min. lang völlig unbeeinflußt nach Belieben fressen, während eine Beobachterin die Zahl der verzehrten Körner notierte.

Hämatoporphorin ist kein Reizmittel (wie etwa das eine nervöse Hastigkeit erzeugende Coffein), sondern regt den Stoffwechsel an, wodurch das Tier lebhafter

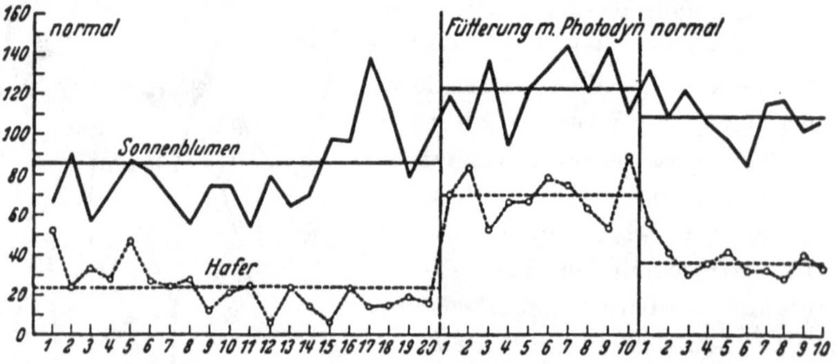

Abb. 7. Nahrungsverbrauch von Ratten bei der Verfütterung von Hämatoporphyrin. Abszisse: Tage, Ordinate: Körnerzahl. (Nach Hühnerfeld und Fischel)

wird und an Gewicht zunimmt. Als wir es vor der Fütterung in geringen Mengen den Ratten gaben, fraßen sie in 5 Min. nicht mehr 23 Körner vom Hafer und 85 Sonnenblumenkerne, sondern von diesen 121 und von jenen 69 Körner. In Abb. 7 ist der Verbrauch graphisch dargestellt, und man sieht, daß die Zunahme des Verzehrs von Hafer größer ist als der der Sonnenblumenkerne.

Beide Futtermittel locken die Ratten an, eine Wirkung, die man als «*äußeren Antrieb*« beschreiben kann. Er wird durch den »inneren Antrieb«, nämlich den Hunger und den Appetit, ergänzt. Steigt nun der innere Antrieb, so muß erstens damit gerechnet werden, daß die von Gebilden in der Umwelt des Tieres ausgehende Antriebswirkung verstärkt wird. Das Tier erstrebt sie intensiver, was bis zur Leidenschaftlichkeit gesteigert sein kann.

Anlockende Dinge sind die Ziele der tierischen Handlung. Die Intensität, mit der sie erstrebt werden, hängt von der Stärke der Triebwirkung ab. Aber nicht nur die *Kraft des Strebens*, sondern auch die *Art der Ziele* kann durch die Triebstärke beeinflußt werden. Nun drängt sich die Frage nach dem Vorkommen solcher Veränderungen in der freien Natur vor. Würde eine ihrer Anlage nach besonders regsame Ratte längere Zeit im Haferfeld und kürzere Zeit bei Sonnenblumenstauden fressen als Artgenossen mit durchschnittlichem Temperament? Noch liegen keine Beobachtungen vor, die das zu beurteilen gestatten. Die große Wichtigkeit des Problems erläutert eine drastisch aus dem Menschenleben gestellte Frage. Würde ein junger Mann, wenn seine Leidenschaft heftiger als tatsächlich bestehend wäre, ein anderes Mädchen lieben, als das, zu dem er sich hingezogen fühlt?

Was an Wissen aus Tierversuchen zur Beurteilung verfügbar ist, lehrt die Unmöglichkeit einer isolierten Betrachtung einzelner Lebensregungen. Aktivität, Triebwirkung und Zielsetzung beeinflussen sich gegenseitig. Das bloße Wahrnehmen eines Gebildes kann nur bei wachem Trieb zur Aufregung führen, ja, der Trieb kann sogar Voraussetzung dafür sein, daß die Erscheinung überhaupt wahrgenommen wird. Bei diesem Zusammenklingen von Wahrnehmungen und Aufwallungen der Lebensäußerung entsteht immer wieder der Eindruck, daß dabei auch von Tieren echte Gefühle erlebt werden, eine Möglichkeit, die wir ausführlich erörtern müssen.

MÖGLICHKEITEN TIERISCHER GEFÜHLSERLEBNISSE

Heranwachsende junge Säugetiere beachten mehr und mehr ihre Umgebung. Ein plötzliches Geräusch läßt sie auffahren und merkwürdig riechende Stellen werden unter deutlichen Ausdrucksbewegungen (Schwanzwedeln, Lautäußerungen) beschnüffelt. Andere Erscheinungen wirken ohne weiteres abstoßend, so daß man das Verhalten der betreffenden Tiere auf Schrecken oder Furcht zurückführt.

Erst in neuester Zeit haben uns eingehende Beobachtungen ein Wissen beschert, das über die jedem Hundefreund bekannten einfachen Reaktionen des Interesses an den Dingen, der Furcht vor ihnen oder der Neigung, sich mit ihnen zu beschäftigen, hinausgeht. Wie schon oft hat *Yerkes* (1936) durch Schimpansenversuche ein Vorbild zu ergebnisreicher Untersuchung geliefert. Was er von Zeichen der Furchtsamkeit beim Schimpansen sah, müssen wir näher erörtern.

Fünf Gegenstände werden zahlreichen Schimpansen Stück für Stück in einem Freilandgehege der Yale Anthropoid Experiment Station vorgelegt, während nichts den Affen ablenkt. Es sind dieses

1. ein »Federball«, eine Gummihalbkugel, die am Rande des flachen Teiles mit Federn besetzt ist, 2. ein 18 cm langer Gummihund, 3. eine 75 cm lange, biegsame Gummiröhre, 4. eine lebende Schildkröte, 5. eine Blindschleiche, die an Stelle einer Schlange benutzt wurde.

Die Reaktionen werden nach 8 zwischen + 4 und — 4 stehenden Punkten bewertet, ein Prinzip, das sich auch bei der Beurteilung von Affektäußerungen von Hunden bewährt hat, die *Humphrey* (1934) durchaus unabhängig von *Yerkes* in der Schweiz durchführte und in Amerika veröffentlicht hat.

Das Verhalten der Schimpansen bekam die Note

+ 4 bei keinem Anzeichen der Hemmung. Das Objekt wird aufgenommen und auf verschiedene Weise damit hantiert.

+ 3 bei Annäherung an das Objekt, das erst berührt und dann mit Mund und Gliedern behandelt wird.

+ 2 bei Annäherung, ziemlich vorsichtiger Prüfung und Berührung mit Mund, Händen oder beidem.

+ 1 bei vorsichtiger Annäherung und Prüfung nur durch Betrachten ohne Berührung.

0 bei keiner Beachtung des Dinges.

— 1 bei Annäherung und Rückzug, mit vorsichtiger und mehr oder minder gründlicher Prüfung.

— 2 bei endgültiger Vermeidung nach vorsichtigem Prüfen.

— 3 bei absoluter Vermeidung aber ohne Alarmgeschrei und ohne Anstrengungen wegzukommen.

— 4 bei jähem Zurückweichen mit Versuch sich zu verstecken, Geschrei, Schütteln, bestimmten Tonäußerungen und mehr oder minder deutlichem Aufrichten der Haare.

Im Anschluß hieran sei ein Auszug aus dem Bewertungsschema für Hunde mitgeteilt, das *Humphrey* entworfen hat. Einige Welpen zeigen sich bei einem unbekannten kräftigen Ton erschreckt, andere horchen nur auf und wieder andere streben in der Richtung des Tones vorwärts. Die in Rede stehende Beurteilungsskala bezeichnet das Durchschnittsverhalten mit 3 und in folgender Ordnung negative und positive Einstellung mit weiteren Ziffern:

1 = keine Reaktion 2 = leichte Reaktion zum Ton hin	positive Einstellung
3 = normales Aufhorchen	
4 = Zeichen der Furcht 5 = Fluchtversuch	negative Einstellung

Besser wäre es indessen, der Gleichgültigkeit eine Mittelstellung zu geben und auf der positiven Seite »Aufhorchen« mit 2 und »Bewegung zur Tonquelle« mit 1 zu bezeichnen.

Diese Schemen kann der Kenner brauchen. Ihm sind die großen Unterschiede in jeder Einzelreaktion zu bekannt, um sie in allen Einzelfällen dargestellt zu wünschen. Man braucht in erster Linie für Zuchtzwecke kurze Angaben, um das Verhalten in Stammbäumen knapp und treffend andeuten zu können. Und dazu genügt ein Schema nach den eben aufgezeigten Grundsätzen.

Nun zurück zu der Arbeit von *Yerkes*! Er prüfte 29 Schimpansen, von denen der jüngste ein Jahr, der älteste 21 Jahre alt war. Mit mehr als zwei Jahren können sie schon nicht mehr als Kinder gelten. Diese waren alle in Gefangenschaft geboren. Den scharfen Unterschied im Verhalten eines Kindes und eines großen Männchens, daß die ersten drei Lebensjahre im afrikanischen Urwald zugebracht hatte, erläutert eine Gegenüberstellung von Versuchsergebnissen, die hier wörtlich übersetzt angeführt seien.

1. Kind Tom berührte den Federball mit den Lippen, zog sich zurück, kam wieder, leckte an ihm und biß hinein. Zeigte Vorsicht mit Spuren von Furcht. (+ 2) Der Gummihund wurde ähnlich behandelt. Tom kam heran, zog sich zurück, und berührte ihn mit den Lippen. Keine Zeichen von Interesse oder Furcht. (+ 2) Die Gummiröhre hat er mit dem Fuß berührt und bewegt. Das Interesse war so gering, daß zunächst an Bewertung mit null gedacht wurde. Schließlich bekam es + 2, weil sich eine gewisse Hemmung bemerkbar machte. Die Schildkröte wurde sorgfältig beobachtet und vermieden. (—2) Ebenso wurde eine Blindschleiche betrachtet und sehr entschieden aber ohne Geschrei und Aufregung gemieden.

2. Der alte Schimpanse nahm den Federball in die Hände, prüfte ihn mit Lippen und Zähnen ganz ohne Hemmungen. (+ 4) Vor dem Gummihündchen fletschte er die Zähne, lief aus dem Käfig in den Wohnraum, erschien wieder vorsichtig und hielt sich im Käfig soweit wie möglich von dem Spielzeug fern. Sobald es entfernt war, gab es eine Defäkation. Lautäußerungen und Haarsträuben war nicht zu bemerken. (— 3) Die Gummiröhre wurde geprüft und unbefangen behandelt bei ziemlich schwachem Interesse (+ 4). Beim Erscheinen der Schildkröte rannte das riesige Schimpansenmännchen hastig zurück, grunzte und versteckte sich im Wohnraum. Als er wieder erschien und das Tier über den Käfigboden gehen sah, schrie er wiederholt laut auf, und kletterte beim Näherkommen der Schildkröte am Gitter hoch, von wo aus er nach ihr mit der Hand schlug. Offenbar sehr aufgeregt (— 4). Die Blindschleiche veranlaßte ihn zum Zähnefletschen und zum Rückzug. Mehrmals schlug er nach ihr mit offenem Maule, kletterte hoch und stieß in einemfort Töne aus, als ob er mit sich selbst rede. Von Zeit zu Zeit blickte er zu der Blindschleiche hin und kratzte sich (—3).

Abb. 8 gibt eine Übersicht über die Ergebnisse mit dem Federball, dem Gummihund und der Blindschleiche, die für den Affen dasselbe bedeutet, wie eine Schlange. Links von der mit o bezeichneten Spalte ist das positive, rechts das negative Verhalten, also die Furchtäußerung angegeben. Ferner sind die Angaben nach Altersklassen gesondert. Es waren 8 Kinder (weniger als 2 Jahre alt), 5 jugendliche (2 bis 7 Jahre) und 16 erwachsene Tiere (8 bis 21 Jahre alt) vorhanden.

An der graphischen Darstellung fällt ohne weiteres die *größere Ängstlichkeit der älteren Schimpansen* auf. Nur zwei Kinder behandelten den Gummihund mit Mißtrauen, was aber 12 von den Erwachsenen taten. Das hat seine Ursache in den Erfahrungen der älteren Tiere, die alle Hunde entweder als aufreizend oder gar als unangenehme Wesen kannten. Man darf vermuten, daß dieser Mehrbesitz an Erfahrungen die Schimpansen in ihrer ganzen psychischen Struktur vorsichtiger und mißtrauischer macht, wobei aber der schwer zu beurteilende Einfluß der Gefangenschaft nicht übersehen werden darf. Die Schärfe der negativen Reaktionen erwachsener Tiere ist auf dem untersten Teil der Darstellung ohne weiteres zu erkennen. Ihre Verhaltensweise ist am weitesten rechts angegeben, während sie für die Kinder viel weiter links zu finden ist.

Dieses Ergebnis betrifft die spezielle Psychologie der Schimpansen und wir müssen uns wieder ganz auf das Problem der Erregtheit im allgemeinen beschränken. Die Aufregung der Schimpansen geht in den Beispeilen von *Yerkes* offenbar von einem Wahrnehmungsinhalt aus. Der Federball lockt den Affen an, die Schildkröte stößt ihn ab.

Den Gegensatz von Anlockung und Abstoßung finden wir in der gesamten Tierwelt. Er äußert sich in Zugriff oder Flucht. Die Dinge in der Umwelt eines Tieres werden also nicht nur einfach wahrgenommen — nicht nur »optisch perzipiert« —, sondern wirken oft darüber hinaus noch aufwallend auf die Lebensäußerungen. Sie können das ohne weiteres tun, unabhängig von jeglicher Erfahrung, wozu *Kellogg* (1933) ein anschauliches Beispiel lieferte. Er studierte das Verhalten eines 11 Monate alten Schimpansen und fand beim Spiel im Garten zufällig einen großen Pilz, den er pflückte und dem jungen Affen zeigte. Dieser fing sofort an zu schreien und sich ungewöhnlich zu verhalten, ohne daß man zunächst die wahre Ursache erkannte. Später konnte der Schimpanse immer mit Pilzen in die Flucht gejagt werden. War sie nicht möglich, so versuchte er den Kopf in den Armen zu verbergen, um das aufregende Ding nicht zu sehen.

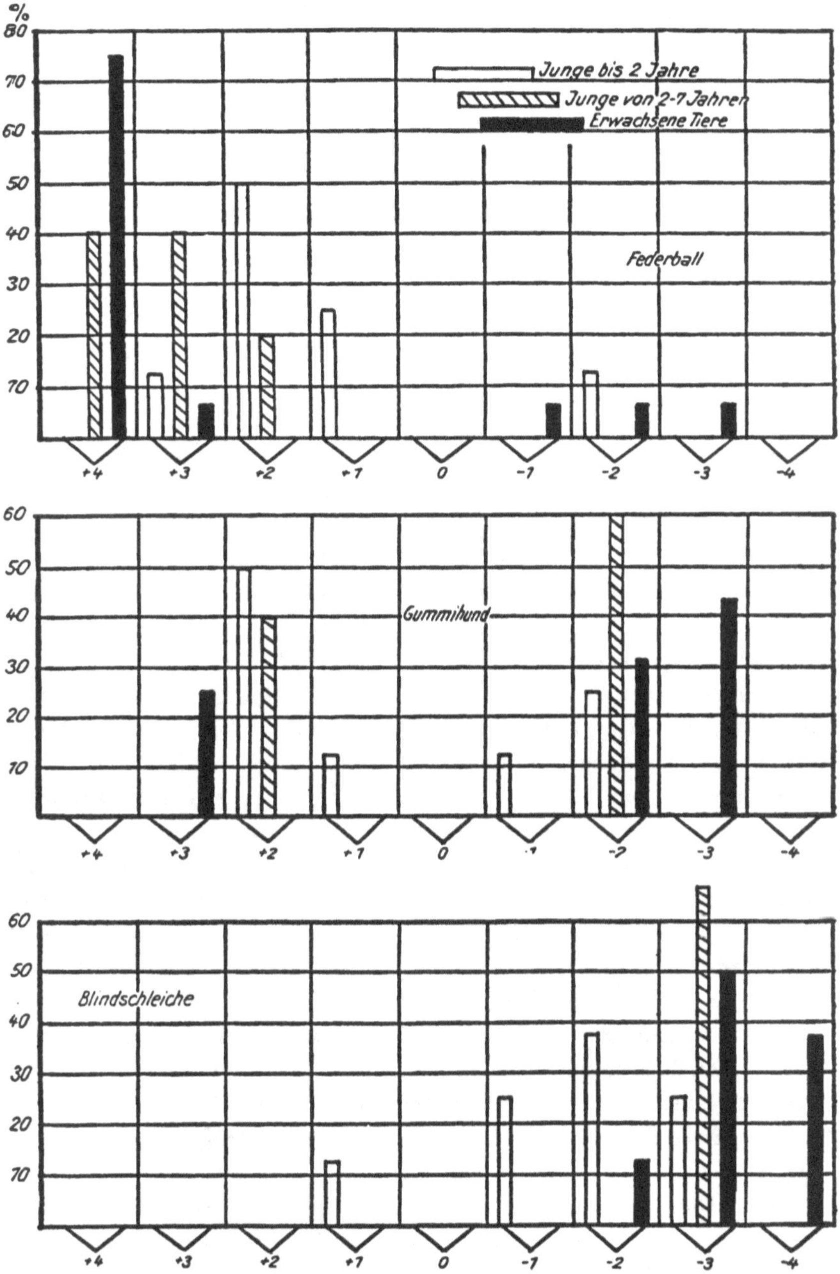

Abb. 8. Die Reaktionshäufigkeit von 29 Schimpansen auf einen Federball (oben), einen Gummihund (Mitte) und eine Blindschleiche (unten). Abszisse: Reaktionsweise. Ordinate: Häufigkeit der Reaktionsweise in %. (Nach Yerkes)

In jüngster Zeit hat *Menzel* (1937) das Verhalten junger Hunde eingehend studiert. Auf starke Geräusche reagieren sie sehr verschieden.

Als die Hündin »Talu« 24 Tage alt war, wurde rund 50 cm von ihrem Ohr entfernt energisch mit Eisen auf Blech geklopft. Sie horcht sofort interessiert auf, unterbricht das Saugen, das sie aber bei andauerndem Lärm wieder anfängt. Nach kurzer Pause ertönt das Geräusch wieder. Die Hündin horcht auf, saugt dabei aber weiter. Während der Lärm schwächer wird, schläft sie ein.

Der Welp »Anak«, 42 Tage alt, verhielt sich ähnlich. Als Rückkoppelungsgeräusch aus einem Radioapparat ertönt, erschrickt er, läuft 2 m weit weg und beruhigt sich dann.

Die Geschwister »Katuli und Nefert« hören am 31. Lebenstag zum erstenmal das Rückkoppelungsgeräusch. »Nefert« wurde aufmerksam und ging wedelnd auf den Apparat zu, »Katuli« ging aber langsam weg, ohne daß dabei Erschrecken festgestellt werden konnte.

Genug der Beispiele, die mit ihrer Verschiedenheit der Einzelleistungen leicht verwirrend wirken. Im Zuge unserer Überlegungen ist vorerst nur wesentlich, daß *ein Wahrnehmungsinhalt unabhängig von Erfahrungen erregt.* Er wirkt »negativierend« oder »positivierend«, je nach der erkennbaren Anlockung oder Abstoßung des Tieres, eine Wirkung, die es auch bei Protozoen gibt. Diese Tatsache darf über dem nach wie vor regen Streit um die Art der Einstellung der niederen Tiere, also um das Wesen der Taxien, nicht außer acht gelassen werden. In extremen Fällen haben wir es um den Gegensatz zwischen Angriff und Flucht zu tun. Je höher aber ein Lebewesen organisiert ist, um so seltener sehen wir diesen Gegensatz in der Gesamtheit seiner Handlungen deutlich ausgeführt. Gewiß flieht der Affe nicht gerade selten vor einem wirklichen oder vermeintlichen Feinde und es ist auch keine Ausnahme, wenn er sich gierig auf seine Mahlzeit stürzt. Daneben tut er aber noch unendlich viel anderes, horcht auf ein fremdes Geräusch, befaßt sich spielerisch mit einem zufällig gefundenen Gegenstand usw. Alle positiven Handlungen können zwischen kaum merkbarem Interessiertsein und leidenschaftlichem Zugriff, alle negativen zwischen geringster Unruhe und raschestem Rückzug eingeordnet werden. Und diese Ordnungsmöglichkeit gilt grundsätzlich für alle Lebewesen, sowohl für Einzeller als auch für Menschen, so sehr im einzelnen die Intensitäten des Handelns verschieden sind.

Man sagt recht treffend, daß eine Erscheinung »fesselt«, womit sie positivierend wirkt. Aber die Erscheinungen, die den Psychologen als Wahrnehmungsinhalte beschäftigen, bedingen außer der groben durch »hin« oder »fort« gekennzeichneten Einstellung auch noch feinere Verhaltensverschiedenheiten. Nichts sagt besser, was damit gemeint ist, als der Hinweis auf den frei im Gelände schnüffelnden Hund. Jetzt interessiert er sich für ein Loch, nun läßt ihn ein Ton auffahren und horchen, dann geht er schweifwedelnd an einem Zaun entlang und rennt vielleicht schließlich — wenn ihn keine Dressur daran hindert — einem Kaninchen nach. Von Fall zu Fall ist das Handeln in schwer beschreibbaren Einzelheiten qualitativ verschieden und wir können nur die eine Folgerung daraus ziehen, nämlich die, daß durch die Wahrnehmung die Qualität der Erregtheit des Tieres verändert wird.

Beim Menschen können wir die Gefühle ohne weiteres als Qualitäten der Erregtheit auffassen. Diese verschmilzt mit dem Wahrnehmungsinhalt zu einer ganzheitlichen Neuerscheinung, die als Gefühl erlebt und bewußt wird. Daß weitere Faktoren, vor allem Gedächtnisinhalte, hinzukommen können und die Qualität entsprechend beeinflussen, wird in anderem Zusammenhang später zu erörtern sein.

Nun müssen wir uns darüber klar sein, daß die Qualität des Affekterlebnisses eines Hundes, der am Baumstumpf eine Maus wittert, mit wissenschaftlichen Mitteln nicht beschrieben werden kann. Nehmen wir aber an, daß das dort vorgekommene Affekterlebnis qualitativ anders ist, als beim Wahrnehmen einer Fuchsspur am Feldrande, so gewinnen wir eine außerordentlich brauchbare Arbeitshypothese, deren erklärender Wert erst mit dem vergleichenden Überblick über die verschiedenen tierischen Leistungen voll verständlich wird und bei der Beurteilung der Zielsetzung im Leben von Tieren und Menschen überhaupt nicht entbehrt werden kann. Wer vermutet, daß es bei Tieren qualitativ verschiedene Affekterlebnisse gibt, bleibt damit durchaus in den Grenzen wissenschaftlicher Hypothesenbildung.

Menschen können von einem Gebilde oder einer Erscheinung »angetan« sein, was sich auch von Tieren behaupten läßt und wörtlich den psychischen Faktor betrifft, den wir als Affekt kennen. *Affekte sind also qualitativ verschiedene Erregtheitszustände.* Wie weit die dabei fraglichen Qualitäten, die ich z. B. in der Trauer erlebe, von meinen Mitmenschen in gleicher Weise empfunden werden, ist eine uralte

Frage. Vollständig stimmen sie wohl niemals von Mensch zu Mensch überein. Nach *Krueger* (1937) ist das Fühlen die »qualitätenreichste Form unseres Erlebens«.

Unter diesen Umständen ist es nicht möglich, die Qualität tierischer Gefühle zu bestimmen. Die Freude des Hundes, der seinen Herren begrüßt, ist ein Affekt, von dem wir nur die Verschiedenheit von anderen Affekten, nicht aber die absolute Eigenschaft des Erlebnisses angeben können. Darum soll im folgenden nicht von den Gefühlen, sondern nur von den Affekten der Tiere die Rede sein und dabei die Möglichkeit durchaus offengelassen werden, daß diese Erlebnisse des Tieres mit entsprechendem Geschehen in der Menschenseele wesensgleich sind, soweit — und das ist besonders wichtig — auch entsprechende psychische Faktoren daran beteiligt sind.

Ein Beispiel soll das rasch erläutern. Ein Mensch möge in einem Gasthaus besonders schmackhaftes Essen erhalten haben und in Erwartung des gleichen Genusses nach einiger Zeit zurückkehren. Je genauer er sich an das frühere Erlebnis erinnert, desto größer wird seine Enttäuschung sein, wenn die Zubereitung der Speisen nunmehr schlecht ist.

Findet indessen ein gieriger Fresser in der Tierwelt irgendwo ein ihm sehr zusagendes Futter, an dem er sich gründlich sättigt, so behält er vielleicht nur dieses, also das Sattsein. Entdeckt er dann später an der gleichen Stelle eine kleinere Menge sehr viel weniger beliebter Nahrung, so wird die Qualitätsverschiedenheit ihn in keiner Weise, wohl aber der jetzt geringere Sättigungsgrad enttäuschen oder — wenn es „objektiver" ausgedrückt werden soll — affizieren.

Dieses Beispiel zeigt, daß es tiefer dringender Forschung nicht so sehr auf den meist ohne weiteres erkennbaren Affekt als vielmehr auf die in ihn eingegangenen psychischen Faktoren ankommt, die nur in sorgfältiger und gründlicher Analyse zu finden sind. Sogar beim Menschen kommt es vor, daß »leiseste Veränderungen im Umfelde das Zumutesein in qualitativ eindeutiger Weise umfärben« (*Sander*, 1937), wobei die kleinsten »Veränderungen im Umfelde nicht so sehr als Anderssein einer umgrentzen Sinnesgebundenheit als vielmehr zunächst als Umstimmungen des gefühlsartigen Ganzen bemerkt werden«. Will man also in diesem Falle die Gefühlslage verstehen, so muß man nach Veränderungen in den sinnlichen Gegebenheiten forschen.

Bei der Beurteilung der Menschenseele spielt die *Gefühlstiefe* eine wichtige Rolle. Daß sie auch ein tierpsychologisches Problem betrifft, kann dem Kenner der Natur nicht zweifelhaft sein, so schwer es auch scheinen mag, sie in wissenschaftlich stichhaltiger Weise zu beschreiben.

Es gibt Affektäußerungen, die nicht Heftigkeitsausbrüche sind, auch kaum zum Handeln drängen und doch das ganze Tier erschüttern. Das ist das nächtliche Heulen des Wolfes und mitunter das Verbellen des Wildes beim Jagdhund, wie es in Abb. 9 dargestellt ist. Das Tier als Ganzes, nicht nur die Atmung, sondern die Haltung und Spannung

Abb. 9. Ein Hund, Jagdbeute verbellend. (Nach einer Aufnahme von Kleemann)

sämtlicher Muskeln scheint der Tonerzeugung untergeordnet zu sein. Bei geringer Affekttiefe ist nur ein Teil des Gesamtindividuums mit der Äußerung der inneren Vorgänge befaßt.

Mit diesem Hinweis ist indessen ein Programm angedeutet. Brauchbare Beobachtungsergebnisse liegen in dieser Hinsicht noch nicht vor. Wir brauchen Vergleiche, die die Verschiedenheit und die gegenseitigen Beziehungen zwischen Qualität, Intensität und Tiefe der tierischen Affekte zu beurteilen gestatten. Vorläufig hat auch die vergleichende Psychologie noch mit urtümlicheren und leichter faßbaren

Erscheinungen zu tun. Es ist nötig, einen Augenblick auf das eben gelesene zurückzuschauen.

Durch die Sinne werden Wahrnehmungsinhalte geschaffen. Sie wirken, indem sie erregen und die psychischen Wallungen qualitativ verschieden machen.

ERREGTHEIT, STIMMUNG UND SEELE

Die hinter andere Überlegungen zurückgedrängte Frage läßt sich nun nicht länger umgehen: hat der Seestern eine Seele, die Amöbe, die Schnecke, der Krebs, die Ameise, das Faultier und der Schimpanse? Wirken in ihnen Faktoren zu dem geschlossenen Ganzheitsgebilde zusammen, das wir in uns selbst beständig erleben?

Ein grob gezeichnetes Bild muß uns helfen, die mit diesen Fragen auftauchenden Schwierigkeiten zu bewältigen. Stellen wir uns also einen Nebel vor, der formlos bald schwächer, bald stärker wogt. Ein inhaltsloses Gebilde!

Jetzt aber möge auf diesen Nebel blaues Licht scheinen und er kräftig wallen. Dann verlischt es, bis nach einer Weile nur eine Seite der Nebelwolke rot beschienen wird, und damit das Ganze uns merkwürdig verändert wie etwas geradezu Neues aussehen läßt. Zwischen beiden Ereignissen geschah nichts, das graue Gebilde war leer bei leichtem Bewegtsein.

Dieses Bild gibt uns die Möglichkeit, primitivste psychische Erscheinungen in echter Seelenkunde und vorsichtiger naturwissenschaftlicher Analyse zu beurteilen. Wir nehmen mit dem Nebel ein Gebilde von eigener Vitalität an, das wirkende Einzelfaktoren enthält, wie der Chromosomensatz einer Zelle. Wie der Erbforscher das Gen und der Entwicklungsmechaniker den Organisator, so setzen wir als Ausgangspunkt für das in der Psychologie beobachtete Geschehen bestimmte Faktoren an, die erschlossen werden müssen.

Erregtheitsschwankungen kennen wir schon bei Protozoen. Sie verständlich zu machen und einen Vergleich mit höheren Tieren zu ermöglichen, nehmen wir in einer Fiktion ein Etwas an, das wir als Träger dieser Wallungen gelten lassen. Dieser urtümlichste psychische Faktor ist nicht materiell sowie form- und inhaltslos. Er durchdringt den Körper inniger als das Salz bei der Auflösung das Wasser durchdringt.

In dieses fingierte Gebilde treten die durch die Leistungen der Sinne geschaffenen Erscheinungen ein, geben ihm Inhalte und verändern seine Qualität. Das geschieht auf höherer Entwicklungsstufe in beständigem Fließen, bei niederer Organisation je nach Armut oder Reichtum der Umwelt von größeren oder kleineren Pausen unterbrochen.

Es ist nicht nur möglich, sondern geradezu wahrscheinlich, daß dieses zu Wallungen und zur Aufnahme von Inhalten fähige formlose Gebilde schon bei den niedersten Einzellern tatsächlich existiert. Ob ihm noch weitere Eigenschaften zukommen, werden wir an Hand des psychologischen Wissens zu prüfen haben. Ob es aber den Namen »Seele« verdient, lassen wir dahingestellt sein. Wer gewissermaßen eine Urseele als fernste Vorläuferin der Menschenseele annimmt, kann das unbedenklich tun, solange er den gewaltigen Unterschied in den psychischen Leistungen der Menschen und ihrer nächsten tierischen Verwandten nicht verwischt.

* *

Die eben aufgerollten Probleme sollen nicht bis in die letzten Konsequenzen durchgedacht werden. Wir können die Erregtheiten der Organismen so gut als naturwissenschaftliche Tatsachen hinnehmen, wie in der Erblehre die Gene, deren Wesen uns verschleiert ist. Tatsache ist es auch, daß alle Tiere negativen Erregtheiten zu entgehen und positive zu finden suchen. Dazu stehen ihnen verschiedene Mittel zur Verfügung, nämlich die verschiedenen »*Verhaltensweisen*«. Sie können angeboren oder erlernt sein und müssen im folgenden systematisch dargestellt werden. Dabei suchen wir die Faktoren, von denen sie bedingt sind, analytisch festzustellen. Diese Faktoren bilden die eigentlichen Inhalte der Psyche, die durch sie zu Leistungen befähigt ist.

Es wird sich zeigen, daß zur Erschließung der psychischen Gehalte fernhin der *Vergleich von verschiedenen Verhaltensformen* bei Tieren und Menschen erforderlich ist. Nur er verschafft klare Heraushebung übereinstimmender und abweichender Tatbestände in den durch Beobachtung und Versuch gefundenen Forschungsergebnissen. Er wird vor allem zeigen, daß es keine »Tierseele« schlechthin gibt, sondern nur psychisch verschiedene Tierarten.

Unter diesen Umständen und im Hinblick auf die Entwicklungsgeschichte müssen Tier- und Menschenpsychologie zu einer *allgemeinen vergleichenden Psychologie* zusammengefaßt werden. Nur sie ermöglicht eine Schau auf die Rolle des Psychischen in der Gesamtheit aller Lebenserscheinungen.

Wir werden eine eigenartige, allmähliche Bereicherung des seelischen Lebens finden, das zu beurteilen Sachkenntnisse erfordert, und die zu erwerben dieses Buch ein Hilfsmittel sein soll. Der verfügbare Stoff ist in ihm nicht systematisch im Sinne des zoologischen Systems geordnet. Einige Leistungen sind vorwiegend an besonders leicht zu haltenden Tieren studiert worden, wie z. B. die Orientierung im Irrgarten bei Ratten und die Fernorientierung bei Vögeln. Da beim Zurechtfinden im Gelände verschiedene psychische Faktoren zusammenwirken (Kinästhetik, Richtungssinn usw.), würde man bei der Erörterung der Orientierungsprobleme unausweichlich in Wiederholungen verfallen, wenn systematisch etwa die in Betracht kommenden Leistungen der Fische, Amphibien, Reptilien, Vögel und Säuger besprochen werden sollten. Das Problem der Orientierung ist daher in verschiedenen Zusammenhängen bei der Durcharbeitung spezieller psychischer Funktionen behandelt worden.

Der zu diesem Buch herangezogene Stoff ist unter Berücksichtigung vieler Gesichtspunkte gegliedert. Einzelne Leistungen, auf die Menschen bei der Tierhaltung besonderen Wert legen, findet man ausführlicher behandelt, als es ihrer vergleichend-psychologischen Bedeutung nach der Fall sein dürfte. Auch dem, der Biologie nicht nur um des Erkennens, sondern vor allem um des Beherrschens der Natur betreibt (letzteres bleibt ohne ersteres Stückwerk) — also dem Praktiker der Tierhaltung —, sollen unsere Gedanken und Forschungsergebnisse brauchbare Handhaben liefern.

Selbstverständlich kann man die uns angehenden Erscheinungen nur nacheinander diskutieren und muß es auch dann tun, wenn sie in der Natur ausschließlich zusammenwirken. Wer den Begriff des Reflexes erst in der Überschrift des 4. Hauptabschnittes erwähnt findet, darf daraus nicht folgern, das er den schon vorher behandelten niederen Lebewesen nicht zukomme.

Ferner ist der Analyse der meiste Raum eingeräumt. Solange ihre Ergebnisse nicht gesichert sind, bleibt die Synthese, also die Darstellung psychischer Ganzheiten bei Tieren ein schwankendes Bauwerk. Versuche zu ganzheitlicher Erfassung der psychischen Struktur einzelner Lebewesen werden wir hier und da in die Besprechung der Analysen einschieben. Das soll uns dann seelische Besonderheit und seelischen Fortschritt deutlich werden lassen.

2. *DIE UMWELT DER LEBEWESEN UND IHRE ERREGENDEN WIRKUNGEN*

UMGEBUNG UND UMWELT

Wir finden die Planarie im Bach, die Mörtelbiene sehen wir ihre Bauten nur an sonnigen Lehmhängen anlegen, wir kennen den Zaunkönig als Bewohner dichter Hecken, den Pferdeesel (*Kiang*) als den Bewohner der Hochländer Tibets, den Leoparden als Urwaldtier und den Pavian als Felsbewohner. Mit der Feststellung der von den Tieren bevorzugten Umgebung werden dem Ökologen in der Wärme, Feuchtigkeit, Luftbewegung und der Vegetation Faktoren bekannt, die auf das Lebewesen einwirken. Ob indessen diese Einwirkungen in irgendeiner Form »erlebt« werden, ist eine dem Psychologen gestellte sehr schwierige Frage. Denn bei einem Tier, das infolge wenig leistungsfähiger Augen einen belaubten Baum nur als dunkele Wolke sieht, treten die plumpen Wahrnehmungsinhalte nicht zu denselben Gebilden zusammen, wie bei einem scharfäugigen Wesen. Die gegen die unsere verminderte optische Leistungsfähigkeit ergibt darum nicht nur ein unscharfes Bild der von Menschen gesehenen Welt, sondern auch eine erheblich andere Erscheinungswelt, für die *von Uexküll* den Begriff der *Umwelt* geprägt hat.

Diese Umwelt ist von einer »fernsten Ebene« umgrenzt. »Sonne, Mond und Sterne wandern ohne jeden Tiefenabstand voneinander auf der gleichen fernsten Ebene, die alles Sichtbare umschließt.« Ferner meint *von Uexküll* (1934):

»Ob die fernste Ebene in dieser oder in einer anderen Weise den Sehraum abschließt — vorhanden ist sie immer. Deshalb dürfen wir uns alle Tiere, die die Natur um uns beleben, seien es Käfer, Schmetterlinge, Fliegen, Mücken und Libellen, mit einer ringsum geschlossenen Seifenblase vorstellen, die ihren Sehraum abschließt und in der alles für das Subjekt Sichtbare beschlossen ist.«

Was nun im Einzelfall für ein Lebewesen von der Umgebung in Erscheinung tritt, hängt vor allem von der Leistungsfähigkeit der Sinne ab. Die primitiven Ocellen der Planarie machen ein Bildsehen ohne weiteres unmöglich. Nur heller und dunkler kann sie unterscheiden und der Nachweis eines Farbensehens ist nicht gelungen (*Lemke* 1934).

Bei der psychologischen Beurteilung eines Menschen sagt die Sehschärfe, die Feinheit des Gehöres oder des Geruchsinnes nichts Wesentliches über die Seele aus. Edelmut und Jähzorn, Hilfsbereitschaft und Selbstbeherrschung können nur indirekt und schwach durch Kurzsichtigkeit beeinflußt werden. Bei primitiven Organismen gilt grundsätzlich das gleiche. Aus der Farbentüchtigkeit, der chemischen und mechanischen Reizbarkeit läßt sich weder die Aktivität noch die Lernfähigkeit eines Tieres erschließen. Indessen ist auch bei rein seelenkundlicher Betrachtung die Wahrnehmungsfähigkeit keineswegs gleichgültig. Auf Einzelheiten darüber werden wir gleich zu sprechen kommen.

Abb. 10. Versuchseinrichtung verschiebbarer Umgebung eines Aquariums. (Nach W. Schulz)

Die Sinnespsychologie hat uns eine Fülle von Angaben über die Perseptionsfähigkeiten niederer und höherer Tiere beschert, von denen einige herausgegriffen seien.

Planaria alpina nimmt Wasserströmung wahr und stellt sich gegen sie ein (*Koehler* 1932).

Bei *Notonecta glauca* (dem Rückenschwimmer) war kein echter Strömungssinn nachzuweisen (*Schulz* 1931). Als aber neben dem Aquarium mit diesen Wasserwanzen auf Gleitschienen Pappscheiben mit künstlicher Uferbemusterung (Abb. 10) vorwärts bewegt wurden, schwammen sie in der gleichen Richtung mit. Im freien Wasser werden sie also das Uferbild zu halten suchen und vorwärts schwimmen, sobald eine Strömung sie abtreibt.

Planaria wurde in den Versuchen von *Koehler* durch sehr schwache Schwefelsäure-Lösungen (0,001 %) angelockt, die der Strudelwurm geprüft, aber nicht getrunken hat. Zuckerlösung haben die Tierchen bei jeder Konzentration getrunken. Chinin stößt ab und wirkt giftig, kann aber in seiner negativierenden Bedeutung durch gleichzeitig gebotene Lockfutter übertroffen werden.

In dem von *Koehler* geleiteten Königsberger Institut hat neuerdings *H. G. Müller* (1936) das Problem der Sinnesleistungen der Turbellarien wieder angegriffen. *Bothromesostoma* wurde durch Kapillaren, aus denen 0,6 %ige Kochsalzlösung in das Wohnwasser drang, alarmiert, suchte und trank sogar gelegentlich aus dem feinen Röhrchen. Das legte den Verdacht nahe, daß die in der Regel gefressenen Fleischpreßsäfte (z. B. von Regenwurmfleisch) einfach durch ihren Salzgehalt anlockten. Darum bekamen die Versuchstiere Kapillaren, deren Preßsaft mit 0,6 %iger Kochsalzlösung verdünnt war (auf $^3/_4$, dann auf $^2/_3$, zuletzt auf $^1/_2$) vorgelegt, wobei also der Salzgehalt blieb und der Fleischgehalt vermindert war. Das Ergebnis war bei geringerem als $^3/_4$ Saftgehalt nur schwaches Suchen. Also muß der Saft von der Salzlösung unterschieden worden sein und die Wahrnehmung chemischer Eigenschaften war bewiesen.

Mit Rohrzuckerlösung, Zitronensäure und Chinin kann natürliche Beute vergällt werden. Ob diese für Menschen geruchlosen Schmeckstoffe aber von *Bothromesostoma* alle gleich oder verschieden empfunden werden, bleibt eine offene Frage.

Diese kurzen Angaben zeigen die Schwierigkeit sinnespsychologischer Analysen, ohne die man sich kein Bild von der Umwelt eines Lebewesens entwerfen kann.

Während die Planarie verschiedene chemische Stoffe qualitativ unterscheidet, reagiert die Zecke *Ixodes ricinus* (Holzbock) nur auf einen einzigen Stoff, nämlich Buttersäure, die sie — auf Sträuchern sitzend — von unter ihr hergehenden Säugetieren wittert. Sie läßt sich fallen, spürt Wärme, sticht ein und saugt Blut.

Sowohl der Kiemenfuß (*Triops* = *Apus cancriformis*) als auch ein Fischegel (*Hemiclepsis marginata*) fressen die Beute nur unter chemischer Reizwirkung (sie »prüfen« das Futter). Aber der erstere erzeugt mit den Füßen einen Wasserstrom, der ihm Beute heranträgt, während der Egel durch die von schwimmenden Fischen erzeugten Wasserströme alarmiert wird und gegen sie vorwärts strebt (*Seifert* 1930, *Herter* 1928).

Es kann hier bei der vergleichenden Überschau über die Gesamtheit der psychischen Regungen in der Tierwelt nicht unsere Aufgabe sein, auch nur beispielsweise die Umwelten bestimmter Tiere aufzuzeigen. In den vielen sinnespsychologischen Abhandlungen aus jüngster Zeit sind zahlreiche Angaben darüber zu finden, die nicht wiederholt zu werden brauchen. Für den Psychologen, für den die Kenntnis sinnesphysiologischer Forschungsergebnisse unerläßlich ist, hat ein anderes Problem als das der reinen Umwelterkennung weit größere Bedeutung.

Die von *Herter* (1928) untersuchten Fischegel saßen vorzugsweise an glatten Gegenständen, z. B. Glas, Steinen oder Pflanzenteilen. Er spricht geradezu von einer »Vorliebe« für diese Dinge, während Sand und Schlamm nach Möglichkeit gemieden werden. Offenbar wird der Untergrund nicht nur schlechthin unterschieden, sondern auch in einer noch anderen Weise verschieden erlebt, so daß es zu Wahlen und Entscheidungen für die eine oder die andere Sache kommt. Darum muß zweierlei auseinandergehalten werden: *der Inhalt und das Wirken einer Wahrnehmung.*

Indessen ist das Beispiel des Egels für unsere Überlegung nicht ganz stichhaltig, weil er sich durch Saugnäpfe fortbewegt, die auf Sand schlechter als an Steinen haften. Darum sei noch angeführt, daß *Dendrocoelum lacteum* sich bei Versuchen von *Lemke* (1934) in einer zur Hälfte blau und zur anderen Hälfte gelb beleuchteten Schale sich auf die Seite des weniger hellen Lichtes begab, also keine Farben, wohl aber Helligkeitsdifferenzen wahrnimmt. Wenn nun aber ein Tier merkt, daß es hier heller und dort dunkler ist, folgt daraus nicht, daß es nun das eine oder andere bevorzugt. Darum muß ein besonderer Faktor als Ursache dieser Bevorzugung angenommen werden, weshalb wir die verschieden stark erregende Wirkung der Wahrnehmungsinhalte betont haben.

Wenn ein Tier sich mit einem Gebilde auf irgendeine Weise auseinandersetzt, spricht *Janzen* (ein Schüler von *Alverdes*, 1933) von »*Initiative*« und versteht darunter die »Fähigkeit des Tieres, sich mit einem bestimmten Außenfaktor durch aktive Körperbewegungen und auf besondere, nicht vorwiegend reflektorische Weise auseinanderzusetzen«. Es gibt Fische, die spontan geneigt sind, durch ein Gitter zu schwimmen, was nach Entfernung des Vorderhirnes unterbleibt oder nur selten getan wird.

Nach *Janzen* steht die Initiative im Gegensatz zur »Spontaneität«. Damit meint er letzten Endes das, was wir schon als Aktivität besprochen haben. *Hediger* unterscheidet Aktivität aus äußerem und innerem Anlaß. Was nun im Einzelfall die »äußere Aktivität« oder die Initiative zur Entfaltung bringt, ist von Tier zu Tier verschieden und diese Verschiedenheiten ergeben sich aus der großen Mannigfaltigkeit der tierischen Umwelten.

DAS OPTIMUM

In verunreinigtem Käse, verdorbenem Grieß und anderen Lebensmitteln findet man gelegentlich die Käsemilbe (*Tyrolichus Casei*) mit der *Henschel* (1929) sinnesphysiologische Untersuchungen angestellt hat. Um die Lichtempfindlichkeit dieser Milben prüfen zu können, wurde eine »Helligkeitsleiter« dadurch hergestellt, daß eine in 6 je 2 cm breite Felder eingeteilte photographische Platte (12 mal 9 cm groß) von Feld zu Feld verschiedene Lichtmengen erhielt. So entstanden zwischen einem ganz schwarzen und einem durchsichtigen Streifen Zwischenstufen. Beim Versuch stand die Platte über einem 3 mal 12 cm großen Papierstreifen, auf dem möglichst gleichmäßig Milben verteilt waren. Durch die Platte fiel von einer Lampe Licht auf sie. Das Ganze stand im Dunkelzimmer, wo jeder Versuch 15 Min. dauerte.

Abb. 11 zeigt das Ergebnis. Die meisten Tiere saßen im dritten Helligkeitsfeld. Diesen von den Tieren spontan bevorzugten Intensitätsgrad des Reizes nennt man das *»Optimum«*, ein Begriff, unter dem ferner noch die Einwirkungsstärke verstanden wird, bei dem ein Tier am besten gedeiht. Ob beide Grade zusammenfallen, ist eine wichtige, noch offene Frage. Streng sinnesphysiologisch definiert kann das Optimum auch als *Indifferenzzone* (*Kühn*) angeführt werden. Zu große wie auch zu geringe Wärme macht unruhig, während sich viele Tiere an Stellen besonders zusagender Temperatur niederlassen, so daß nicht ohne weiteres zu erkennen ist, ob sie diesen Wärmegrad überhaupt wahrnehmen.

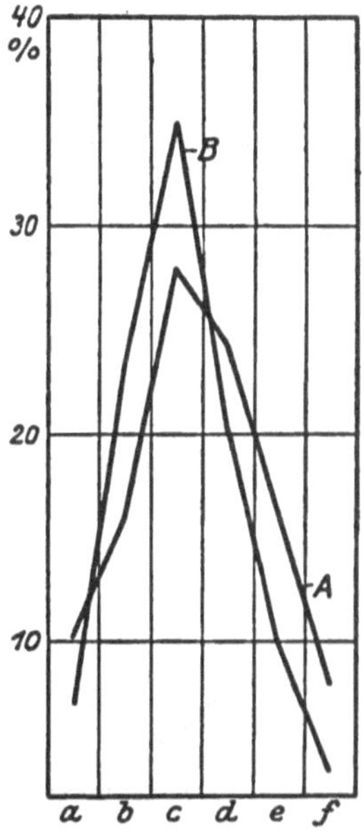

Abb. 11. Die Verteilung von Milben aus zwei Zuchten im Helligkeitsgefälle. Abszisse: Helligkeiten, a hellste, f dunkelste Stufe, Ordinate: Anzahl der Tiere in %. (Nach Henschel)

Henschel hat seine Milben auf eine *»Temperaturorgel«* gebracht, die in einer rechts erwärmten und links auf Eis liegenden Laufschiene besteht und somit ein Temperaturgefälle besitzt (Abb. 12). Dabei entdeckte er einen *Zusammenhang zwischen Zuchttemperatur und dem Wärmeoptimum* der Milben, der aus Abb. 13 ersichtlich ist. Diejenigen, die bei 18° gehalten waren, sammelten sich im Temperaturgefälle bei der gleichen Wärme, während eine Zuchtwärme von 27° eine Bevorzugung von ungefähr 22,5° ergab.

Wärmeoptima kennt man auch bei höheren Tieren. *Herter* (1936) fand, daß die graue Hausmaus in der Temperaturorgel 37,36°, die weiße Maus 34,63° und die Tanzmaus 33,85° bevorzugt. Nun kommt eine Maus im Wärmegefälle nicht jedesmal genau an der Stelle mit der angegebenen Temperatur zur Ruhe. *Herters* Zahlen sind Durch-

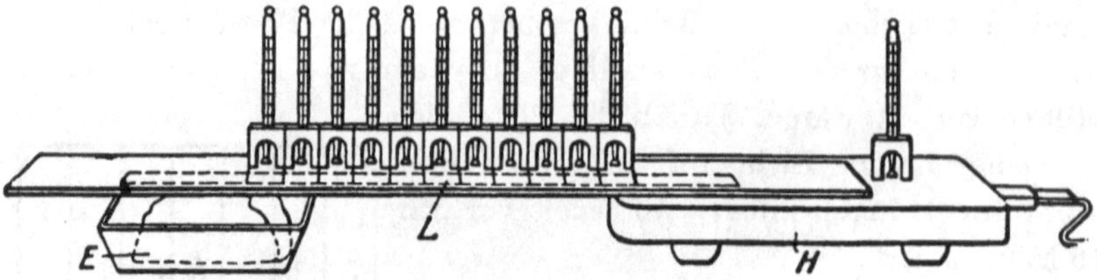

Abb. 12. Temperaturorgel. E = Eis, L = Lauffeld, H = Heizplatte. (Nach Henschel)

schnitte aus einer indessen kleinen Streuungsbreite. Das durchschnittliche Wärmeoptimum ist aber ein wichtiges Erbmerkmal. Kreuzungs-

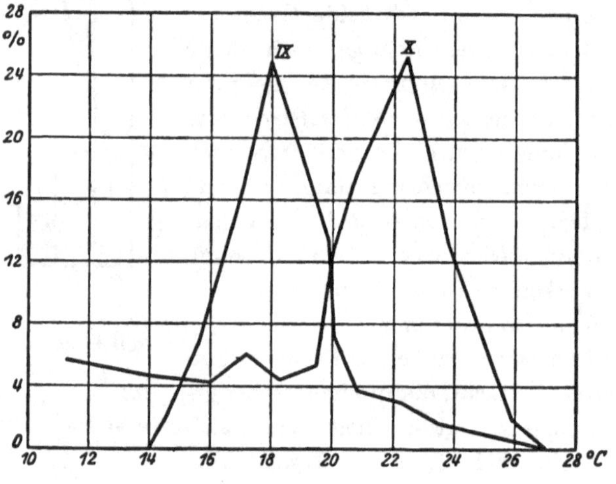

Abb. 13. Die Verteilung von Milben aus verschieden warmen Zuchtgefäßen im Temperaturgefälle. Abszisse: Temperatur, Ordinate: Anzahl der Milben in %. Zuchttemperatur IX: 18,6°, X: Zuchttemperatur 27°. (Nach Henschel)

versuche ergaben deutliche Dominanz des Wärmeoptimums der weißen Maus.

Man kann sich leicht die große praktische Bedeutung der Optima vorstellen. Sie bedeuten letzten Endes die Ziele des Strebens der niederen

Lebewesen. Wenn Dämmerung optimale Lichteinwirkung ist, flieht das betreffende Tier aus dem hellen Sonnenschein und die Folge wird ein Leben im Schatten sein.

Von Tier zu Tier sind die Wahrnehmungsinhalte, also die Umwelten, und die Optima verschieden. Nur bei wenigen Lebewesen ist man an Hand der Ergebnisse sinnesphysiologischer Analysen in der Lage, die Umwelt einigermaßen vollständig zu erkennen (z. B. *Paramaecium*, *Daphnia*, *Planaria*, *Apis melifica*, *Phoxinus laevis*). Voraussetzung zur Feststellung naturgemäßer Verhältnisse ist die Kenntnis der auf das Tier normalerweise einwirkenden ökologischen Verhältnisse, der Wärme, Feuchtigkeit, Bodenbeschaffenheit usw.

Alle Tiere, ob Protozoen oder Affen, haben Umwelten. Sie alle unterscheiden die auf sie einwirkenden Faktoren in verschiedenen Grenzen nach Intensitäten und Qualitäten. Sie reagieren ferner alle durch Erregtheitswallungen, die im Optimum am niedrigsten sind. Durch die Qualität der Einwirkung wird ferner der Erregtheitszustand qualitativ geändert, wodurch eine unmittelbare Vergleichbarkeit mit menschlichen Gefühlserlebnissen gegeben ist.

Die Affektlage eines Menschen, der Dunkelheit unbehaglich findet, unterscheidet sich von der der niederen Tiere, die aus dem Dunklen fliehen, durch eine größere Anzahl von bewußt oder unbewußt in das Erlebnis eingehender Faktoren. Dazu gehört die Erinnerung an Unfälle, gelegentlichen Schrecken, und womöglich Gespensterfurcht. Nun wäre es sehr voreilig zu folgern, daß etwa ein Seeringelwurm (*Nereis*) in der ihn erregenden Dunkelheit nach Abzug der nur dem Menschen zukommenden Erlebnisqualitäten dasselbe Unbehagen spüre wie dieser. Aus dem eigenen Seelenleben kann man keine Inhalte ohne weiteres herauslösen und den Rest als eine sonst unveränderte primitive Psyche betrachten. Nehmen wir an, daß ein durchdringendes fremdes Geräusch uns jäh erschrecken läßt und wir unsere Lage danach unheimlich finden. Das Zusammenfahren im Schreck sehen wir auch bei Einzellern. Sie werden von einem Ereignis »angetan«, erleben einen Affekt, ohne aber an zukünftige oder weit zurückliegende Ereignisse »denken« zu können. Kaum bemerkte Denkinhalte wie das Wissen um eigene Schutzlosigkeit spielen bei uns eine Rolle und färben den Affekt. Seine feinere Qualität ist von Mensch zu Mensch verschieden Trotzdem muß unter allen Umständen mit der Möglichkeit gerechnet werden, daß ein Ereignis a bei einem bestimmten psychischen Zustand b eine sich unbedingt ergebende Affektqualität c auslöst und zwar bei allen Menschen und allen Tieren.

Nie ist aber ein psychischer Zustand eines Menschen dem eines anderen absolut gleich. Selbst bei gleichen Anlagen schafft die Erfahrung so viel Inhalte, daß der Verdacht nahe liegt, auch ein Einzelner könne niemals die gleiche seelische Lage zweimal erleben. Aber trotz der durch diese Erscheinungsfülle bedingten Schwierigkeiten darf und muß die Vermutung ausgesprochen werden, daß bei Tieren Reiz und Erregung zur gleichen Erlebnisqualität verschmelzen können wie es bei Menschen der Fall sein würde, deren Seele die gleichen primitiven und durchaus keine anderen Inhalte hätte.

Um das bisher Gesagte recht deutlich werden zu lassen, soll der Schluß dieses Abschnittes es in knappen Definitionen zusammenfassen.

Erregtheiten sind Wallungen einer inhaltslosen psychischen Urerscheinung, die als nicht materielles Gebilde jeden Tierkörper durchsetzt. Sie bewirken in Flucht oder Zugriff die extremen Fälle von positivem oder negativem Verhalten.

Affekte sind die beim Verschmelzen von Wahrnehmungsinhalten und Erregtheiten entstehenden Erlebnisqualitäten.

Diese Qualitäten können wohl als verschieden, in ihrer Eigenart aber mit wissenschaftlichen Mitteln nicht erfaßt werden.

Mit diesen Hypothesen ausgerüstet, deren Brauchbarkeit sich noch zu beweisen hat und deren Wahrheitsgehalt erst nach Darstellung der Gesamtheit des psychischen Lebens zu beurteilen ist, müssen wir weiter und haben uns mit den Formen der Einstellung niederer Tiere gegenüber den Einwirkungen aus ihrer Umwelt zu befassen, die auf die Forscher der Neuzeit starken Eindruck gemacht haben und durch das Auftreten eines geistvollen Theoretikers besonders viel erörtert worden sind.

DIE EINSTELLUNG ZU REIZEN

Unter dem Schlagwort »Tropismentheorie« ist die Auffassung von *Loeb* bekannt geworden, daß zwischen der Intensität der Gereiztheit eines Auges (wie auch eines anderen Sinnesorganes) und dem Tonus der Muskeln der Gegenseite eine feste Beziehung bestehe. Fällt also Licht in das linke Auge, so arbeiten die rechten Beine etwas lebhafter und der Körper wendet sich nach links oder wandert im Bogen nach dieser Seite.

In der neueren Reizphysiologie bezeichnet man mit Tropismen die auf Reize zurückführbaren Einstellungsreaktionen der *Pflanzen*. Die Bewegungsweise der *Tiere* bei der Einwirkung eines Reizes wird einer der verschiedenen Taxien zugeordnet.

Abb. 14. Laufspuren des Bücherskorpions bei diffusem Oberlicht.
S = Startort, - - - Rückwärtslauf, ||||| Seitwärtslauf. (Nach Klein)

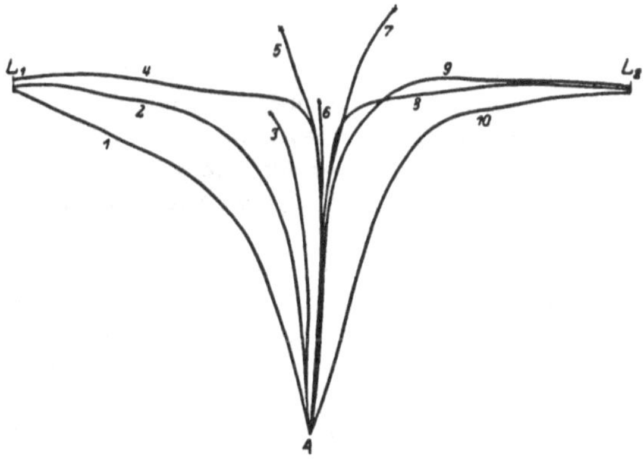

Abb. 15. Schwimmbahnen von Corophium beim Zweilichterversuch. (Nach Fraenkel)

Wo der Reiz nur alarmierend wirkt, spricht man von *Phobotaxis* bei der das Tier gewissermaßen kreuz und quer läuft. Das von *K. Klein* (1934) abgebildete Verhalten des Bücherskorpions sei als Beispiel für diese Bewegungsform angeführt (Abb. 14).

Von diesem Verhaltensbild unterscheidet sich deutlich die *Tropotaxis*, bei der ein Organismus sich unzweifelhaft nach der Richtung des Reizeinflusses orientiert. Während nun an der Tatsache der potitiven oder negativen Einstellung z. B. zum Licht, also der der Hinwendung und dem Anmarsch und der Abwendung und dem Fortmarsch kein Zweifel besteht, wird über die Erklärung der der Tropotaxis nach wie vor lebhaft diskutiert. Den stärksten Anlaß dazu liefert der »*Zweilichterversuch*«.

An Hand einiger Bilder sei er erläutert. *Corophium* ist ein niederer Krebs, vor den *Fraenkel* im Aquarium zwei Lichter leuchten ließ, die vom Startpunkt des Tieres gleich weit entfernt waren. In der Regel schwammen die Tiere auf die Mitte zwischen beiden Lampen zu, wo sie absanken und nach kurzer Ruhe sich einer Lampe zuwandten, die angesteuert wurde (Abb. 15). Ausnahmsweise schwamm aber auch ein Krebschen zwischen den Lichtern hindurch und geradeaus weiter (5 und 7 in Abb. 15). Zwei kamen zwischen den Lichtern endgültig zur Ruhe.

Ganz anders als ein Krebs bewegt sich in der Art der Spannerraupen der Entenegel *Protoclepsis tesselata*, was *Herter* (1929) genauer dargestellt hat (Abb. 16). Der Wurm wölbst sich bei jedem Schritt je nach seiner Erregtheit mehr oder minder kräftig empor.

Abb. 17 zeigt das Verhalten der Egel beim Zweilichterversuch in einer runden Glasschale. Entweder sind sie dort direkt zu einer bestimmten Lampe hingewandert oder sie sind auf der Mittellinie des Versuchsfeldes ein Stück vorwärts gegangen, bis sie — am Rande angekommen — sich zur nächsten Lampe begaben.

Ein weiterer Typ der Fortbewegungsweise wird durch Rollassel (*Armadillidum*) vertreten, deren Verhalten zum Licht *Henke* (1930) sehr eingehend studiert hat. Abb. 18 zeigt die Laufspuren seiner Tiere im Zweilichterversuch unter verschiedenen Bedingungen. Wo der Start weit vom Schnittpunkt der von rechts und links kommenden Strahlen lag, war der Marsch meistens erst auf diesen Schnittpunkt gerichtet bis er mehr und mehr zu einer der beiden Lichtquellen umbog. Von dem nahe am Schnittpunkt liegenden Ausgangspunkt der Versuchsreihe C wanderte die Mehrzahl der Tiere fast geradewegs zu einer Lampe hin.

Andere als die hier besprochenen Lebewesen wenden sich nicht dem Licht, sondern dem Schatten zu, ein Verhalten, das als negative Phototaxis bezeichnet wird. Oft wechselt die Einstellungsweise, wovon noch zu reden sein wird. Vorerst sei das Verhalten von Schnecken (*Helix pomatia*) angeführt, die in photonegativem Zustande sich gegenüber schwarzen Schirmen so verhalten wie photopositive Tiere gegenüber Lichtquellen (Versuche von *Geismer* 1935, Abb. 19). Wir sehen Fälle, in denen das geprüfte Tier geradewegs das dunkle Merkmal ansteuert. Außerdem gibt es aber auch verschlungene Wege und einige wenige, die auf die Mitte zwischen den Schirmen gerichtet sind.

Aus der Menge der vorliegenden Untersuchungen sind die eben mitgeteilten nach der Verschiedenheit der Fortbewegungsweisen ausgewählt. Laufen, Schwimmen und Kriechen ergab grundsätzlich ähnliche Verhaltensformen unter denen drei hervorgehoben werden müssen. Es ist das erstens die unmittelbare Hinwendung zu einer

Lichtquelle, zweitens der Marsch auf der Mittellinie des Winkels zwischen Tier und Lichtern, bis zu einem *Entscheidungspunkt*, an dem eine Hinwendung zum Licht (bald nach rechts, bald nach links) vor-

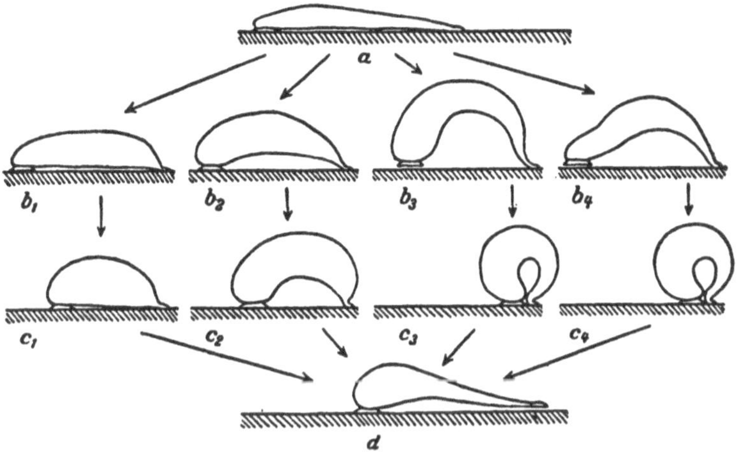

Abb. 16. Gehbewegungen von Protoclepsis tesselata. a b_1 c_1, a b_2 c_2 usw. 1, 2 usw. Gangart. (Nach Herter)

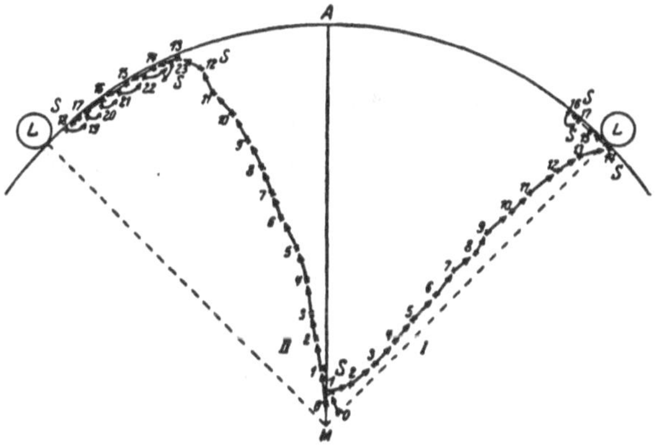

Abb. 17. Laufspuren zweier Egel beim Zweilichterversuch. Die Ziffern sind Nummern der Schritte. A-M = Mittellinie. (Nach Herter)

kommt, und drittens die seltene Wanderung zwischen beiden Reizquellen hindurch.

Keines dieser Ergebnisse, zwischen denen es Übergänge und Fälle ungerichteten Handelns gibt, widerlegt zwingend *Loebs* Annahme einer Beziehung zwischen Augenreizung und Extremitätenfunktion

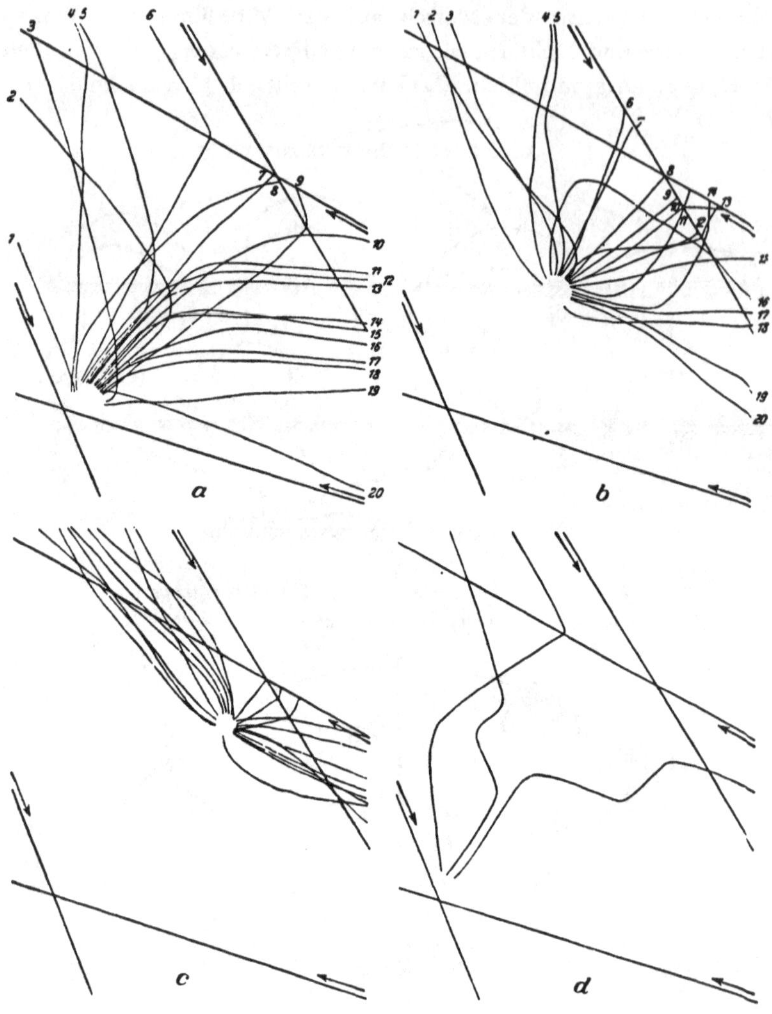

Abb. 18. Laufspuren von positiv phototaktischen Rollasseln. (Nach Henke)

auf der Gegenseite. Wer auf Grund dieser Lehre aber in den niederen Tieren mit der Zwangsläufigkeit von Maschinen reagierende Automaten sieht, wird ohne weiteres durch die immer wieder vorkommenden Sonderfälle widerlegt, die sich keiner Regel unterordnen lassen. Mit dem Hinweis auf sie kann indessen die fragliche Beziehung nicht einfach ausgeschlossen werden. Es wäre ja durchaus denkbar, daß nur im Hunger oder bei besonderer Aufgeregtheit der Augenreiz stimulierend zu den Gliedermuskeln weitergeleitet werden könnte.

Daß eine direkte Beziehung zwischen Augenreiz und Muskeltonus auf der Gegenseite überhaupt nicht besteht, zeigen zwingend die Untersuchungen von *Baldus* (1927). Seit langem war bekannt, daß nach einseitiger Enthirnung von niederen Tieren Kreisbewegungen nach der normalen Seite hin vorkommen. Sollten vielleicht die Beine der verletzten Seite durch die nun ausschließliche Reizung von der Gegenseite her besonders kräftig arbeiten? An Hand von kinematographischen Aufnahmen kann diese Frage verneint werden. Beim Schwimmen

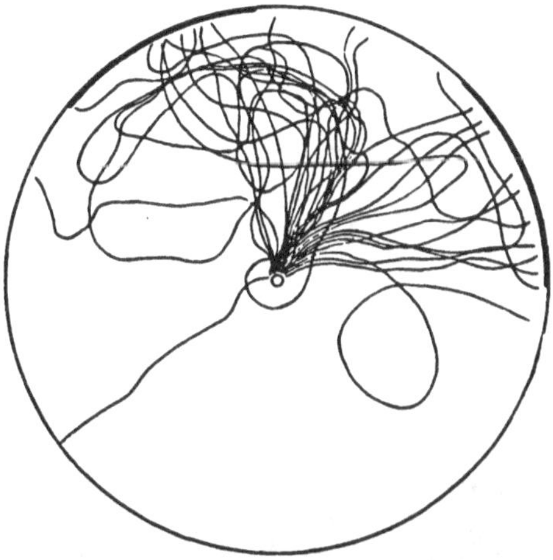

Abb. 19. Laufspuren von Schnecken beim Versuch mit zwei Schirmen. (Nach Geismer)

von *Dytiscus marginalis*, den *Baldus* filmte, leisten die Hinterbeine die Hauptarbeit. Wie sich die Glieder nach rechtsseitiger Enthirnung bewegen (linke Seite im Bilde), zeigt Abb. 20, die nach Aufnahmen von unten hergestellt wurde. Deutlich ist zu erkennen, daß die Glieder der linken Seite etwas weiter nach hinten durchschlugen und das Tier nach rechts drehten (rechts und links ist nach dem Bilde, nicht dem Tiere angegeben).

Als nun der Untersucher die Beine der operierten Seite entfernte, hätte der Käfer bei rein mechanischem Rudern sich nach links wenden müssen. Abb. 21 zeigt, daß es nicht der Fall war. Das so wichtige Hinterbein führt den wirksamen Schlag nun nicht mehr nach hinten, sondern nach vorn durch, es wird auch viel weiter kopfwärts vorgezogen als beim normalen Käfer. Die Folge ist das, worauf es dem Tier offenbar ankommt: eine Wendung zur gereizten Seite!

Auf die vielen Einzelheiten, die *Baldus* berichtet, können wir nicht eingehen. Eindrucksvoll genug ist bewiesen, daß nicht die Beine das

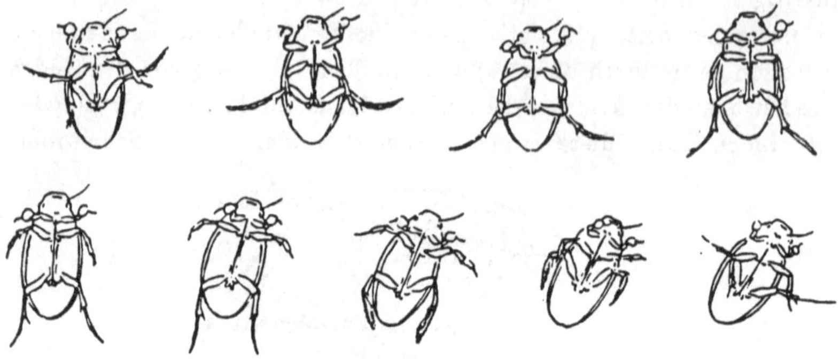

Abb. 20. Schwimmbewegungen des Gelbrandes. Links enthirnt. (Nach Baldus)

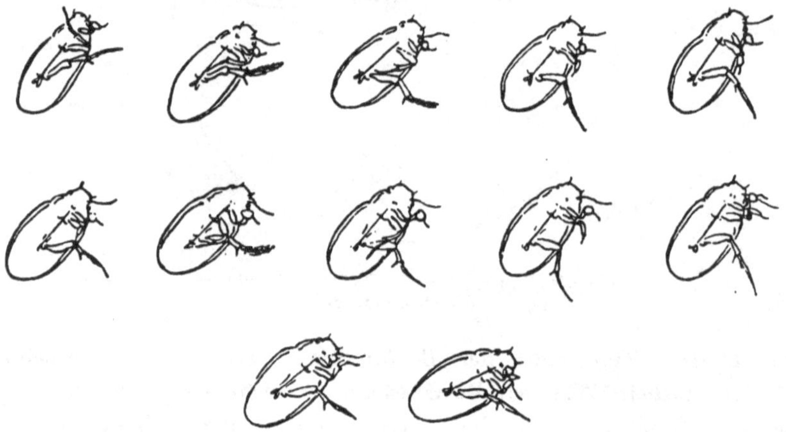

Abb. 21. Schwimmbewegungen eines links enthirnten Käfers, nur mit den Beinen der intakten Seite. (Nach Baldus)

Tier steuern, wie es dem Anfänger im Skilauf ergeht, der noch nicht Herr seiner Bretter in einer von diesen bestimmten Richtung mit Mühe sich aufrecht erhaltend einen Hang herabgleitet. Vielmehr ordnet das Tier seine einzelnen Gliederbewegungen einer Gesamttendenz unter. Die Extremitäten sind Mittel zur Erzielung einer Reaktion, sie beherrschen nicht, sondern werden beherrscht. *Loebs*

Annahme einer festen Beziehung zwischen Reizintensität und Gliedwirkung läßt sich nicht aufrecht erhalten.

Unentbehrlich erscheint aber nach wie vor der Gedanke, daß die Erregungsverschiedenheit in den Sinnesorganen die Form der Reaktion bedingt. »Diese Konzeption der Tropotaxis, die wir auf dem Gebiet sämtlicher tierischer Sinne verwirklicht fanden, hat von *Loeb* unverändert übernommen allein das Grundprinzip vom Erregungsgleichgewicht als Ausdruck des orientierten Zustandes« (*Koehler* 1931).

In der von *Alverdes* geleiteten Marburger Schule ist gegen die eben dargestellte Rolle der Erregungsgleichheit oder -ungleichheit das Er-

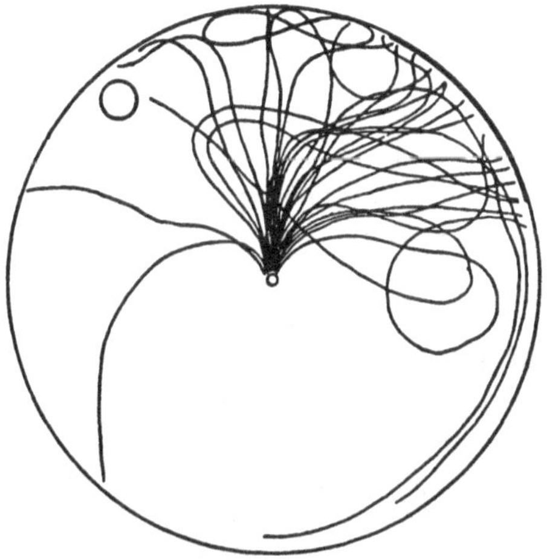

Abb. 22. Laufspuren von photonegativen Schnecken beim Lichtschirmversuch. (Nach Geismer)

gebnis von Versuchen mit einem Licht und einem schwarzen Schirm eingewendet worden. Als Beispiel sei hier berichtet, daß *Geismer* auf diese Weise Schnecken prüfte. Er hat gewissermaßen im Zweilichterversuch das eine Leuchtzeichen durch ein Schattenzeichen ersetzt (Abb. 22). In einer großen Zahl der Versuche sind die Schnecken zunächst auf der Mittellinie der Anordnung vorwärtsgekrochen bis sie sich (bei negativer Stimmung) dem Schirm zuwandten, ein Verhalten, daß dem anderer Versuchstiere anderer Autoren beim Zweilichterversuch durchaus entspricht. Einige der Schneckenspuren führten auch vom Start zwischen der Lampe und Schirm hindurch geradewegs zur Gefäßwand.

Schließt nun dieser interessante Befund die Zurückführung der Leistung des Tieres auf Erregungsgleichgewicht und Erregungsverschiedenheiten aus?

Nach der Argumentierung des Untersuchers wirkt der schwarze Schirm rechts vom Tier schwächer als die Lampe, so daß als Folge von Erregtheitsverschiedenheit bei photopositivem Handeln diese, bei photonegativem jene angesteuert werden mußte. Darum soll die tatsächlich wechselnde Zuwendung entweder zum einen oder zum anderen Merkmal nicht als Folge von qualitativ verschiedener Reizintensität, sondern als Folge besonderer »intrazentraler Zustände« zu verstehen sein.

Der von *Alverdes* eingeführte Begriff quantitativ verschiedener intrazentraler Zustände wird im Hinblick auf die oft vermuteten verschiedenen Stimmungen (ich setze diesen Ausdruck nicht wie üblich in Anführungsstriche) niederer Tiere benutzt, womit sich für uns die Notwendigkeit einstellt, die Tropotaxislehre psychologisch genauer und möglichst klar zu erörtern. Was erlebt ein Tier eigentlich beim Zweilichterversuch?

Die Ausstrahlung »affiziert« das Tier, sie regt es an. Also wird es lebhaft und marschiert los. Damit wäre phobisches Verhalten erklärt, das nur die Fähigkeit zur Fortbewegung mit wechselnder Richtung voraussetzt. Die Reizquelle erregt aber nicht nur, sondern sie lockt auch, übt eine Anziehungskraft aus. Schon oben haben wir der psychischen Ureigenschaft die Fähigkeit zuerkannt, dem Körper einen Impuls »hin« oder »fort« zu erteilen. Wie mit dem Aufwallen der Erregtheit dieser Impuls zustande kommt, wissen wir nicht. Und mit allem Nachdruck sei betont, daß das damit gegebene Rätsel unverändert in der Handlung eines Menschen zu finden ist, der ein Butterbrot ergreift. Mit der Feststellung des negativierenden und positivierenden Aufwallens der Psyche ist unserem Einblick in das seelische Geschehen der wirbellosen Tiere eine vorläufig und vielleicht ewig bleibende Schranke gesetzt.

Bei tropotaktischer Einstellung muß nun als echter psychischer Inhalt ein Prozeß angenommen werden, der die Bewegungsmöglichkeiten der Glieder oder des Körpers so beeinflußt, daß er sich der Reizquelle, dem *Ziel* nähert. Ob dieser Prozeß einfach hemmend oder lösend in das mit der Körperorganisation gegebene Schema von Reflexen eingreift und so aus dem urtümlichen antagonistischen Hin und Her der Gliederbewegung die schmiegsame und bildsame Gesamtreaktion entstehen läßt, wie man es bei Wirbeltieren vermutet hat, lassen wir dahingestellt sein.

Unter keinen Umständen kann einem Forscher, der zur Beschreibung tierischer Einstellungen den Begriff der Prototaxis heranzieht, vorgehalten werden, daß er die Tiere zu Maschinen herabwürdige. Mit der negativierenden oder positivierenden Wallung ist vielmehr schon ein wichtiger Bestandteil unserer Stimmungen gegeben, die zum Unterschied von den Affekten der wirbellosen Tiere durch Wahrnehmungen und Erinnerungen noch feiner »getönt« oder »gefärbt« sind. Wer auf diese Feinheiten den Hauptwert legt, mag den Begriff der Stimmung nur auf Menschen beschränken. Ausgeschlossen ist es aber keineswegs, daß auch eine Schnecke bei der Wahrnehmung einer dunklen Stelle in hellem Felde eine qualitativ besondere Affektwallung erlebt. Da diese eine Tatsache und die Qualitätsbesonderheit durchaus möglich ist, trage ich selbst kein Bedenken, auch bei niederen Tieren von Stimmungen zu reden. Ihre Bedingtheiten sind mit den Wahrnehmungen und den Affektäußerungen naturwissenschaftlich durchaus objektiv festlegbar.

Nach diesen Überlegungen muß der Schneckenversuch von *Geismer* weiter erörtert werden. Sind die von der Lampe links und dem schwarzen Schirm rechts ausgelösten Erregungen qualitativ gleich oder verschieden? Sind es für die Schnecke vielleicht nur Quantitäten oder Intensitäten gleicher Reizqualität? Diese letztere Frage kann durchaus bejaht werden. Entscheidend ist, daß der Schirm erregt. Auch die Lampe tut das. Wenn *Geismer* betont, daß ungleichartige Reizquellen vorhanden wären, so folgt daraus nicht, daß die von ihnen ausgelösten Erregtheiten auch verschieden sind. Darum ist sein Versuchsergebnis kein zwingender Beweis gegen die Bedeutung von Erregungsgleichgewicht und Erregungsverschiedenheit bei der Orientierung der Tiere.

Tropotaxis ist nicht nur vor Lichtquellen möglich, sondern auch bei anderen Sinneswahrnehmungen. Überall findet sich dasselbe Einstellungsprinzip. 1931 hat *Koehler* darüber gesagt: »Allen diesen Orientierungen innerhalb wohl sämtlicher beim Tier überhaupt studierten Sinne liegt offenbar derselbe Mechanismus zu Grunde. Indifferenz, d. h. keine orientierende Reaktion, keinerlei Wendung bei gleichstarker Erregung spiegelbildlich symmetrische Rezeptoren, die einsinnige Lenker sind, bei positiver Stimmung infolge zentraler Hemmung der gleich starken gegensinnigen zwei Befehle. Eine Kompensationsbewegung aber erfolgt, sowie der Erregungsgrad der einen Seite überwiegt, derart, daß das Tier in die Normallage und damit in den Indifferenzzustand zurückgeführt wird« (S. 51).

Auf die weiteren Orientierungsweisen der niederen Tiere, vor allem auf Telo- und Menotaxis kann hier nicht eingegangen werden, weil die Besprechung ein Buch füllen und *Koehler* (1926, 1931) die hierher gehörenden Probleme mehrmals meisterhaft dargestellt hat.

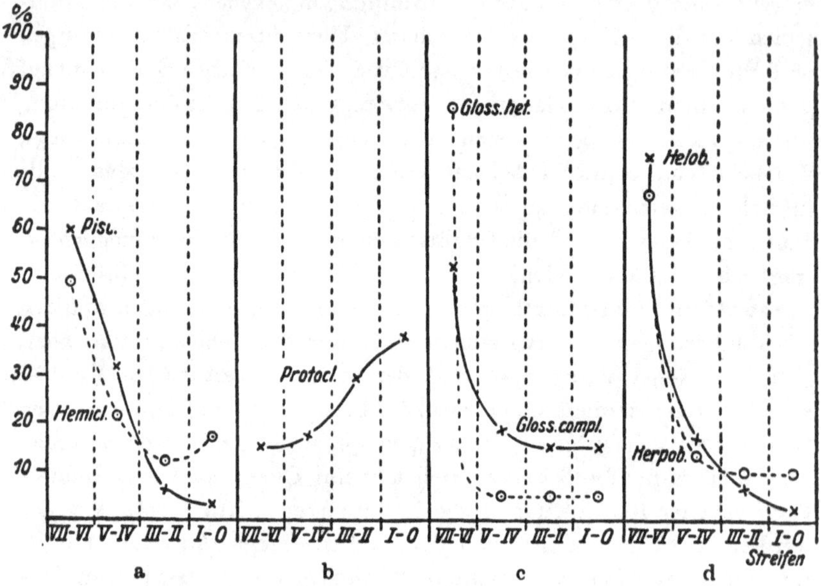

Abb. 23. Die Verteilung von Entenegeln verschiedener Arten im Lichtgefälle. Abszisse O = hellste, VII = dunkelste Stelle, Ordinate: Verteilung der Tiere in %. (Nach Herter)

Zwischen der Einstellung zu den Erscheinungen in der Umwelt und der Lebensweise besteht ein deutlicher Zusammenhang, der aber nichts mit der Organisationshöhe des Tieres zu tun hat. *Herters* (1929) vergleichende Darstellung der Phototaxis deutscher Egel zeigt auffallende Unterschiede nahverwandter Arten. In einer Schale stellte er mit verschiedenen durchlässigen Papierstreifen ein Lichtgefälle her und stellte die Prozentzahl der im jeden Helligkeitsstreifen sitzenden Egel fest (Abb. 23). Nur der Entenschmarotzer *Protoclepsis* war ausgesprochen positiv phototaktisch. Die Mehrzahl der Tiere saß — wie aus Teil b von Abb. 23 ersichtlich, im hellsten Streifen des Gefälles.

STIMMUNG UND UMSTIMMUNG

Die anlockende oder abstoßende Wirkung von Umweltfaktoren, wie Licht oder Wärme, ist nicht mechanisch festgelegt, sondern verschieden stark und kann je nach dem Zustand des Tieres von positiver zu negativer Einstellung umschlagen. Der satte Fischegel *Hemiclepsis* ist nach *Herter* negativ photo- und positiv geotaktisch, so daß er sich in der Freiheit an dunklen Stellen der Wassertiefe aufhält. Von Zeit zu Zeit — vielleicht durch echten Hunger bedingt — wird die Reaktionsweise vor allem positiv phototaktisch und der Egel hält sich in mittleren Wassertiefen auf, wo die meisten kleineren Fischarten zu finden sind, denen der Parasit sich ansetzt.

Oft ändert sich die »Lichtstimmung« mit dem Alter. *Henschel* berichtet von der Käsemilbe (*Tyrolichus*) einen Unterschied der Ent-

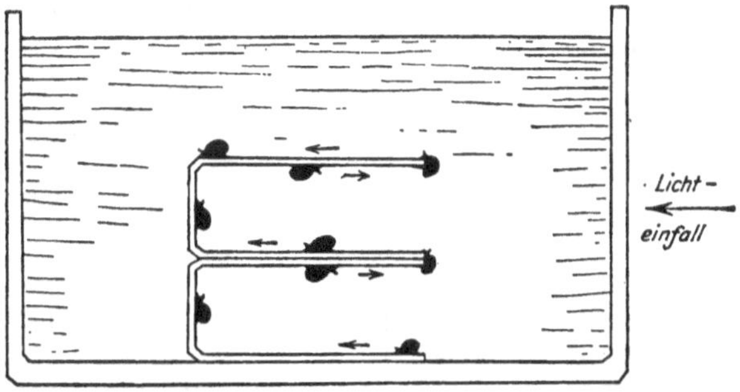

Abb. 24. Kriechbahnen von Littorina in zwei Glasküvetten. (Nach Fraenkel)

wicklungsstadien. Achtbeinige Nymphen waren stark, sechsbeinige Larven schwach positiv phototaktisch.

Ferner kann die Körperstellung eine Rolle spielen. *Fraenkel* (1927) sah in einer einfachen Versuchsanordnung die Mittelmeerschnecke *Littorina* sich zum Licht hin bewegen, wenn sie senkrecht nach unten hängend an einer Glasscheibe kroch und vom Licht fortstreben, wenn sie sich aufrecht bewegte (Abb. 24).

Die genauesten Angaben über Veränderungen der Lichtstimmung hat meines Wissens *Henke* (1930) bei seinen Versuchen mit der Rollassel gemacht. Davon sei angeführt, daß plötzliche Verstärkung von Licht eine phobische Reaktion bald zu ihm hin und bald von ihm weg ausgelöst hat. Plötzliche Intensitätsverminderung des Lichtes ergab achtmal so häufig eine negative als eine positive Einstellung.

Für die in unseren Überlegungen so nachdrücklich hervorgehobene Bedeutung des Erregtheitszustandes ist die Lichtumstimmung der Rollasseln nach Aufenthaltswechsel wichtig. Von 42 Tieren, die aus dem Zuchtglas kommend geprüft wurden, waren 23 negativ phototaktisch. Von 30 Tieren, die vor dem Versuch für mindestens $^1/_2$ Stunde in ein leeres, aber feuchtes und dunkles Glas gebracht worden waren, verhielten sich 9 positiv und nur 5 negativ phototaktisch.

Da aber sowohl die Feuchtigkeit als auch die Helligkeit in dem Gefäß vor dem Versuch die Reaktion nicht bedingt hat — die zur Begründung dieses Schlusses angeführten Versuche müssen im Original eingesehen werden — kann nur der allgemeine Erregtheitszustand des ganzen Tieres die jeweilige Lichtorientierung bedingt haben.

Hier verdient auch noch berücksichtigt zu werden, daß eine Assel um so schneller läuft, je stärker sie dem Licht zugewendet ist und umgekehrt. Schon früher hat, wie der Arbeit von *Henke* zu entnehmen ist, *Abbot* bei *Porcellio* festgestellt, daß er nach dem Aufenthalt im Trockenen nicht nur stärker positiv auf Licht reagiert, sondern sich auch lebhafter bewegt. Ferner fand *Minnich* die positive Phototaxis von Bienen umso stärker ausgeprägt, je regsamer sie waren.

UMWELTERSCHEINUNGEN BEI HÖHEREN TIEREN

Wir sind nicht in der Lage, eine Skizze von der Umwelt des Krokodils oder eines Steinbockes zu entwerfen. Nur Spezialforschung kann das und die allgemein und vergleichend betriebene Wissenschaft muß die dazu nötigen Methoden erarbeiten. Die Leistungsfähigkeit der Sinnesorgane muß zuerst festgestellt werden, was in der zu einem selbständigem Forschungszweig entwickelten Sinnesphysiologie geschieht. Sodann gilt es die erregenden Wirkungen der Wahrnehmungsinhalte festzustellen. Schließlich kommt als dritte Aufgabe die Erfassung der aus den *einzelnen Inhalten entstehenden Ganzheiten* hinzu, die uns jetzt beschäftigen soll.

Zunächst verlangen die oft untersuchten Bienen Beachtung. Unterscheiden sie auf einer Wiese regellos verstreute sternförmige Gebilde, die Blumen, von denen sie sich einige als Honigquellen besonders fest einprägen können? Spielt auch die Formverschiedenheit zwischen den verschiedenen Blüten eine Rolle?

Bei der leicht gelingenden Dressur von Bienen hat *M. Hertz* (1933) neben einem schwarzen Kreuz ein Schälchen mit Zuckerwasser und neben einer schwarzen Kreisfläche ein Schälchen mit reinem Wasser aufgestellt. Es dauert nicht lange, bis die Bienen das Kreuz auch dann anfliegen, wenn beide Gefäße fortgenommen sind.

Die Tiere haben also etwas gelernt, ein Prozeß, der später behandelt werden wird. Jetzt fragen wir zunächst: was haben sie von vornherein an den Lockfiguren wahrgenommen? Es ist keineswegs selbstverständlich, daß ein vom Kreis unterschiedenes Kreuz auch wirklich als solches einen Wahrnehmungsinhalt bildet und wer jetzt befremdet fragt, welche andere Art von Wahrnehmungsinhalt denn überhaupt möglich sei, der wird es aus dem weiteren Verlauf der Versuche erfahren.

1. Das Kreuz ist die positive (+) Figur, der Kreis die negative (—).

2. Beide können durch andere Figuren ersetzt werden, die ohne neue Übung sofort als + oder — behandelt werden. Ein Schachbrettmuster wird wie ein Kreuz behandelt.

3. Zur Erklärung dieser Tatsachen muß angenommen werden, daß die Biene bei der Ausgangsdressur sich kein Bild des Kreuzes eingeprägt hat, sondern den Gegensatz der Merkmale als Unterschied zwischen *geschlossener* und *aufgelöster Figur* erlebte.

4. Es ist möglich, in der Form verschiedene, aber im Grade der Aufgelöstheit gleiche Figuren herzustellen. Werden sie unterschieden, so spielt nicht nur dieser Grad, sondern auch das spezielle Aussehen eine Rolle als Erkennungsmerkmal.

5. Um die zur Rede stehenden Verschiedenheiten knapp zum Ausdruck zu bringen, unterscheidet *M. Hertz* die Grade der Aufgelöstheit eines Gebildes als »figurale Intensität«, die hier als *bildliche Eindringlichkeit* aufgeführt werden soll. Im Gegensatz dazu finden wir die speziellen Formen als »figurale Qualität« bezeichnet, was in deutscher Ausdrucksweise mit *bildlicher Beschaffenheit* noch treffender angegeben werden kann.

Nach diesen vorbereitenden Aufzählungen wird der Hauptversuch verständlich. Abb. 25 zeigt zwei Figurengruppen mit verschieden langem Umfang (der »Konturlänge« nach *Hertz*), die rechts neben jeder Zeichnung in Millimeter angegeben ist. Die konturreichere Form steht jeweils oben, sie ist von stärkerer figuraler Intensität. Die Bienen bevorzugen nun bei paarweiser Darbietung von zwei der übereinanderstehenden Gebilde jeweils das intensivere. »Deutliche Bevorzugung einer intensitätsschwächeren Figur vor der intensitätshöheren der gleichen Reihe« war nicht zu erreichen.

Das gilt aber nur bei Wahlversuchen mit Figuren des gleichen Typus. Die untere Punktgruppe in Abb. 25 kann eine Biene leicht und trotz des kürzeren Umfanges (280 statt 500 mm) vor der Dreikreisscheibe in Abb. 25 (links oben) bevorzugen. Also entscheidet nicht der Grad der Eindringlichkeit, sondern die Beschaffenheit des Bildtypus.

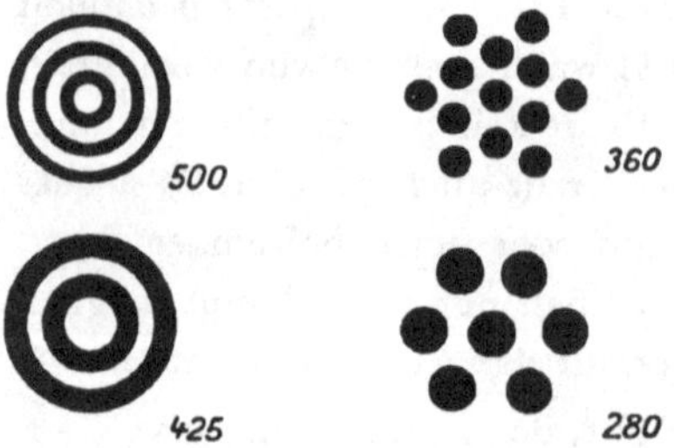

Abb. 25. Kreisgruppen und Punktgruppen zur Prüfung des Formerlebnisses von Bienen. (Nach Hertz)

Zur Erläuterung ihrer Ansicht hat *M. Hertz* drei Figuren besonders hervorgehoben, die wir hier in Abb. 26 mit der wörtlich aus der Originalarbeit entnommenen Unterschrift wiedergeben.

Um die Bedeutung und die psychologische Beurteilungsmöglichkeit der bildlichen Eindringlichkeit richtig zu verstehen, muß ihre von vornherein gegebene erregende Wirkung allen Überlegungen vorangestellt werden. In der Ausdrucksweise von *M. Hertz* kann man von einer von vornherein »der Potenz nach bestehenden Überlegenheit« einzelner Figuren sprechen. Ohne irgendwelche Übung wirken sie als Wahrnehmungsinhalt positiv erregend, wenn auch oft unmerklich schwach.

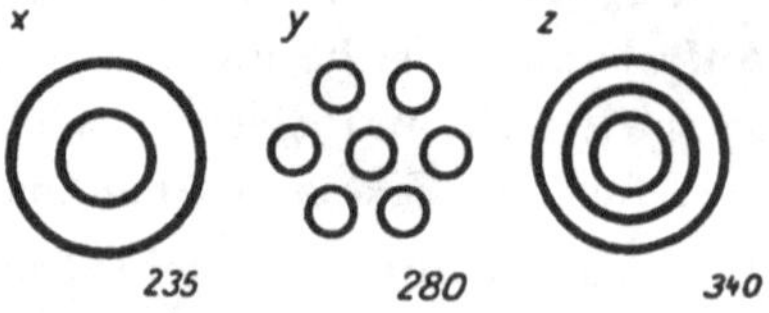

Abb. 26. Schemata zur Erläuterung der Eigenschaften von Figuren. Z ist X an figuraler Intensität, Y ist den beiden Gegenformen der figuralen Qualität nach überlegen. (Nach Hertz)

Durch die Erfahrung des Futterfindens kann dieser Affektwert des Merkmals verstärkt werden.

Die figurale Intensität ist also ein Ausdruck für den Grad der beim Wahrnehmen erlebten Erregtheit. Das Merkmal »mutet an«, jedoch nur im Erregtheitsgefälle des gesamten überschauten Komplexes, in dem die Biene sich für das sie am stärksten affizierende Gebilde entscheidet. Sie wählt nicht nach der absoluten Intensitätsstärke, sondern nach dem Verhältnis der Intensitäten. Ihre Leistung kann nach einem durchaus brauchbaren Ausdruck der Sinnespsychologie als *Relations-*

erfassung gelten. Nicht das Einzelmerkmal, sondern die Ganzheit des Wahrnehmungsfeldes entscheidet.

Beim Aufkommen der neuesten tierpsychologischen Forschungen ist die Relationserfassung von Tieren als überraschende Leistung viel beachtet und schon zusammenfassend dargestellt worden (*Bierens de Haan*, 1928; *Fischel*, 1932). Eine Einstellung auf das jeweils kleinere von verschieden großen oder das jeweils hellere von verschieden stark beleuchteten Gebilden hatte man bis dahin nur auf Grund eines Abstraktionsprozesses für möglich gehalten. Mit der hier zum erstenmal konsequent durchgeführten Berücksichtigung des Erregtheitgefälles im Wahrnehmungsganzen ist eine weitere Klärung der fraglichen Leistung gegeben.

Von der durch Affekt bedingten Einstellung in Ganzheiten ist die eigentliche *Gestaltwahrnehmung* zu unterscheiden. Bekanntlich er-

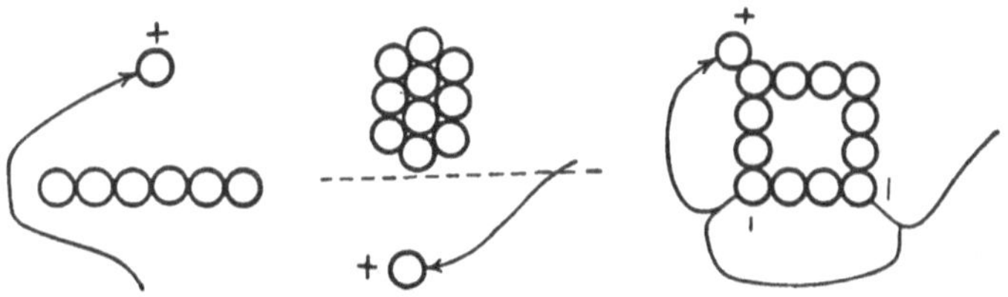

Abb. 27. Die Aufstellung von umgekehrten Blumentöpfen zur Prüfung eines Eichelhähers. Bei + ist Futter verborgen. Der Pfeil gibt den Weg des Tieres an. (Nach Hertz)

leben wir Menschen drei nahe zusammenstehende Punkte als Ecken eines Dreiecks oder allenfalls Teile einer Linie. Durch Versuche mit Eichelhähern hat *M. Hertz* gleiche Prozesse bei Tieren nachgewiesen. Abb. 27 zeigt drei Gruppen von umgekehrten kleinen Blumentöpfen, von denen einer in zwei Fällen abseits steht und in der dritten Gruppe an die übrigen herangeschoben ist. Unter ihm wird Futter verborgen. Solange dieses »Zwischenziel« deutlich von den übrigen Töpfen getrennt steht, fliegt der Eichelhäher, wie die Pfeile zeigen, es sofort an. In der am weitesten rechts stehenden Aufstellung ist der Locktopf mit den anderen zu einer einheitlichen Wahrnehmungsgestalt verschmolzen, die als etwas Ganzes, und zwar an den Ecken besonders stark, den Vogel anzieht.

Bei jeder Fütterung von Seehunden kann man beobachten, daß sie Fische nur am Kopf ergreifen. Da Beutetiere ohne Kopf einfach am Vorderende gefaßt werden, hat das Wahrnehmungsgebilde »Fisch«

eine nach dem Vorderende zunehmende positivierende Wirkung. Wahrscheinlich kommt diese Wirkung dem Lockmittel a priori zu, also ohne Erfahrungen infolge erblicher Veranlagung zu spontanem »Ansprechen« auf den betreffenden Wahrnehmungsinhalt.

VALENZEN UND AFFEKTE

Wir haben oft von Gebilden gesprochen, die ohne weiteres erregen. Ihnen kommt, nach einer gelegentlich gebrauchten Ausdrucksweise, ein »Aufforderungscharakter« zu. Einen treffenderen Ausdruck für die gleiche Tatsache hat *Russell* in die Tierpsychologie eingeführt. Er spricht von den »Valenzen« der Gebilde. Diesen Begriff wollen wir übernehmen und, von *»primären Valenzen«* reden, wenn eine Erscheinung a priori, also ohne Mitwirken einer Erfahrung ein Lebewesen erregt.

Bis zu einem gewissen Grade können Dinge mit primären Valenzen verändert werden, ohne ihre Wirkung zu verlieren.

Abb. 28 zeigt eindrucksvoll die Entschiedenheit, mit der ein Seelöwe nach einem Fisch schnappt und eine Attrappe ablehnt. (Unter Leitung von *Koehler* durchgeführte Versuche von *Spindler* und *Bluhm*, 1934.) Dieser Seelöwe schnappt nach einer aus Lindenholz geschnitzten Fischfigur und zwar auch dann, wenn sie rot ist. Eine Spindelform in Fischfarbe wirkte positiv, wurde aber nach Berührung mit der Nase abgelehnt. Ein anderes Tier lehnte eine aus silbernem Karton geschnittene Fischfigur ab.

Es ist nicht möglich auf weitere Einzelheiten einzugehen, wenn nicht die Erörterung höherer Leistungen zu kurz kommen soll. Eine ungeheuere Mannigfaltigkeit feinster Wahrnehmungsgehalte schafft den höheren Lebewesen Umwelten in einer Differenziertheit, die Menschen nie erleben. Man weiß, daß Meerschweinchen einen Tropfen Bromstyrol auch bei einer Verdünnung von 1 : 1000000 im Futter riechen können (*Matthes* 1932). Nun muß man sich die Fülle der Eindrücke klar machen, die auf solches Tier einwirken, wenn es auf einer Wiese schnuppert. Daß dabei nicht einzelne Gerüche isoliert nebeneinander, sondern *Geruchsgestalten* entstehen, ergibt sich aus den Erfahrungen der Hundepraxis. *Menzel* (1930) erläutert anschaulich, daß sich der Spurgeruch eines Menschen aus dessen Eigenwitterung, dem Geruch verletzten Erdreiches und verletzter Pflanzen, dem des Bodens, des

Leders und der Imprägnierung der Schuhe zusammensetzt. Sie bilden eine Ganzheit, die *Menzel* kurzweg »der Riech« nennt. Diesen, nicht etwa nur die dem verletzten Boden entströmende Witterung hat der gute Spurenhund festzuhalten.

Nun muß der die Umwelten der Tiere behandelnde Gedankengang zusammengefaßt werden, damit das Ergebnis der vergleichenden Betrachtung klar werde. Herausgestellt hat sich dreierlei:

Abb. 28a und b. Seelöwe bei der Annahme eines Fisches und beim Ablehnen einer Attrappe. (Nach Spindler und Bluhm)

erstens *die in der ganzen Tierwelt und der Menschheit vorkommende wechselvolle Lebhaftigkeit* der Lebensäußerungen. Eine stammesgeschichtliche Entwicklung dieser Erscheinung ist nicht festzustellen,

zweitens eine *mit der Höherentwicklung der Tiere steigende Differenziertheit der Umwelten.* Sie erreicht durch äußerste Leistungsfähigkeit der Sinne nicht in der Menschheit, sondern in größeren Säugetiergruppen den Höhepunkt,

drittens eine durch *die Erbanlagen der Lebewesen gegebene primäre Valenzverschiedenheit der Umweltgestalten.* Auch hierin läßt sich keine wesentliche Bereicherung beim Vergleich niederer mit höheren Lebewesen feststellen, soweit sie nicht unmittelbar durch die Sinne bedingt ist.

Zu diesen dritten Punkt sei spätere Erwägungen vorwegnehmend schon jetzt gesagt, daß sich die verschiedenen Valenzen von Dingen bei der Futterwahl der Tiere am deutlichsten zeigen. Durch sie kommen »Beliebtheitsleitern« zustande, die z. B. für Regenwürmer, Hühner und Affen festgestellt worden sind. Da indessen das Gedächtnis beim Aufsuchen von Futter eine sehr große Rolle spielt, werden wir im Zusammenhang mit den Erinnerungsleistungen das Problem wieder aufgreifen.

Keinem Zweifel kann es unterliegen, daß die Selektion bei der Herausbildung von primären Umwelten, die also auf angeborenen Valenzen beruhen, eine große Rolle spielt. Zu geringe negative Phototaxis wird manches niedere Lebewesen im Wasser ein Opfer von Fischen werden lassen, während Artgenossen, die sich kräftiger vom Licht fernhalten, an dunklen Stellen Schutz finden. Zukünftige Forschung wird sich mit diesem Problem noch zu befassen haben.

UMWELT UND HEIMAT

Ein Sonderfall in den Umweltwirkungen verdient wegen seiner praktischen Bedeutung und wissenschaftlichen Erklärungsschwierigkeit besondere Beachtung. Es ist nämlich, als ob die Heimat, und zwar die ferne Heimat, auf manche Tiere eine besondere Anziehungskraft ausübe.

Den hierher gehörenden Tatsachen seien die Ergebnisse der *Verfrachtungsversuche* von *Rüppell* (1934—36) vorangestellt. 1934 hatte er 353 Stare von verschiedenen Orten Deutschlands, deren Lage die als Abb. 29 beigefügte Karte ersehen läßt, auf schnellste Weise nach Berlin schicken lassen. Die allermeisten waren am Nest gefangen und dort beringt worden. In Berlin wurden sie sofort freigelassen und waren bald wieder in der Heimat zu finden. Die zum Rückflug benötigte Zeit gibt uns folge Übersicht an:

Heimkehr	bei Entfernungen
am gleichen Tag	bis zu 100 km
am 1. Tag nach der Auflassung	von 100 bis 200 km
„ 2. „ „ „ „	„ 200 „ 300 „
„ 3. „ „ „ „	„ 300 „ 400 „

Da Stare bei längeren Flügen auf größere Nahrungspausen angewiesen sind, können sie keine weiten Umwege gemacht haben. Wahrscheinlich haben sie von vornherein die Richtung zur Heimat eingeschlagen.

Mit Verfrachtungsversuchen hat sich auch *B. Schmid* beschäftigt. 1932 brachte er Hunde im dunklen Transportkorb auf einem Lastauto von der gewohnten Heimat fort. Bei dem beachtenswertesten Versuch waren es 11 km. Vom Heimathof des Hundes war bei der Freilassung nichts zu sehen. Nach dem Aussetzen lief er 12 Min. unentschieden hin und her, war erregt und »man hat unwillkürlich den Eindruck, ein in freier Wildbahn lebendes, sich hier orientierendes Raubtier vor

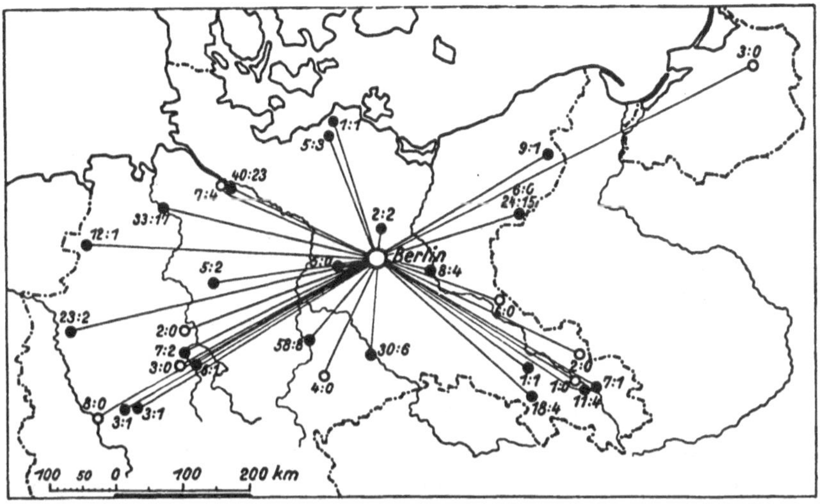

Abb. 29. Die Ergebnisse von Verfrachtungsversuchen mit Staren. Die Ziffern zeigen das Verhältnis der Anzahl der aufgelassenen Vögel zur Anzahl der Heimkehrer an. (Nach Rüppell)

sich zu haben« (S. 9). Dann wendet sich der Hund nach Osten und allmählich nordwärts wandernd dem Ausgangspunkt der Fahrt zu. Auffallend und wichtig ist, daß »Maxl« Wälder zu vermeiden suchte, einen pflügenden Bauern im Bogen umging, eines Autos wegen die Landstraße verließ und trotz dieser von Valenzen bedingten Einzelabweichungen in großen Zügen die Richtung »Heimat« eingehalten hat. Die letzte Strecke, der — wie wir noch sehen werden — eine besondere Bedeutung zuerkannt werden muß, lief der Hund im Galopp.

Im Hinblick auf die Labyrinthversuche mit Ratten, die später erörtert werden, ist die Stadtverfrachtung der Hündin »Nora«, besonders wichtig. Sie ist einmal zur Anmeldung weiter von der Wohnung des

Besitzers fortgeführt worden, nach zuverlässigen Angaben soll das Tier seitdem nicht über die nächste Umgebung des Hauses hinausgekommen sein.

Früh um 4,30 Uhr vormittags bringen Polizeibeamte den im verhängten Korb stehenden Hund mit einem Kraftwagen auf Umwegen zum Max-Weber-Platz in München. Der Ausgangspunkt liegt südwestlich davon in der Nähe des Südtirolerplatzes im Zuge der Grünwalderstraße. Nach dem Freilassen beschäftigt sich auch dieser Hund zunächst an Ort und Stelle, versucht in den Transportwagen zu steigen, beschnuppert einen Schaffner, sucht mit einem fremden Hund zu spielen usw. 5,23 Uhr, also nach fast einer Stunde, macht er sich plötzlich auf den Weg in Richtung Heimat bis zum Tassiloplatz, in dessen Nähe er wieder mit einem Hund spielt. Das wird vom Beobachter unterbrochen und das Versuchstier geht weiter nach Osten und Südosten. An einer Straßenkreuzung wird der Hund abgelenkt und wendet sich dann zum Weitermarsch richtig nach Westen, bis nach verschiedenen Zick-Zackwegen im Straßengewirr der Weg nach Südwesten gewählt wird. Nach zwei Stunden und zehn Minuten sind 8,5 km zurückgelegt und das Heimathaus ist erreicht.

Auch bei diesem Versuch sind alle Wendungen des Hundes der Richtung zur Heimat untergeordnet. Es ist, als ob ein Abirren nach einer falschen Seite bald gemerkt und korrigiert würde.

Auge, Ohr und Nase scheiden als Mittel zur Fernorientierung in den eben besprochenen Versuchen unbedingt aus. Vor dem Urteil über die Ergebnisse kann noch weiteres Wissen ins Feld geführt werden.

1936 hat *B. Schmid* das Problem erneut angegriffen und zwei Waldmäuse (*Mus silvaticus*), die auf dem Speicher eines Hauses in Fallen gefangen worden waren, je 17mal in der Umgebung des Gebäudes ausgesetzt. Dann hat er auf dem Speicher wiederum Fallen aufgestellt. Und jeder Versuch hatte Erfolg! Die Mäuse sind aus den verschiedensten bis zu 787 m entfernten Stelle stets wieder zurückgekehrt und bald wieder gefangen worden. An Fellmarken waren sie zu erkennen.

Schließlich müssen noch die schönen Versuche erwähnt werden, die *Eisentraut* (1936) mit Fledermäusen angestellt hat. Vor dem Verlassen des Winterquartiers wurden 5830 Mausohren markiert. Im März beginnt die Frühlingswanderung, bei der die Tiere bis 260 km weit nach Nordosten wandern. Ihre Wege streuen in einem Halbkreis (Abb. 30). Die meisten zwischen 30 bis 50 km weit. Während der ersten Hälfte des Sommers sammeln sich die Weibchen in den sog. Wochenstuben, während die Männchen ein solitäres Leben führen. Ob im September die Rückwanderung der nun nicht mehr geschlechtsweise getrennten Tiere beginnt, steht noch nicht fest. Im Laufe des Oktober beginnt die Besetzung der Winterquartiere, die Anfang November beendet ist. Fast 50% der markierten Fledermäuse fand sich wiederholt im gleichen Winterquartier. Sie waren ortstreu und müssen eine Fähigkeit zur Orientierung besitzen. Auch hier muß mit der Möglichkeit gerechnet werden, daß eine besondere Art der Einstellung auf ein fernes Ziel im Spiele ist.

Übereinstimmend nehmen alle Untersucher an, daß eine bisher unbekannte Fähigkeit, womöglich ein »Richtungssinn« den Tieren

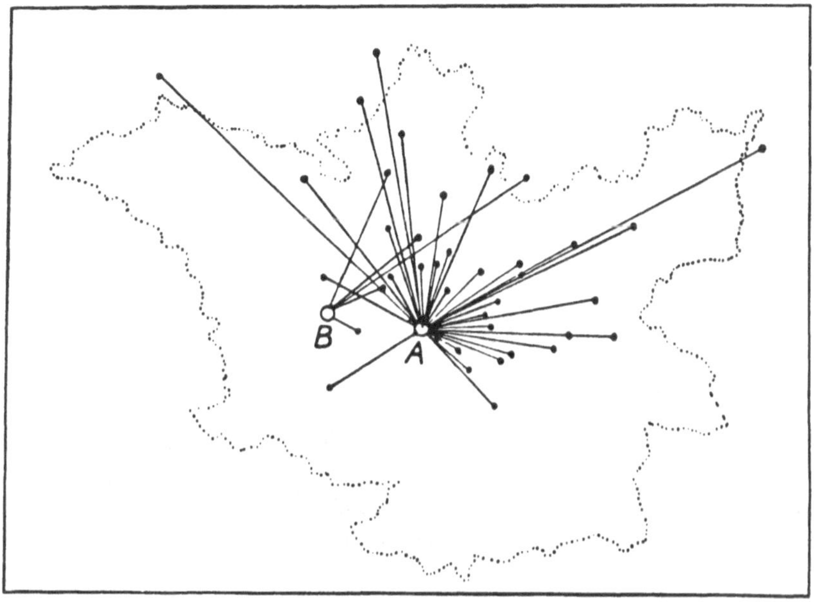

Abb. 30. Die Wanderungen von Fledermäusen (Myotis) von den Winterquartieren A, B nach den Sommeraufenthaltsorten. (Nach Eisentraut)

das Finden der fernen Heimat ermöglicht habe. Indessen sind nicht nur die Verfrachtungsversuche ein Mittel zur Erforschung des Zurechtfindens bei höheren Tieren. Auch die *Labyrinthforschung* hat für unser Problem wichtige Ergebnisse geliefert. Soweit diese nicht das Lernen, sondern die Orientierung betrifft, soll sie hier zu einheitlicher und vertiefter Beurteilung des in Rede stehenden Problems herangezogen werden.

Schwierigkeiten bereitet es jetzt, daß bei allen Irrgartenversuchen gelernt wird. Sie können leicht sehr oft wiederholt werden. Vorläufig kommt es aber nicht auf Erfahrungen an, sondern auf die primär gegebenen Umwelten, in denen die Heimat einen ausgezeichneten Ort bedeutet und spontan aufgesucht wird. Diese Auszeichnung eines Ortes ist auch den Irrgartenforschern aufgefallen und es darf vermutet werden, daß einige psychische Faktoren sowohl beim Verfrachtungs- als auch beim Labyrinthversuch in gleicher Weise im Spiele sind. Diese Faktoren müssen im ganzheitlichen Kräftespiel der Psyche scharf umrissen und jetzt erörtert werden. Ihrer Bedeutung und ihres Umfanges wegen ist im anderen Zusammenhang der Irrgartenleistung der Tiere ein besonderer Abschnitt vorbehalten, in dem methodische Einzelheiten erwähnt sind. Die für die Zieleinstellung wichtigen Ergebnisse und Gedanken nehmen wir aber jetzt vorweg. Sie lassen sich rasch aufzählen.

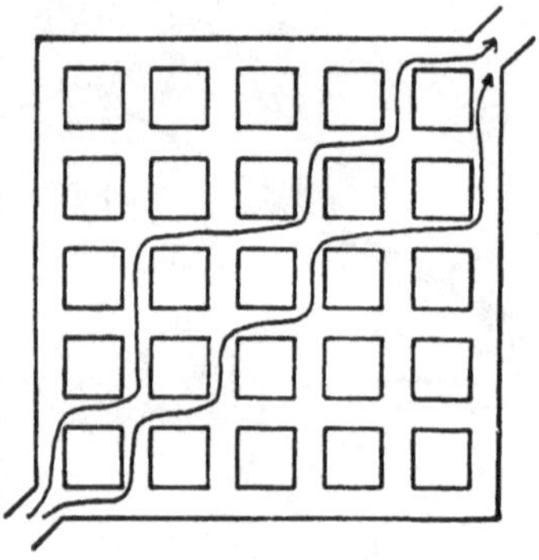

Abb. 31. Schema eines »Blocklabyrinthes«. Die Pfeile geben zielbedingte Einzelwege von Ratten an

1. Schon *Dashiell* (1930) hatte gefunden, daß Ratten im »Blocklabyrinth« (Abb. 31) ohne weiteres einen in der Richtung zum Ziel führenden Weg einschlagen. Sie halten sich bei wiederholten Versuchen nicht streng an eine bestimmte Wendungsfolge, sondern laufen bald um diesen, bald um jenen Block. Der so entstandene Zick-Zack-Weg pendelt also gewissermaßen um die Richtung zum Ziel hin.

2. Mehrere Beobachter haben festgestellt, daß Ratten im Irrgarten hauptsächlich zu Wendungen geneigt sind, die in die Richtung zum Ziel hinführen. (Einzelheiten darüber finden sich in dem vor kurzem erschienenen Buch von *Bierens de Haan:* »Labyrinth und Umweg« 1937.)

3. In der Nähe des Zieles fangen Ratten an, schneller und schneller zu laufen.

4. Labyrinthe werden »rückwärts« erlernt, d. h. zuerst unterbleiben Fehler in der Zielnähe, später auch weiter vom Ziel entfernt vorgekommene Fehler.

Dieses sind die wichtigsten Ergebnisse, die *Hull* (1931, 1932) durch eine viel beachtete Annahme erklären zu können glaubt. Er meint nämlich, daß Ziel wirke wie ein Reiz, der auf noch unbekannte Weise perzipiert werde. Da diese Reizwirkung mit der Entfernung nachläßt, spricht er von einem »*Zielgefälle*« (goal gradient).

Zum kritischen Urteil über diese Vermutung gehört die Tatsache, daß bei allen in diesem Zusammenhang besprochenen Leistungen *die Richtung zum Ziel* eine Rolle spielt. Das Problem ist also, wie die verschiedenen Tiere die Zielrichtung von anderen Richtungen unterscheiden.

Gegen die mechanistische Auffassung eines aus der Ferne wirkenden Reizes wendet *Bierens de Haan* (1937) mit Recht ein, daß nicht einleuchtet, wieso ein Nest oder ein Kästchen einfach dadurch eine Fernwirkung ausüben kann, daß es von einem Vogel oder einer Ratte bewohnt wurde. Strahlungen wird ihm deswegen wohl niemand zuschreiben. Bleibt die nicht minder phantastische Möglichkeit, daß vielleicht vom Tier eine Wirkung (die keine Strahlung zu sein braucht) ausgeht, die in der Richtung zum fernen Heimatort am stärksten sein müßte. Eine befriedigende Lösung des Problems ist heute nicht möglich. Denkbar wäre es, daß durch eine Leistung der Bogengänge im Ohr die Stelle des Horizontes, in der die Heimat entschwindet, ausgezeichnet wird und erregend wirkt. Dunkelheit und Transport im Kreise brauchen diese Wirkung nicht zu verlöschen. Der umgebende Raum ist also auch in vollständiger Finsternis ungleichwertig, eine Stelle bleibt unabhängig von der jeweiligen Lage des Körpers ausgezeichnet, lockt an und ergibt eine Fortbewegung in der Richtung zum fernen Ziel. Ob auch a priori eine Verschiedenheit der Raumerlebnisse nach den Himmelsrichtungen angenommen werden muß, lassen wir dahin gestellt sein. Es ist ein Gedanke, den *Bierens de Haan* (1934) geäußert hat. Er spricht von einem »Kompaßsinn« der Vögel.

Nach diesen Überlegungen können wir dem von *Hull* eingeführten Begriff des »goal gradient« keine erklärende, wohl aber eine beschreibende Bedeutung zuerkennen. Das läßt sich kurz, wie folgt, zusammenfassen:

Im Zielgefälle wird ein ferner und bekannter, aber weder optisch noch chemisch, noch akustisch wahrnehmbarer Ort angestrebt. Die Richtung zu diesem Ort beherrscht das Verhalten.

Die in diesem Zusammenhang gehörenden Forschungsergebnisse wird nicht nur ein Tierfreund beachten, der sich aus Sympathie mit irgendeinem Lebewesen dessen Umwelt vorstellen will. Sie sind auch praktisch wichtig, weshalb sie hier ausführlich behandelt sind. Die Orientierung von Brieftauben gehört hierher und die Probleme des Meldehundwesens. Vor allem aber stellt sich jetzt die Frage nach den Orientierungsfähigkeiten von Menschen ein. Daß es Leute gibt, die im freien Gelände oder im Straßengewirr einer Großstadt auffallend richtig die Lage des Ausgangspunktes ihres Weges (z. B. eines Bahnhofes) angeben können, ist bekannt. Wiederholt ist mir versichert worden, daß die auf dem »Gefühl« beruhende Orientierungsfähigkeit in der Jugend gut gewesen und im dritten Lebensjahrzehnt geschwunden sei. Da sich im Kriege nicht selten die Möglichkeit ergibt, daß ein versprengter Soldat ohne Kompaß und Karte sich an eine bestimmte Stelle zurückfinden muß, haben wir es mit einer militärisch wichtigen Erscheinung zu tun. Es ist möglich, daß die schlechte Orientierungsfähigkeit älterer Leute eine Folge der Verstädterung und der Naturentfremdung ist.

UMWELTBEDINGTE LEISTUNGEN

Die ausführliche Erörterung der Umwelterscheinungen soll nicht nur ihre große Bedeutung zeigen, sondern auch erläutern, wieviele Leistungen durch primäre Valenzen zustande kommen. Sie sind es, die den seiner schützenden Schneckenschale beraubten Einsiedlerkrebs veranlassen, alle konkaven Dinge eingehend zu betasten. Nach Versuchen von *Hertz* (1933) betastet *Pagurus striatus* in der durch das Fehlen des Hauses ausgelösten Erregtheit die verschiedensten Gegenstände. Doch läßt er von einem Kieselstein bald wieder ab, betastet aber eine einfache Schneckenschale weit länger, plagt sich noch mehr mit einem löcherigen Gipsklumpen und hält sich am längsten beim Haus einer Stachelschnecke (*Cerithium*) auf, die es ihm durch ihre Zacken »besonders antut«. Alle konkaven Gebilde erregen den Krebs, am stärksten aber reich gegliederte, wie die Schale der eben genannten Schnecke.

Zum Beschluß dieses Abschnittes und zur Überleitung zu anderen Problemen sei die *Flucht* von Tieren angeführt. In mehreren Arbeiten hat *Hediger* (1934—1937) betont, daß es in dieser Hinsicht auffallende Artverschiedenheiten gibt. Das überraschte Flußpferd (*Hippopotamus*) flieht ins Wasser oder es taucht unter. Im Gegensatz dazu eilt das Zwergflußpferd (*Choerospis*) zum nächsten Dickicht. Die negativierende Erscheinung »Feind« wirkt höchst aufregend, schafft eine Stimmung, in der positivierende Primärvalenzen bemerkbar werden. So entsteht durch Abstoßung und Anlockung ein in der Regel gerader oder leicht gebogener Fluchtweg.

Oft sind aber in dem Fluchtweg verwickelte Handlungen eingeschaltet. Vor dem Hunde rennt der Hase davon und schlägt Haken. Vor dem Habicht aber duckt er sich.

Luft- und Bodenfeinde werden auch vom Huhn unterschieden. Denn sie lösen verschiedene Warnrufe aus. Diese Unterscheidung kann als wichtiges Argument für die qualitative Verschiedenheit gleicher Erregtheitsgrade bei verschiedenen Wahrnehmungen angeführt werden.

Das Hakenschlagen eines Hasen kann aber durch die Stimmung nur ausgelöst und nicht geformt sein. Da diese spezielle Verhaltensform nicht erlernt und arteigentümlich ist, führen wir sie auf einen besonderen psychischen Faktor zurück, den Instinkt, der im Einzelnen erst sehr viel später behandelt werden kann.

In seiner ausführlichen Darstellung tierischen Fliehens weist *Hediger* auch auf Abhängigkeit der Fluchtreaktionen von den Erfahrungen hin. Jedes Tier hat eine *Fluchtdistanz*, bis zu der es Feinde herankommen läßt. Bei der Giraffe sind es rund 200 m, in den Jagdgebieten aber beträchtlich mehr. Als in dem heutigen Wildreservat von Südafrika Antilopen unbeschränkt geschossen werden konnten, stieg ihre Fluchtdistanz. Sie sank aber nach Einführung der Schutzmaßnahmen wieder, so daß die Fluchtdistanz der betreffenden Antilopen vor Menschen ungefähr die gleiche ist, wie vor Löwen.

Die Fluchtdistanz kann auch ganz schwinden, wenn das Tier vom Menschen wiederholt vorsichtig vor ein Hindernis getrieben und dort nicht weiter beunruhigt wird. Rein beschreibend nennen wir seinen psychischen Zustand dann Zahmheit, die sich eben darin äußert, daß vor Menschen nicht geflohen wird. Psychologisch beurteilt liegt die Ursache des ruhigen Verharrens bei der ursprünglich stark negativierenden Erscheinung: Homo sapiens in einer Veränderung der Valenzen dieses Gebildes. Es regt nicht mehr auf.

Ohne Zweifel beruht dieses Nachlassen der Erregtheitswirkung auf Erfahrungen. Das ist eine psychologisch sehr wenig befriedigende Erklärung. Erinnert sich das Reh, das den Spaziergänger gleichgültig betrachtet, dabei an das Bild des Jägers und an den Knall der Büchse, das Hinstürzen des Opfers und an das ereignislose Vorbeigehen des harmlosen Wanderers? Mit diesen Fragen sind neue Probleme angerührt, die vor der Antwort durchdacht werden müssen.

3. DIE NACHWIRKUNG DER VERGANGENHEIT IN DER UMWELT DER TIERE

DIE GEWÖHNUNG

Schon lange ist bekannt, daß spontane Reaktionen auf wiederholt und unverändert einwirkende Reize allmählich schwächer werden und schließlich ganz ausbleiben. Auf zwei klassische Beispiele sei kurz hingewiesen.

Jennings (1910) hat bei einer Seerose Schreckreaktionen durch Auftropfen von Wasser ausgelöst. Solange aus gleicher Höhe Tropfen für Tropfen fiel, zuckte die Actinie von Fall zu Fall weniger stark zusammen, bis sie gleichgültig blieb. Veränderte Einwirkung — also sowohl Verstärkung als auch Abschwächung des Reizes — löste wieder Reaktionen aus.

Grundsätzlich gleiche Ergebnisse hatten Versuche, die *Piéron* (1909) mit der Schlammschnecke (*Limnaea*) anstellte. Er beschattete sie alle 40 Sek. bis beim 34. Versuch (Durchschnittsergebnis) die Schreckreaktion unterblieb. Nach dem 38. Versuch wurde die Reizart gewechselt und die Schnecke dadurch erschüttert, daß aus einer vorher ausgeprobten Höhe ein Stein auf den Tisch neben das Aquarium fiel. Nach 24 Versuchen unterblieb die Schreckreaktion. Um Schnecken, die vorher keine Lichtversuche mitgemacht hatten, zum Aufgeben ihrer Reaktionen zu bringen, brauchte *Piéron* aber durchschnittlich 29 Versuche.

Das Nachlassen der Reaktionen ist eine *Gewöhnung*, ein Begriff, der uns die Verhaltensart schildert und nicht erklärt.

Unbestreitbar vermindert sich im Laufe der Gewöhnung die Primärvalenz der ursprünglich wirkenden Erscheinung. Auf Ermüdung kann das nicht zurückgeführt werden, weil ein abgeschwächter Reiz wieder beantwortet wird. Nur bei gleichbleibender Reizung konnten experimentell Gewöhnungen erzielt werden.

Bedeutet aber ein Lichtstrahl, der jetzt auf ein Lebewesen einwirkt, dasselbe wie der gleiche Lichtstrahl, der vor einer Minute aufleuchtete?

Irgendwie muß beim Gewöhnungsversuch die Vergangenheit nachgewirkt haben. Es kann sein, daß von der Intensität und der Qualität des Reizes etwas erhalten bleibt, so daß die folgende Wahrnehmung auf etwas Vorhandenes trifft, mit dem sie inhaltlich übereinstimmt. Nimmt man nun an, daß wesensgleiche Gedächtnis- und Wahrnehmungsinhalte verschmelzen können, so wäre es möglich, daß dieser

Verschmelzungsprozeß als »*Bekanntheitserlebnis*« eine Rolle spielt. Nicht harmonierende Inhalte würden ein »*Fremdheitserlebnis*« ergeben [1]).

Mit dieser Hypothese wäre die Gewöhnung erklärt, womit jedoch die Richtigkeit einer anderen Erklärung nicht ausgeschlossen ist. Nehmen wir an, daß vom Reiz nichts erhalten bleibt! Muß er nun von Fall zu Fall die gleiche Stimmung in gleicher Intensität auslösen? Auf diese Frage wird man ohne weiteres mit »Nein« antworten. Und wenn auch die Qualität der Stimmung unverändert immer wieder vorkommt, so kann sie doch mit einer stets schwächer werdenden Erregtheitaufwallung einhergehen. Nach dieser zweiten Hypothese wird also die Qualität der Erregtheit Gedächtnisinhalt und bei erneutem Aufwallen als Bekanntheit erlebt.

Menschheitspsychologische Argumente sprechen für die Richtigkeit unseres zweiten Gedankengangs. *Sander* (1937) meint, daß die »gefühlsartigen Ganzqualitäten nicht bloße Begleiterscheinungen, sondern funktional als Werdensgrund wesentlich« seien. Das gilt besonders im Hinblick auf die Kinderpsychologie; in der frühesten Jugend ist das Erleben nur gefühlsartig, ein »bloßes Zumutesein vor aller Subjekt-Objekt-Gliederung«.

Indessen soll hier nicht die besondere Gefühlsqualität als der zwingend bewiesene ursprünglichste Gedächtnisinhalt hingestellt werden, so wahrscheinlich die zweite der oben aufgestellten Vermutungen auch sein mag. Genauere Beobachtung der Erregtheitsschwankungen bei wiederholter Reizeinwirkung wird vielleicht Tatsachen ergeben, die eine zweifelsfreie Deutung des Verhaltens ermöglichen. Was als gesicherte Tatsache heute angeführt werden kann ist folgendes:

Gewöhnung ist das Nachlassen der Reaktionen bei wiederholter gleichförmiger Reizeinwirkung, was auf nachlassende Erregtheitswirkung zurückgeführt werden kann.

Beim Menschen betrifft die Gewöhnung ein Problem des *Bewußtseins*. Störende Töne, an die man sich gewöhnt hat, werden nicht mehr zu

[1]) Soeben hat *Alverdes* (1937) das Problem der Gewöhnung erörtert. Der Reiz, an den ein Tier sich gewöhnt, »erleidet einen Bedeutungsschwund«. Davon kann indessen nur der Beobachter, nicht aber ein Protozoon oder eine Schnecke etwas wissen, weshalb ich den Gewöhnungsvorgang nicht mit dem Begriff der Bedeutung erörterte. Die Schwierigkeit bei der Erklärung des Vorgangs liegt auch nicht im Bedeutungswechsel, sondern in der Frage nach dem, was vom vergangenen Reiz eigentlich nachwirkt.

Inhalten des Bewußtseins, obwohl sie akustisch sehr gut perzipiert werden können. Ob nun beim Menschen während der Gewöhnung die Perzeption oder das Bewußtwerden der Reizung nachläßt, ist eine offene Frage. Aus der Tierpsychologie muß das Problem des Bewußtseins als unlösbar vollständig ausgeschaltet werden. Ob beim Nestbau des Vogels oder beim Stockgebrauch des Schimpansen mit oder ohne Bewußtsein gehandelt wird, ist eine wenig wichtige Frage. Auf die dabei wirkenden psychischen Faktoren kommt es an, mögen sie nun bewußt werden oder nicht.

DAS ASSOZIATIONSPROBLEM

Ein Versuch, den *Copeland* (1930) mit dem Seeringelwurm (*Nereis virens*) angestellt hat, ist als Beispiel zur Erörterung tierischer Assoziationen besonders geeignet. Der im Glasrohr sitzende Annelide wird am Vorderende beleuchtet und gleichzeitig gefüttert. (Weitere Einzelheiten darüber erwähnen *Buytendijk* und *Fischel*, 1932.) Maßstab für die Leistung von *Nereis* war die Zeit vom Beginn der Reizung bis zum Erreichen des Futters.

Diese Zeit wurde von Versuch zu Versuch kürzer und schließlich genügte allein die Belichtung, um den Wurm zu veranlassen, sich aus der Röhre herauszustrecken. Diese einfache Leistung wird in der vergleichenden Psychologie in außerordentlich verschiedener Weise beurteilt, wobei in der Regel Beschreibung und Beurteilung nicht streng genug getrennt sind.

1. Es liegt eine *Assoziation* vor. In der Erinnerung sollen Licht und Futter irgendeine Beziehung zueinander haben, die auch als Verknüpfung angeführt wird.

2. Die Leistung wird als *bedingter Reflex* (*Pawlow*) dargestellt. Nach dieser Auffassung soll die Handlung rein reflektorisch sein, unbedingt durch den Futterreiz und durch das Licht unter der Bedingung ausgelöst werden, daß dieses mit jenem zusammengewirkt hat.

3. Das Tier erlebt einen *Bedeutungswechsel*. Diese Verhaltensbeurteilung ist sehr wenig scharf. Bedeutet das Licht für den Ringelwurm vielleicht ein Zeichen dafür, daß früher bei ihm Fleischwitterung wahrnehmbar war? Bedeutet es die Ankündigung bevorstehender Sättigung? Bedeutet es vielleicht ein von der Qualität des Futters ganz unabhängiges Freßzeichen?

Wir werden sehen, daß alle diese Fragen verneint werden können. Bei dem gegenwärtigen Stand tierpsychologischer Forschung ist es nicht nur möglich, sondern auch unbedingt erforderlich, die im Tier wirkenden psychischen Prozesse zu erschließen und nicht nur eine schon äußerlich erkennbare, ihrem Inhalt nach schwer erfaßbare Bedeutung als Verhaltensursache anzugeben.

Daß bei den wiederholten Licht-Futter-Versuchen etwas Neues im psychischen Erleben der *Nereis* entstanden ist, unterliegt keinem Zweifel. Darum darf von *Lernen* gesprochen werden.

Mit allem Nachdruck muß aber betont werden, daß die Art der Tätigkeit nicht erlernt zu werden brauchte. Das Tier hat schon *vor* allen Versuchen sich ausstrecken und fressen können.

Das gilt für alle hierher gehörenden Versuche, von denen die durch *Beniuc* (1933) in *von Uexkülls* Institut mit Kampffischen (*Betta splendens*)

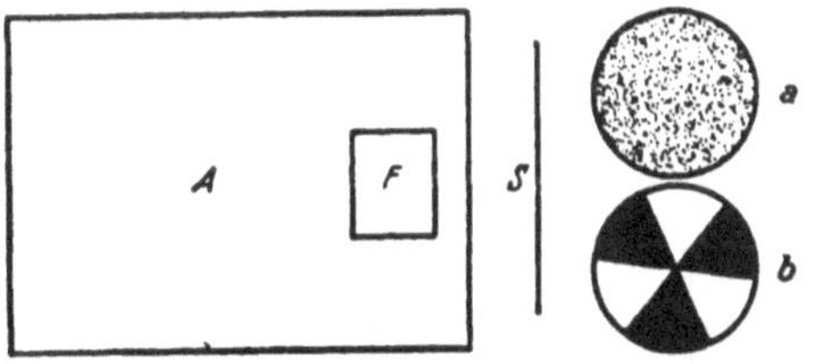

Abb. 32. Versuchsanordnung für Lernversuche mit Kampffischen. A = Aquarium, F = Fütterungsstelle, S = Drehscheibe, a und b die als Dressurmerkmale benutzten Kreisscheiben. (Nach Beniuc)

durchgeführten zur weiteren Analyse der fraglichen Leistungen dienen können. Vor dem Aquarium dieser Fische stand eine drehbare Sektorenscheibe (Abb. 32) mit blauen und gelben Teilen, die beim Versuch gedreht wurde. Vor dieser Scheibe, die positives (+) Merkmal sein sollte, bekam der Fisch an einer Pinzette eine Enchytraee. Ebenso wurde dieses Lockmittel vor die im Wechsel mit der farbigen als negatives (—) Merkmal gebotene grauen Scheibe hingehalten. Schickte sich der Fisch aber bei diesem Merkzeichen zum Fressen an, so erhielt er einen leichten Schlag mit der Pinzette.

Am 19. Tag war der Erfolg erreicht: der Kampffisch schnappte nur noch nach der Pinzette vor der bunten Scheibe.

Dasselbe Verhalten löste auch eine grün-rote Scheibe aus. Wahllos aufgeklebte bunte Papierstückchen wurden ebenfalls — wenn auch zögernd — als positives Zeichen behandelt.

Negativ hat sich der Fisch aber nur an einer bestimmten Grauscheibe verhalten.

Nach diesem Ergebnis kann die Gedächtnisleistung des Fisches nur das negative Merkmal betreffen. Man sagt in solchen Fällen auch: die Dressurwirkung haftet am negativen Objekt.

Wagner (1933), der den Farbensinn von Eidechsen prüfte, konnte sie nicht auf eine Lockfarbe abrichten, sie lernten nur ein Merkmal zu vermeiden.

Ein psychologisch gleiches Ergebnis hatten Versuche von *Herter* (1933), der den Farbensinn von Igeln prüfte.

Als Beispiel für das Wesen des *Wahlversuches* sei diese Untersuchung von *Herter* etwas eingehender besprochen. Der Käfig der Igel war durch einen Zaun in zwei Teile geteilt, einen Aufenthaltsraum und einen Futterraum. Der Zaun enthielt zwei oder drei Schiebetüren, die die Igel rasch zu bewegen lernten (Abb. 33). Als beim sinnesphysiologischen Wahlversuch die eine Türe z. B. gelb und die andere grau war, erhielt das Tier einen leichten Schlag auf die Nase, wenn es den gelben Durchgang nehmen wollte, der also »negatives Merkmal« war. Hinter der »richtigen« (der positiven) Tür durfte es eine Minute lang fressen. Selbstverständlich wird die Stellung der Türen von Fall zu Fall gewechselt, so daß gelb bald rechts, bald links steht. Nach längerer Übung mied der Igel diese Farbe und wandte sich der grauen Tür zu. Dieses Merkmal konnte aber durch blaue oder weiße Platten ersetzt werden, was zeigt, daß das eigentliche Lernergebnis im Vermeiden des negativen Zeichens, nicht im Suchen nach einem bestimmten Merkmal entsteht.

Im Gegensatz dazu konnten Schildkröten, deren Farbensinn *Wojtusiak* (1933) studierte, nur behalten, bei welchem Merkmal sie Futter erhalten hatten.

Bei diesen wissenschaftlichen Versuchen zwingt man die Tiere zum Wählen, sie müssen lernen und erleben bei einem Merkmal einen negativierenden Reiz (die »Strafe«) und beim anderen einen positivierenden (die »Belohnung«, meist Futter).

Selbstverständlich kommen ähnliche Erfahrungsbedingungen auch ohne menschlichen Einfluß zustande. Kisten und Tüten sind für die Maus in der Speisekammer sehr stark negativ oder positiv getönte Erscheinungen.

Was geht aber beim Lernprozeß eigentlich vor sich? Zu Beginn gibt man gewöhnlich dadurch »Hilfen«, daß das zu assoziierende Merkmal und das Lockmittel zusammen wahrgenommen werden können. Wer mit Türen arbeitet, läßt sie ein wenig offen stehen, wer Kästen mit Deckeln nimmt, klemmt unter diese einen Gegenstand, damit das vorbeikommende Tier sich mit der Anordnung beschäftigt.

Nach der älteren Assoziationstheorie ruft nun eine ursprünglich wie zufällig beigeordnete und für das Tier zunächst belanglose Wahrnehmung (die Tür, der Deckel, die Kreisscheibe, kurz jegliches »Dressurmerkmal«) die Erinnerung an einen zweiten nicht gegenwärtigen Wahrnehmungsinhalt wach, der das Futter betrifft. Kurz gesagt, fällt nach dieser Auffassung dem Tier im Zoo beim Anblick des Wärters auch das Futter ein, das er zu bringen pflegt.

Die nur am negativen Objekt haftende Dressurwirkung kann indessen auf diese Weise nicht entstehen. Offenbar wird hierbei *gar keine Wahrnehmung, sondern ein Affekt* behalten. Unter dem Eindruck des

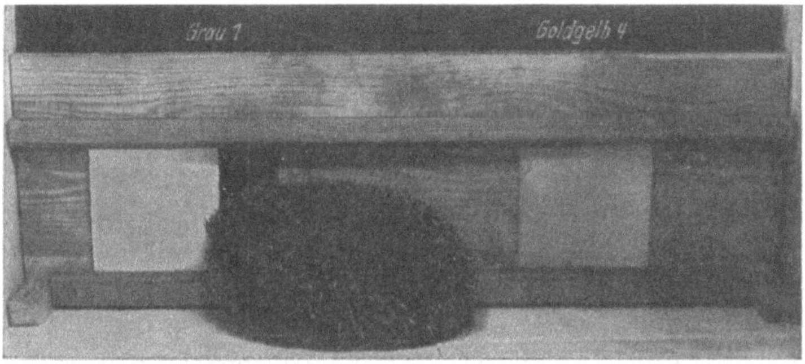

Abb. 33. Die Versuchsanordnung zur Dressur von Igeln. (Nach Herter)

Merkmals wirkte gleichzeitig etwas Unangenehmes auf das Tier ein, mag es nur eine Enttäuschung gewesen sein. Wo in eine »Strafe« oder in der Freiheit ein jagender Feind vorkommt, fällt mit den örtlich gegebenen Wahrnehmungen eine starke Erregtheit zusammen. Nimmt man nun an, daß Affekt und Wahrnehmung zu einer Wirkungseinheit verschmelzen, so ist das Verhalten auf einfachste Weise erklärt. In Zukunft meidet das Tier die negativierend erlebten Wahrnehmungsgebilde und erstrebt die positivierenden.

Die Tragweite dieser Deutung wird erst richtig klar, wenn man sich deutlich dessen bewußt wird, das unter diesen Umständen *nicht* in das Gedächtnis eingeht. Im negativen Fall ist keineswegs bewiesen, daß ein Peitschenschlag, ein elektrischer Reiz, ein scharfes Geräusch oder eine erfolglose Bewegung als besondere Erlebnisart behalten wird. Allein die Erinnerung an den Affekt spielt später eine Rolle und das Tier erweist sich als zurückhaltend. Wichtiger ist, daß der Wahlversuch keine Erinnerung an die Qualität verborgenen Futters beweist. Gewiß kann sie vorhanden sein. Wer das aber annimmt, muß es durch besondere Methoden beweisen, die erst viel später besprochen werden. Wenn der Igel eine positive Tür aufschiebt, zwingt uns das keineswegs zu schließen, daß ihm nun aus dem Gedächtnisschatz der Einfall komme: »Hier war früher etwas zu fressen.« *Herter* betont selbst, daß eine Tür auch dann geöffnet wurde, wenn nichts dahinter lag. Es ist, als ob sie den Igel einfach anlocke.

Im vorigen Abschnitt haben wir die Wahrscheinlichkeit begründet, daß jede Wahrnehmung a priori affizierend getönt ist. Sie wirkt — im allgemeinen schwach und oft kaum merklich — von vornherein erregend. Diese Erregtheitswirkung kann sich aber ändern, kann stärker oder schwächer, positiv oder negativ werden, wenn gleichzeitig andere Wahrnehmungen anders erregen. Es gibt nur eine ganzheitliche und beherrschende Stimmung im Organismus. Sie entsteht erstens durch angeborene Beziehungen zwischen Reiz und Erregtheit — wir haben von primären Valenzen gesprochen. Beim allereinfachsten Lernprozeß entstehen nun zweitens neue Beziehungen zwischen Wahrnehmungsinhalten und Erregtheiten. So bekommen die Dinge *sekundäre Valenzen.*

Ohne weiteres ergibt sich jetzt die oft übergangene Forderung, bei der Annahme von Assoziationen möglichst genau festzustellen, was eigentlich assoziiert wird. Allzu viel ist über das »Wie« des Assoziationsprozesses gestritten worden. Die alte Annahme, daß dabei zwei psychische Inhalte ohne weitere gegenseitige Beeinflussung »addiert« würden, wird heute kein Kenner psychischer Erscheinungen mehr aufrecht erhalten. Es ist nicht nötig dagegen zu polemisieren. Viel wichtiger ist es, sich den erklärenden Wert der auf Verschmelzung von Wahrnehmung und Affekt zurückgeführten Assoziationstheorie deutlich klar zu machen. Welche Leistungen können mit dieser einfachen Annahme verständlich werden?

Vor allem kommt hier die schon erwähnte Relationserfassung der Tiere in Betracht. Abb. 34 zeigt in der Mitte ein Kreispaar, von dem der größere Kreis (+) das Futtermerkmal sei. Dadurch bekommt er verstärkte sekundäre Valenzen, lockt mehr als der kleinere (—) Kreis.

Darüber darf man nicht die primären Valenzen vergessen. Es kann sein, daß der größere Kreis ohne weiteres stärker lockt, so daß die

Erfahrung eine vorhandene Valenz einfach stärkt. Dieser Fall ist über den Kreisen durch Pfeile schematisch dargestellt.

Unter diesen Umständen wird ein noch größerer Kreis (obere Reihe) auch stärkere Valenzen haben, und somit bei »Positivverschiebung« ohne weiteres gewählt werden.

Ganz anders liegen die Dinge aber, wenn das kleinere Gebilde von vornherein stärker lockt [1]). Das Futtermerkmal muß unter diesen

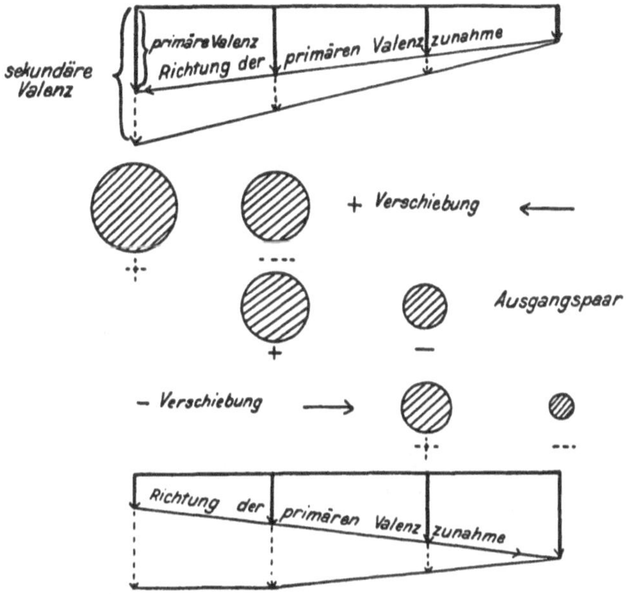

Abb. 34. Schema zur Erläuterung der »Relationserfassung« als Ergebnis von primären und sekundären Valenzen. In der Mitte: Dressurfiguren. Oberes Schema: Valenzwirkungen bei der Annahme, daß die jeweils größere Figur die stärkeren Primärvalenzen hat. Unteres Schema: Annahme, daß die kleinste Figur die stärksten Primärvalenzen besitzt.

[1]) Nach der Niederschrift dieser Zeilen erschien eine Arbeit von *Zunini* (1937) über das Lernen der Fische, in der auch von Spontantendenzen berichtet wird. Die Annahme, daß ein kleineres Gebilde stärkere Primärvalenzen haben könnte als ein größeres, hat er experimentell bestätigt. Seine Ellritzen bevorzugten eine kleine Wachskugel spontan neben einer größeren. Wie fein die Umwelt eines Fisches durch primäre und sekundäre Valenzen differenziert ist, zeigten Fütterungsversuche mit einer Drahtöse. In dieser war ein Lockmittel befestigt, das über das Wasser gehalten und dort von den Fischen im Sprunge erschnappt wurde. Bald sprangen sie nun auch nach einer Öse ohne Futter. Das unterblieb aber, als abwechselnd eine Öse mit und ohne Futter geboten wurde, während ein beliebiges längliches Gebilde (z. B. ein Bleistift) nach wie vor den Sprung auslöste.

Umständen einen beträchtlichen Valenzgewinn über den primären hinaus erreichen, bis es als solches behandelt wird. Nimmt man nun an, daß der Valenzzuwachs relativ ist, also im Verhältnis zum negativen Merkmal erfolgt, so wird bei Positivverschiebung [1]) der größte Kreis nicht genug gewinnen, um neben dem Dressurmerkmal stärker zu locken. Allenfalls werden die beiden obersten Kreise gleichwertig, wie es in dem unteren Pfeilschema angegeben ist.

Bei jeder Anwendung eines neuen neben einem alten Merkmal ist noch das »Bekanntheitserlebnis« zu berücksichtigen. Die Alltagserfahrung sagt dem Tierkenner, daß vertraute Dinge ohne weiteres anlocken. Aus dem alten Napf frißt ein Hund lieber als aus einem neuen. Wenn also bei + Verschiebung der größte Kreis gewählt wird, übertrifft seine Wirkung die Bekanntheitsvalenz des Gegenmerkmals.

Ferner leuchtet es ohne weiteres ein, daß ein von vornherein lockendes Gebilde leicht noch anlockender gemacht werden kann.

Im Fall einer Negativverschiebung tritt der hohe Valenzen tragende kleinste Kreis mit dem bekannten, aber primär etwas weniger lockenden vorher negativen Zeichen in Konkurrenz. Je nach der erreichten Wirkungsintensität wird sich das Tier entscheiden.

Ergebnisse, die sich auf diese Weise erklären lassen, hat *Bierens de Haan* (1928) bei Versuchen mit Affen gehabt, die er an zwei verschieden hellen Graupapieren lernen ließ. Bei »Kobus war die dunklere, bei »Klaas die hellere Tönung positives Dressurmerkmal, bei dem es Futter gab.

Nun hatte eine Merkmalsverschiebung nach der positiven Seite rund 85% »absolute« Entscheidungen der Affen zur Folge. Sie wählten also nicht nach dem Helligkeitsverhältnis, sondern dasselbe Graupapier, bei dem sie schon vorher Futter gefunden hatten. Umgekehrt entschied sich nach Negativverschiebung der überlegene »Kobus« in 90% und der weniger leistungsfähige »Klaas« in 60% der Fälle relativ.

Entscheidend ist bei unseren Überlegungen, daß die Zurückführung der Ergebnisse auf Erregtheitsverschiedenheiten die Annahme einer eigentlichen »Verhältniserfassung« entbehrlich macht. Nach dieser letzten Annahme müßten Hühner und Meerschweinchen, Goldfische und Schimpansen beim Lernen ein

[1]) Unter »Positivverschiebung« versteht man die Darbietung eines anderen Merkmalspaares, an dem das Tier wählen muß. Das eine dieser Merkmale ist das ursprüngliche Futtersignal, z. B. ein großer Kreis, der vorher neben einem kleineren zu wählen war. Beim »kritischen Versuch mit Positivverschiebung« bietet man nun den großen Kreis neben einem noch größeren. Hat das Tier gelernt, den jeweils größeren Kreis zu wählen, so wird es sich jetzt dem neuen, ganz großen Kreis zuwenden. Wie das durch Valenzwirkung erklärt werden kann, ist in Abb. 34 oben erläutert.

Erlebnis haben, das in Worte gefaßt, hieße: »Es ist das jeweils hellere Merkmal« (oder das größere, schmalere usw.). Das Verhältnis müßte in irgend einer Weise einen Gedächtnisinhalt bilden und somit behalten werden. Gewiß kann das vielleicht bei Schimpansen der Fall sein. Bewiesen ist es aber durch die heute vorliegenden Forschungsergebnisse in keiner Weise. *Köhlers* auf Teneriffa durchgeführte Versuchsergebnisse lassen sich ebenso zwangslos auf Valenzverschiedenheiten zurückführen, wie alle anderen hierher gehörenden Tatsachen.

Von diesen Tatsachen führe ich nur kurz die gehaltvollen Arbeiten von *Perkins* und *Wheeler* (1930, 1931) an. Sie prüften das Verhalten von Goldfischen vor verschieden hell beleuchteten Kammern und stellten fest, daß bei geringen Beleuchtungsdifferenzen die mittlere Helligkeit spontan bevorzugt wird. Sie hat die wirksamsten Primärvalenzen. Bei großem Unterschied zwischen den Graden der Helligkeit in den drei Kammern galt das für das verhältnismäßig schwächste Licht.

Diese Spontantendenzen machten sich bei den Versuchen deutlich bemerkbar. Ein Fisch war z. B. auf helles gegen dunkles Licht dressiert. Als er nun vor drei Kammern mit verschiedener Beleuchtung kam, war er zunächst etwas verwirrt, entschied sich dann aber und auch in der Mehrzahl der weiteren Versuche dieser Art für die hellste Beleuchtung. Indessen war es eine schwerere Aufgabe als bei der umgekehrten Aufgabe mit dunklem (+) neben hellem (—) Licht. Von drei Kammern wurde die jeweils am schwächsten beleuchtete oft und sicher aufgesucht. Die von vornherein vorhandenen Valenzverschiedenheiten erklären die Verschiedenheit des Verhaltens der Goldfische in den einzelnen Helligkeitsgefällen.

Wenn man das Helligkeitsoptimum als diejenige Lichtstärke definiert, die am stärksten lockt und somit höchste Valenzen hat, so dürfte es bei Wirbeltieren wohl nie am Ende eines Beleuchtungsgefälles liegen. Beim Goldfischversuch war die Mitte das Optimum. Das in Abb. 34 dargestellte Valenzschema ist nur fingiert und die tatsächlichen Anlockungsgrade, die sich natürlich durch verschieden lange Pfeile angeben lassen, werden wohl nur bei wenigen höheren Tieren diesem Schema entsprechen. Obwohl es schwierig ist und Zeit erfordert, sollten vor jedem Wahlversuch die von vornherein vorhandenen Tendenzen der Tiere festgestellt werden.

Wiederholt ist bei der Prüfung der Relationserfassung festgestellt worden, daß sich die Entscheidung der Tiere mit der Zeit ändert. *W. Köhler* fand bei Hühnern eine geringe Anzahl relativer Wahlen, wenn diese sehr kurz nach den Dressurversuchen durchzuführen waren, und eine Vermehrung der relativen Entscheidungen bei einer längeren Pause zwischen beiden Versuchsarten. Seine Schimpansin »Tercera« wählte absolut bei Versuchen, die sich unmittelbar an die Lernfütterungen anschlossen. Doch wählte sie relativ bei Versuchen, die eine Viertelstunde später durchgeführt wurden.

Ein Tier, das Merkmale absolut wählt, muß von ihren Eigenschaften etwas behalten und sich nicht nur das am Wahlort herrschende Affektgefälle gemerkt haben. Dieses wird aber offenbar besser und länger als die Beschaffenheit des Gebildes behalten.

Was hier zu unterscheiden ist, erläutert am besten ein Beispiel, das jeder Leser dieser Zeilen erleben kann und wohl auch schon erlebt hat. Trifft man nämlich einen fremden Menschen und man unterhält sich mit ihm, so wird er zunächst einmal als Erscheinungsbild wahrgenommen. Die Art des Hutes, die Farbe der Krawatte, Stoffart und Schnitt des Anzuges werden zu Wahrnehmungsinhalten des Auges. Dann aber erlebt man auch einen Affekt. Der neue Bekannte mutet uns vielleicht sofort sehr sympatisch an, ein Erlebnis, das sich der Erinnerung viel fester einprägt, als die vorgenannten Wahrnehmungsinhalte. Denn noch nach Jahren wird der zufällig irgendwo gehörte Name der betreffenden Person sympatisch erscheinen, während Besonderheiten des Aussehens längst vergessen sind.

Die einfachste, auf der Nachwirkung der Vergangenheit beruhende Valenzwirkung bedingt das »*Bekanntheitserlebnis*«. Wir bemerken nach Jahren der Abwesenheit in einer früher einmal vertrauten Stadt ein Haus, das bekannt erscheint, während trotz langen Nachdenkens nicht gesagt werden kann, was uns das Gebäude damals bedeutete. Wohnte ein Freund darin? Haben wir uns hier zu unseren Ausflügen getroffen? War hier der Hausflur, in den man den bei einem Verkehrsunfall verletzten Menschen gebracht hat? Alle Fragen bleiben unbeantwortet, bis vielleicht eine Inschrift oder ein späteres Gespräch mit einem Kollegen Aufklärung bringt, die Vermutung des Bekanntseins mit dem Hause bestätigt und weitere Erinnerungen aufweckt.

Bekanntheitserlebnisse kommen auch in der Tierwelt vor. Sie machen uns eigentümliche Verhaltensweisen von Fröschen (*Rana esculenta* und *temporaria*) verständlich, deren Formenunterscheidungsvermögen *Pache* (1932) studiert hat.

An den Enden einer Dressurgabel befestigte er ein Kreuz als positives und einen Kreis als negatives Merkmal. Ersteres war mit einem Mehlwurm beködert. Bei kritischen Versuchen ohne Lockmittel haben sich die Frösche dann sofort dem Kreuz zugewandt, womit die Formenunterscheidung bewiesen war. Allerdings mußten die Merkmale langsam hin und her bewegt werden.

Indessen ändert sich das Verhalten wieder. Ein Frosch, der bei 23 Versuchen 18 mal »richtig« gewählt hatte, schnappte in den folgenden Tagen bei den kritischen Prüfungen nur noch 3 mal nach dem Kreuz und 6 mal nach dem Kreis Als der Untersucher dann aber an Stelle des Kreuzes einen dreistrahligen Stern — also ein fremdes Zeichen — neben dem Kreis bot, haben die Frösche (2 Tiere) diesen, also das bekannte Merkmal bevorzugt (5 mal bei 6 und 11 mal bei 12 Versuchen).

Andererseits wurde das ursprünglich positive und später nicht mehr bevorzugte Kreuz wieder prompt gewählt, als es neben einem neuen Zeichen geboten wurde. Nach den Worten des Untersuchers geht die Wahltendenz allmählich auch auf die Negativfigur über, »je mehr diese Bekanntheitswert gewinnt«.

Rein beschreibend kann dieses Verhalten als »zweite Assoziation« angeführt werden und ist von *Razwilowska* und *Papierbuch*, deren Arbeiten *Pache* ausführlich referiert, beschrieben worden. Befriedigend läßt sich die »zweite Assoziation« heute noch nicht verstehen. Indessen muß bei ihrer Beurteilung folgendes bedacht werden.

Als wechselwarme Wirbeltiere sind die Amphibien nur bei Wärme und auf dem Lande nur bei genügender Luftfeuchtigkeit freßlustig. Dabei wenden sie sich nicht immer an geeignete Objekte, wobei der Erregtheitszustand eine große Rolle spielt. *Matthes* (1934) berichtet von *Triton*, daß sich Tiere dieser Art gegenseitig beißen, wenn sie bei der Fütterung in Aufregung geraten. *Buytendijk* (1918) sah, daß eine Kröte (*Bufo calamita*) nach der Fütterung mit einem Regenwurm ein vorher unbeachtetes Streichholz fixierte. Ferner beobachtete *Locher* (1927), daß eine Kröte, »wenn sie in der Ferne einen Wurm wahrgenommen hat, ein regungsloses Stückchen Holz in seiner Nähe kurze Zeit fixiert und danach aufschnappt. Sie tut dasselbe, wenn man bei ihr einen Wurm vorgehalten und wieder fortgenommen hat«.

Zwei Faktoren sind die Ursachen solchen Verhaltens: eine durch die Aufregung des Tieres bedingte Verstärkung der Primärvalenzen und zweitens ein Tätigkeitsdrang. Wie alle psychischen Erscheinungen verschmelzen sie untereinander sowie mit den übrigen seelischen Inhalten des Tieres zur Wirkungseinheit. Längliche Gegenstände, die optisch von Würmern wahrscheinlich nicht unterschieden werden, erregen primär, normalerweise allerdings nur bei Bewegung des Objektes. Wer ein Streichholz am Faden durch das Terrarium zieht, kann eine Kröte lange zur Verfolgung hin- und herlocken. Dadurch regt man das Tier mehr und mehr auf, es gerät in einen Spannungszustand, der zum Abreagieren drängt. Vorher kaum bemerkbare Valenzen lösen das Zuschnappen aus. Man ist also keineswegs gezwungen anzunehmen, daß die Dinge in der Umwelt beim aufgeregten Tier eine der Qualität nach andere Bedeutung hätten, als bei der ruhigen Kröte.

Daß die Fütterungssituation einen *Drang zum Handeln* ergibt, lehrt eine wichtige Erfahrung, die jeder forschend tätige Tierpsychologe macht. In schwierigen Lagen unerreichbares Futter veranlaßt nämlich viele Tiere zu trinken. *Bierens de Haan* (1934) hat anschaulich dargestellt, wie seine Waschbären zum Wassergefäß gingen und tranken, wenn es ihnen nicht glückte, ein hoch im Käfig hängendes Lockmittel durch einen darunterzuschiebenden Kasten zu erreichen.

Einen durchaus entsprechenden Drang zum Handeln beobachtete *G. E. Störring* (1936) bei seinem psychologisch wichtigen Fall eines Menschen mit isoliertem Verlust der *Merkfähigkeit* nach einer Gasvergiftung. Alles, was dieser Mann vor dem Unglück erlebte, kann er aus der Erinnerung noch berichten. Alles, was seitdem geschieht, vergißt er sofort nach dem Wahrnehmen wieder. Wird er aufgefordert, aus dem Nebenraum etwas zu holen, so steht er auf, geht ein paar Schritte und weiß nicht mehr, was man eben von ihm verlangt hat. Aber ein Bedürfnis nach Tätigkeit bleibt für eine Weile bestehen. Es ist, als ob die Aufforderung in ihm eine besondere Stimmung zum Handeln erzeugt hätte, die hier ausnahmsweise isoliert von anderen psychischen Ereignissen besteht.

Doch zurück zu den Amphibien mit ihrer eigentümlichen »zweiten Assoziation«. In der Beutefangstimmung »nehmen sie es nicht mehr so genau«, d. h. sie sprechen auf schwache Valenzen an. Leichter als bei Fischen und leichter auch als bei höheren Wirbeltieren löst ein wahrnehmungsbedingter schwacher Erregungszufluß das motorische Geschehen aus. Da aber in den Versuchen von *Pache* das negative Objekt nicht wie die gleichgültigen Hölzchen bei der Kröte ohne weiteres, sondern erst nach einiger Zeit angenommen wird, drängt sich die Vermutung auf, daß diese Merkmale nach und nach *»Bekanntheitsqualität«* bekamen und nun in der Fütterungssituation wie Beute behandelt werden.

ERREGTHEIT UND BEDEUTUNG

Wahllos scheinen die Beispiele aus der Tierwelt herausgegriffen, die eben zur Erörterung des Assoziationsproblems herangezogen wurden. Seeringelwürmer, Kampffische, Eidechsen, Schildkröten, Igel, Affen und in gewissen Fällen auch Menschen haben wir in grundsätzlich gleicher Weise Erfahrungen sammeln gesehen, Was in allen Fällen übereinstimmt, verdient nun eine besondere Hervorhebung.

1. Stets sind mindestens *zwei Wahrnehmungskomponenten* im ganzheitlichen Umweltbild vorhanden, denen *verschiedene Valenzen* zukommen. (Gleichgültiger Napf und lockendes Futter.)

2. Die primären *Valenzen verschmelzen* und ergeben eine qualitativ *besondere Affektlage.*

3. Diese Affektlage *ändert* die *primären Valenzen* der Wahrnehmungsinhalte. (Der Napf wird anlockend, bekommt *sekundäre Valenzen.*)

4. Die sekundären Valenzen sind der eigentliche *Gedächtnisinhalt*, das Neue, das unter diesen Umständen beim Lernen entstanden ist.

5. Wahrnehmungsinhalt und Stimmungsqualität sind insofern miteinander verkoppelt, als der Perzeptionsprozeß Ursache des erneut auftretenden Affekterlebnisses ist.

6. Die sekundären Valenzen können von einem einzelnen Wahrnehmungsinhalt oder auch von dem im Wahrnehmungsganzen ursprünglich herrschenden Affektgefälle bestimmt sein.

Das sind die Hauptsachen. Einen Grund, die hier fraglichen Leistungen anders als durch den Assoziationsbegriff zu kennzeichnen, kann man daraus nicht ableiten. An diesem Begriff ist kritisiert worden, daß er keine ganzheitliche, sondern nur »summenhafte« Betrachtung gleichgültig nebeneinander stehender psychischer Inhalte voraussetze. Nach der älteren Auffassung soll im Gedächtnis des Frosches beim Anblick des Dressurkreuzes ein Erinnerungsbild des Futters aufgetaucht sein und die Freßbewegung ausgelöst haben. Im Gegensatz dazu nehmen wir heute ein viel innigeres gegenseitiges Durchdringen der Einzelprozesse an. Rein beschreibend und für die Abrichtungspraxis von Hunden und Pferden sehr empfehlenswert kann gesagt werden: unter Assoziation ist das Verschmelzen und nicht das Zusammenkoppeln von psychischen Inhalten zu verstehen. Vor allem anderen kommt es auf *klare Herausarbeitung der nach der Ansicht des Untersuchers assoziierten Inhalte* an.

Was vom Lernen der Tiere bis jetzt besprochen wurde, ist nur der einfachste Fall. Es gibt auch Gedächtnisinhalte, die Reaktionsformen betreffen und auch an eine Wahrnehmung geknüpft sein können. Das wird den Inhalt späterer Abschnitte dieses Buches bilden.

Durch die Valenzen bekommen die Dinge eine Bedeutung für das betreffende Tier. Mit dieser Beurteilung einer Verhaltensweise ist indessen die gleiche Gefahr oberflächlicher Tatsachenfeststellung gegeben, wie mit der Zurückführung des Handelns auf eine Assoziation schlechthin ohne nähere Angabe der assoziierten Merkmale. Für die Ziege kann der Futternapf ein Zeichen zur Erinnerung an Hafer sein, also an ein bestimmtes Geschmackserlebnis. Bei einer Schildkröte kann ein ähnliches Gebilde nur die Bedeutung: »Freßgelegenheit« haben. Und für den Anneliden bedeutet es vielleicht nur ein angenehmes und damit anlockendes Gebilde. Beim gegenwärtigen Stande unseres Wissens ist die genauere Art der Bedeutung von Wahrnehmungsinhalten mit sekundären Valenzen erst in wenigen Fällen sicher festgestellt [1]).

Mit der Angabe der Bedeutung eines Merkmales beschreibe ich psychologisch zu beurteilendes Geschehen. Kausal erklärt ist es damit aber nicht. Denn Wahrnehmung und Erregtheit sind im Organismus wirkende Prozesse. Nicht aber die nur vom Beobachter erkannte Bedeutung der Dinge in der Welt der Tiere. Ein am Waldrande im sonnigen Heidekraut liegender Stein ist für die Eidechse ein warmer Platz zum Beutefang, für die Maus ein Gebilde, unter das sie schlüpfen kann und für den Hund der Träger von Geruchszeichen seiner Artgenossen. Man sagt wohl, daß alle diese Tiere in bestimmte ökologische Verhältnisse eingepaßt seien. Aber nicht nachdrücklich genug kann darauf hingewiesen werden, daß es psychische Faktoren, nämlich die primären und teilweise auch die sekundären Valenzen sind, die das Tier in seiner natürlichen Umgebung festhalten. Ein Feuersalamander, der zum Leben eine bestimmte Feuchtigkeit braucht, meidet trockenen Sand nicht in den Gedanken daran, daß er hier elend verdorren müßte, und kommt in der Heide nicht vor, »weil« es dort nicht feucht genug ist, sondern meidet die Trockenheit, weil sie ihm Unbehagen bereitet.

Ökologische Faktoren erklären das natürliche Lebensmilieu eines Tieres nur insofern, als sie die Grenzen seiner Fortbewegungsmöglichkeit übertreffen. Trocknet durch Klimaschwankung oder menschlichen Eingriff ein Waldgebiet aus, so kommen die Salamander darin um. Leichte Veränderungen des Milieus schaffen veränderte Selektionsbedingungen. So kann eine leichte Abkühlung denjenigen Individuen zugute kommen, die durch entsprechende Mutationen ihr besonders

[1]) Bei leichter Reizung kommt es wahrscheinlich nur auf Erregtheit schlechthin an und kaum auf ihre negative oder positive Tönung. Das zu vermuten erlaubt ein interessantes Ergebnis von *Muenzinger* (J. comp. Psychol. **17**, 1934), der bei einfacher Wahldressur Ratten nicht beim negativen, sondern beim positiven Merkmal durch mäßigen elektrischen Reiz erregte. Im Zusammenhang mit der »Belohnung« erwies sich der »Strafreiz« auf der positiven Seite als günstig. Er wirkte genau so gut wie der auf der negativen Seite gebotene elektrische Reiz, der offenbar mit gar keiner Seite assoziiert wird, sondern die Aufmerksamkeit des Tieres spannt und es zu klaren Entscheidungen veranlaßt.

gewachsen sind. Sie kann sich aber auch zugunsten solcher Tiere auswirken, deren primäre Valenzen den jeweils wärmsten Punkt im Temperaturgefälle optimal sein lassen.

Auf diese Weise spielt die Psyche eine Rolle bei der Entfaltung der Tierrassen und Arten in der Breite, wobei keine Höherentwicklung vorzukommen braucht. Man denke nur an die vielen Mäusearten: an Waldmaus, Hausmaus, Brandmaus, Zwergmaus, Rötelmaus, an die Arvicoliden, also Erdmaus, Feldmaus und Mollmaus. Sie alle sind nah miteinander verwandt. Ob aber eine dieser Arten als psychisch über andere überlegen zu gelten hat, ist sehr fraglich. Wahrscheinlich wird eine Spezialuntersuchung Aktivitätsverschiedenheiten, verschiedene Licht- und Wärmeoptima und unterschiedliche Futterwahltendenzen ergeben, also Verschiedenheiten, die gewissermaßen Schwankungen in einer psychischen Ebene, aber keinen Aufstieg zu höherer Leistungsfähigkeit bedeuten. Trotzdem darf diese Vermutung von vergleichender Einzelforschung nicht abhalten. Kann sie nicht auch Überraschungen ergeben und verschiedene Leistungshöhen erkennbar machen?

SONDERFÄLLE

Einige Probleme, die nach wie vor Themen lebhafter wissenschaftlicher Diskussonen bilden, sollen hier in gesonderter Darstellung besprochen werden. Vor kurzem sind unter Anleitung von *Alverdes* durch *Bramstedt* (1935) und *Soest* (1937) außerordentlich beachtenswerte Versuche mit Protozoen und Turbellarien durchgeführt worden.

Beide Untersucher studierten das Verhalten von *Paramaecium* in einem runden Wassergefäß von 1,2 cm Durchmesser, dessen eine Hälfte durch eine Osram-Punktlicht-Lampe hell erleuchtet war. Das Licht fiel von unten durch den Spiegel einer Beobachtungslupe in das Glasgefäß, in dem sich Kulturflüssigkeit mit einem einzelnen Pantoffeltierchen befand. Durch geeignete Abschirmung entstand im Wasser eine helle und eine beschattete (dunkle) Hälfte.

Als unbedingte Reize wurden Temperaturen (*Bramstedt*) und elektrische Durchströmung des Wassers aus unpolarisierbaren Elektroden (*Soest*) benutzt.

In einem teils hell und teils dunkel beleuchteten Raum schwimmt ein *Paramaecium* regellos hin und her ohne die Helligkeitsverschiedenheit zu beachten. Nun hat *Bramstedt* den hellen Teil des Wassers erwärmt und den dunklen abgekühlt. Zu diesem Zwecke war unter der Beobachtungsscheibe mit den Kulturtropfen ein zweiteiliges Glasgefäß angebracht, das mit kaltem und warmem Wasser durchströmt wurde.

Bei der wichtigsten Kombination war nun der helle Teil des Wassers warm und der dunkle kalt. Das in die Wärme hineinschwimmende Pantoffeltierchen

führte dort Schreckreaktionen aus, bis es wieder im dunklen und kühlen Wasser war. Als nun nach rund zwei Stunden die Kulturflüssigkeit versuchsweise gleichmäßig erwärmt war, kehrten die Tiere im Licht wieder um (Abb. 35). Von der 10560 Sek. langen Beobachtungszeit verweilten sie nur 326 Sek. im Licht.

Die Dressur war gelungen und es fragt sich, wie sie psychologisch zu verstehen ist. Was kann sich geändert haben?

Vielleicht hat das einzellige Tier den Wärmereiz behalten und erinnert sich an ihn, wenn es ins Licht kommt. Die Assoziation könnte selbstverständlich auch nur einen negativierenden von der Wärme ausgelösten Erregtheitszustand betreffen.

Nach der Ausdrucksweise von *Alverdes* werden unter diesen Um-

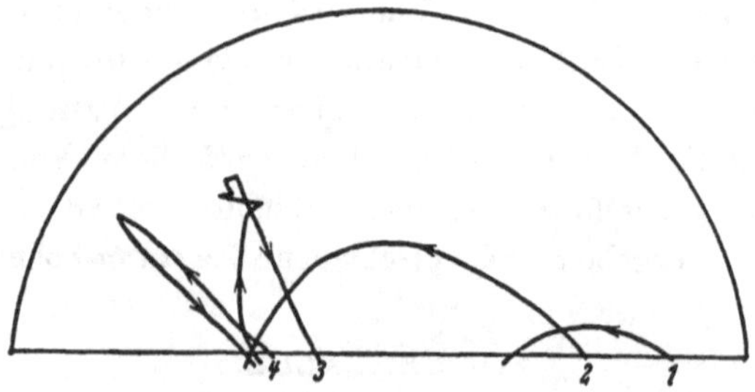

Abb. 35. Schwimmbahnen vierer Paramaecien in hellem Wasser an der Grenze zu dunklem Wasser. (Nach Bramstedt)

ständen zwei psychische Faktoren: die Lichtwahrnehmung und der Erregtheitsgrad »intrazentral« miteinander verknüpft.

Voraussetzung ist dabei, daß das Tier bei normaler Affektlage von dem assoziierenden Reiz getroffen wird. Das dressierte Paramaecium schwimmt dann geruhsam im dunkelkühlen Wasser, gerät ins Licht, erinnert sich an die Hitze, wird aufgeregt und flieht.

Trifft diese Erklärung aber wirklich die Wahrheit? Denken wir uns die Lage des Tierchens während der Übung! Die Wärme regt auf und es ist nun keineswegs selbstverständlich, daß die verstärkte Erregtheit im Dunkeln sofort wieder verklingt. Wenn sie nun bleibt, besteht auch durchaus die Möglichkeit, daß das aufgeregte Tier sich anders als vorher gegenüber dem Licht verhält. Das aufgeregte Tier strebt ins Dunkele.

Dieser in der eben angestellten Überlegung nur hypothetisch ausgesprochene Satz bekommt nun durch die Ergebnisse der umgekehrten Anordnung besondere Bedeutung. *Bramstedt* hat auch Versuche gemacht, bei denen der dunkle Wasserteil warm, also »unangenehm« und der helle kühl, also indifferent oder gar »angenehm« war. Unter diesen Umständen ist keine Dressur gelungen. Auch *Soest* hatte dabei keinen Erfolg, als er den Versuch zwei Jahre später mit anderen Wärmegraden wiederholte.

Der vielleicht noch schärfer erregende elektrische Reiz, den *Soest* ferner benutzt hat, brachte dieselben Ergebnisse. Dabei hat er während der Dressur zur Vermeidung von Hell einen Stromstoß durch die

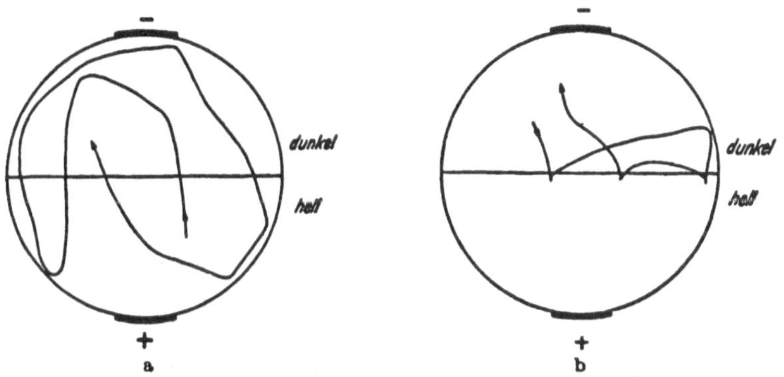

Abb. 36. Schwimmbahnen von Paramaecien, a vor, b nach der Dressur zur Vermeidung dunklen Wassers. (Nach Soest)

Kulturflüssigkeit geschickt, sobald das Versuchstier den Schattenbezirk verlassen hatte. Dieser Stromstoß wurde wiederholt, bis das Tier den »verbotenen« Bezirk verlassen hatte. Schließlich kam es dahin, daß das Tier auch ohne »Strafreiz« an der Lichtgrenze umkehrte (Abb. 36).

Nach diesem Dressurerfolg kam der Wechsel. Der Aufenthalt im Dunkeln sollte den Paramaecien vergällt werden, während ihnen im Hellen nichts geschah. Das gelang nicht. »Im Gegenteil« sagt *Soest*, »gegen Ende der Dressur stellte ich in mehreren Fällen fest, daß die Tiere trotz der im Dunkeln erfolgten Strafreize immer in dieses zurückzuschwimmen strebten«. Sogar die Gesamtaufenthaltsdauer im unbelichteten Wasserteil war mit 2811 Sek. höher als die Zeit des Verweilens im Hellen mit nur 1659 Sek.

An die Möglichkeit, daß das aufgeregte *Paramaecium* negativ phototaktisch werde, hat auch *Bramstedt* gedacht. Durch einen einfachen Versuch glaubt er sie ausgeschlossen zu haben. Er erwärmte sowohl den hellen als auch den dunklen Tropfenteil. Wenn nun die vorher als »Strafreiz« dienende Wärme das Tier negativ photosensibiliert, muß es sich überwiegend im Dunkeln aufhalten. Das war indessen nur so schwach der Fall, daß auf negative Wärmephototaxis nicht zwingend geschlossen werden kann. Die Aufenthaltszeiten verhielten sich wie 2469 : 2326 = 1,08 : 1.

Statistisch ist dieses Ergebnis allerdings nicht sicher, weil nur von 5 Versuchen berichtet ist. Dabei war dreimal eine leichte Überlegenheit von dunkel festzustellen (1,4 : 1 — 1,1 : 1 — 1,1 : 1). Einmal war die Dunkelzeit mit 439 Sek. nur so wenig länger als die 434 Sek. dauernde Hellzeit, daß praktisch Gleichheit, also 1 : 1 angenommen werden kann. Nur einmal war die Hellzeit überlegen (1 : 1,2). Man fragt sich ohne weiteres, ob nicht 10 oder gar 100 Versuche eine, wenn auch geringe, so doch deutliche Bevorzugung von Dunkel tatsächlich ergeben würden? Beim gegenwärtigen Stand der Dinge erscheint die Zurückführung der Versuchsergebnisse auf erhöhte Erregtheit und damit veränderte Lichteinstellung keineswegs ausgeschlossen.

Der Kontrollversuch mit dem erwärmten Wasser unterscheidet sich vom Dressurversuch schließlich auch noch dadurch, daß bei diesem im Temperaturgefälle gehandelt wird. Es ist nicht nur möglich, sondern auch geradezu wahrscheinlich, daß die Erregtheit des Paramaeciums keineswegs durch die absolute Temperatur, sondern durch das *Erleben des Unterschiedes* ausgelöst wird. Bleibt nun das Tier in der Wärme, so verklingt die Erregtheit, es gewöhnt sich und wird dem Licht gegenüber indifferent bleiben. Darum werden die interessanten Kontrollversuche von *Bramstedt* auch im gleichmäßig beleuchteten Wärmegefälle angestellt werden müssen, in das von Zeit zu Zeit Licht und Schatten einzustrahlen sind [1]).

[1]) Mit Nachdruck sei erwähnt, daß *Jennings* als Ursache der Reaktionen eines Paramaeciums das *Erleben des Überganges* von einer Temperatur in eine andere hervorhebt. »An konstante Bedingungen gewöhnt es sich schnell und nur die Veränderung ruft Reaktionen hervor« (S. 75). Da bei *Bramstedts* Kontrollversuch kein Übergang erlebt wird, muß damit gerechnet werden, daß sich das Tier nach kurzer Erregtheit an die größere Wärme anpaßt und wieder ruhig wird. Darum ist es sehr wohl möglich, daß nur beim Übungsversuch mit Beleuchtungs- und Temperaturdifferenz eine umstimmende Erregtheit vorgekommen ist. Indessen kann nicht bestritten werden, daß vergangene Erlebnisse irgendwie nachwirken und es ist bei weiter Begriffsfassung durchaus zulässig, hier von »Lernen« zu sprechen. Da deduktive Erörterungen bei der verschieden weiten Begriffsdefinition der einzelnen Forscher zu durchweg unnützen und oft ärgerlichen Polemiken führen, ist hier nicht weiter darauf eingegangen. Es kommt auf die Erlebnisse des Tieres an und was dabei behalten wird. Das kann festgestellt werden, während es vielleicht immer eine Ansichtssache des Einzelnen bleiben wird, was als »Lernen« zu gelten hat und was nicht.

Durch diese Versuche wird ein vertieftes Urteil über die wichtigen Marburger Ergebnisse möglich sein. Heute ist es noch nicht möglich, Übereinstimmungen und Verschiedenheiten zwischen den eben geschilderten Leistungen niederer Tiere und den Assoziationsprozessen höherer Lebewesen im einzelnen aufzuzeigen.

* *

Zwei ganz andere Beispiele erläutern besonders eindringlich, was am Problem der Assoziationsbildung bei Menschen und Tieren noch offen ist. In der Regel entstehen Assoziationen nach und nach bei wiederholtem Zusammentreffen von Reiz und Erregtheit. Auf die speziellen Bedingungen, die das Lernen beschleunigen oder verlangsamen, kann hier in der allgemeinen vergleichenden Psychologie nicht eingegangen werden. Nur zwei Grenzfälle sollen uns kurz beschäftigen.

Der erste Fall ist das von *Lorenz* (1935) hervorgehobene *Lernen durch Prägung*. Gemeint ist die Tatsache, daß frisch aus dem Ei geschlüpfte Zugvögel, für die kein »Elternschema« Primärvalenzen hat, dasjenige Lebewesen als Elterntier behandeln, daß sie als erstes wahrnehmen und das für sie sorgt. Vom Menschen aufgezogene Dohlen und Graugänse weisen Artgenossen als Eltern durchaus ab, nicht aber als Sexualpartner oder als »Kumpane« in anderen Beziehungen. Die Jungvögel haben also dem Pfleger »Elterneigenschaften aufgeprägt«, ein Ausdruck, den *Lorenz* aus *von Uexkülls* Gedankenkreis entnommen hat.

Diesen Vorgang des »Prägens« muß man nun psychologisch zu durchschauen suchen. Zweierlei ist an ihm wesentlich. Erstens das rasche Entstehen und zweitens die Unwiderruflichkeit des Ergebnisses. Da nun andere Assoziationen in der Zeit wieder verklingen und Gelerntes wieder verlernt oder vergessen werden kann und da ferner der gewöhnliche Lernvorgang mehr Zeit als das Prägen erfordert, liegt es nahe, die in Rede stehende Erscheinung nicht auf Assoziation, sondern auf einen anderen noch unbekannten Vorgang zurückzuführen.

Indessen können Assoziationen sehr wohl durch ein einziges Erlebnis und für das ganze Leben gestiftet werden, wie es bei einem Unglück, z. B. bei einer Explosion der Fall sein kann. Daß der Pfleger auf die junge Dohle sehr starken Eindruck macht, kann nicht von der Hand gewiesen werden. Darum ist das »Lernen durch Prägung« von der gewöhnlichen Assoziation zwischen Wahrnehmung und Affekt nur dem Grade und nicht dem Wesen nach verschieden.

Dieses Beispiel zeigt, daß bei der Beurteilung des Lernens die *Aufnahmebereitschaft* des Tieres zu berücksichtigen ist. Diese und der eigentliche Lernprozeß — in diesem Zusammenhang also die Assoziationsbildung — ergeben die Leistung des Tieres. Man hat also in Rechnung zu stellen:

1. Große Aufnahmebereitschaft und dazu schnellste Assoziation.
2. Große Aufnahmebereitschaft und geringere Assoziationsleistung infolge geringerer Begabung.
3. Geringe Aufnahmebereitschaft und rasche Assoziationsbildung.
4. Usw.

Dazu kommt als erschwerendes Moment noch die Verschiedenheit der Primärvalenzen in der Umwelt der Tiere hinzu. Wo sie stark positiv sind, entsteht rasch ein Lernergebnis, das dann irrtümlich auf besondere Leistungsfähigkeit bei der Bildung von Gedächtnisinhalten zurückgeführt wird.

All diese Erscheinungen sind individuell verschieden und die sie bedingenden Erbanlagen unterliegen Mutationen. Die Praxis der Hundezüchtung zeigt nun, daß dem wirklich so ist, sie zeigt aber auch den Ausweg aus der durch die Fülle der Kombinationsmöglichkeiten gegebenen Schwierigkeit. Zuerst muß auf *eine* erwünschte Eigenschaft z. B. gute Nasenleistung gezüchtet werden. Aus dem so erzielten Tiermaterial werden dann weitere gewünschte Eigenschaftskombinationen herausgezüchtet.

Daß die hier vorhandenen Schwierigkeiten wissenschaftlich durchaus noch nicht überwunden sind, ergibt sich bei der Beurteilung des großen »lamarckistischen« Versuches, den *Mc Dougall* (1930—1933) durchgeführt hat.

Als Versuchseinrichtung benutzte er einen mit Wasser gefüllten Tank, in dem er Ratten schwimmen ließ. Aus dem Wasser heraus führten zwei schräg stehende Platten, die verschieden hell beleuchtet waren. Beide sind mit Draht umwickelt, so daß eine nach oben strebende Ratte durch elektrischen Strom »gestraft« werden kann. Der dunklere Ausgang war positives, der hellere negatives Merkmal.

Hat sich eine Ratte 12mal für den »richtigen« Ausgang entschieden, so gilt die Aufgabe als erlernt. Sie wird dann zur Zucht benutzt und ihre Kinder müssen dieselbe Sache lernen. Wir werden sehen, daß die vor dem Beherrschen der Aufgabe vorkommende durchschnittliche Fehlerzahl von Generation zu Generation unter Rückschlägen sinkt.

In der 13. Generation waren 23 Ratten vorhanden, die bis zum Erlernen der Aufgabe durchschnittlich 68 Fehler machten. Die beste brauchte aber nur 9 mal, die schlechteste Ratte mußte 75 mal geübt werden. Abb. 37 zeigt das Ergebnis des ganzen Zuchtversuches. Durchschnittsleistung, Bestleistung und schlechteste Leistung sind in besonderen Kurven angegeben.

Mc Dougall meint nun bewiesen zu haben, daß die »Tankratten« von Generation zu Generation im Durchschnitt besser lernen und als Folge seiner Ansicht ist schon der Gedanke aufgetaucht, daß wir als Kinder das Lesen vielleicht schneller und mit weniger Mühe erlernt

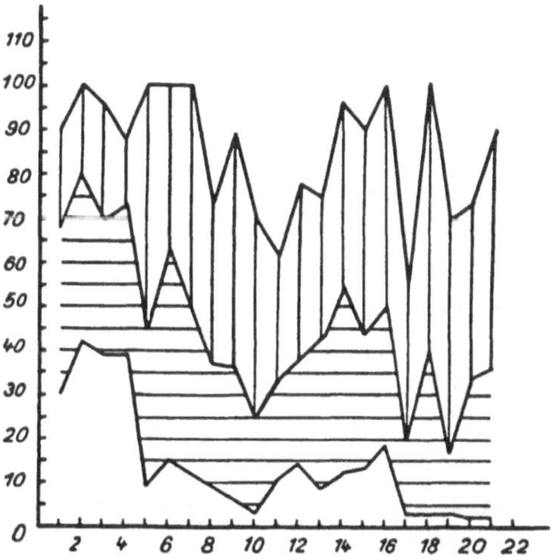

Abb. 37. Ergebnisse der Zuchtversuche von Mc Dougall. Abszisse: Generationen, Ordinate: Fehlerzahl. Unterste Kurve: jeweils beste, oberste Kurve: jeweils schlechteste Leistung. Mittlere Kurve: Durchschnittleistung.

haben als unsere Vorfahren. Über die Wichtigkeit des Problems kann kein Zweifel bestehen.

Hat sich aber wirklich die dem Lernprozeß zugrundeliegende Anlage im Sinne einer übungsbedingten, gerichteten Mutation geändert?

Ohne weiteres fällt nun dem Kritiker an Abb. 37 auf, daß die Durchschnittsleistung und die Leistung der fähigsten Tiere besser wird. Die betreffenden Fehlerkurven sinken.

Das gilt aber nicht von der Leistung der schlechtesten Ratten, die außerordentlich stark schwankt und keine Tendenz zur Verminderung der »Fehlerzahl« zeigt.

Selbstverständlich muß die Durchschnittskurve sinken, wenn die Fehlerzahl von einigen besonders begabten Tieren geringer wird.

Sind vielleicht nur die besonders leistungsfähigen Ratten von einer Mutation der Lernfähigkeit betroffen worden?

Auch diese Frage kann verneint werden. Denn einige Beobachtungen von *Mc Dougall* lassen uns an die Veränderung eines anderen Faktors denken. Im Laufe der Züchtung war eine spontane Bevorzugung des schwächeren Lichtes zu erkennen. Seine primären Valenzen hatten sich geändert. Vor Beginn der Übung wurde jede Ratte auf ihr unbeeinflußtes Verhalten untersucht, bei dem kein Strafreiz vorkam. (Am sog. »zéro-day« mit je 6 Versuchen.)

Nach anfänglicher leichter Bevorzugung von Hell pendeln die Entscheidungen der Ratten um das Verhältnis von 1 : 1. In der 32.—34. Generation zeigte sich aber am »Zéro-Tag« eine starke Bevorzugung des dunkleren Ausgangs.

Spontantendenzen dieser Art erleichtern natürlich die Dressur. Die Durchschnittsfehlerzahl erscheint verringert. Die durch Mutation entstandenen neuen Primärvalenzen zeigten sich aber nicht bei allen Ratten. Mit 88 Fehlern sind die Leistungen des schlechtesten Tieres kaum verändert. Und in der 17. und 18. Generation kamen 147 und 142 Fehler vor, so daß der Verdacht auftaucht, es könnten auch Valenzmutationen zugunsten von Hell vorgekommen sein.

Mc Dougall hat weitere Versuche angekündigt und es ist heute nicht möglich zu entscheiden, ob die in einer Zucht vorgekommenen Mutationen nur dem Zufall gemäß bald Hell, bald Dunkel betreffen, oder ob eine Tendenz, vielleicht sogar eine übungsbedingte Tendenz zu Mutationen zugunsten von Dunkel vorliegt.

Ihre volle Bedeutung werden die erbpsychologischen Untersuchungen aber erst erhalten, wenn das Assoziationsproblem in seiner ganzen Mannigfaltigkeit gelöst ist. Es ist das älteste, aber auch noch heute wichtigste Problem der vergleichenden Psychologie, das wir hier unter Erörterung seiner sämtlichen Schwierigkeiten darzustellen versucht haben.

4. *DIE URTÜMLICHEN HANDLUNGSFORMEN DER TIERE*

DER REFLEX IN DER GESAMTHEIT PSYCHISCHER ERSCHEINUNGEN

Von wenigen Sonderfällen abgesehen, verraten uns die Tiere die Eigenarten ihrer Umwelt durch die Art ihres Handelns, durch das *Verhalten*. Von diesem ist bisher kaum die Rede gewesen und bei der Behandlung der Assoziationen haben wir gesagt: die Umwelt hat sich durch Valenzwechsel geändert. Wir haben aber nicht hervorgehoben, daß die Tätigkeit des Lebewesens anders geworden ist.

Hätte aber nicht die Erörterung der Taxien einen Hinweis auf die Verschiedenheiten der bei den einzelnen Einstellungsweisen vorkommenden Handlungsformen enthalten müssen?

Diese Frage macht den Beurteiler tierischer Tätigkeiten zunächst auf den Unterschied zwischen *Bewegungsweise* und *Verhaltensform* aufmerksam. Ein bogenförmiger Weg (Verhaltensform) kann durch Kriechen, Schwimmen, Gehen oder Laufen (Bewegungsweise) zurückgelegt werden. Es ist, als ob eine ungeheure Fülle von Fortbewegungsweisen einer durchaus begrenzten Anzahl von typischen Tätigkeitsformen untergeordnet wäre. Wieviele Tierarten gibt es doch, die sich in den Sand des Meeresbodens einzugraben vermögen! Kampf, Flucht, Balztänze und Nestbau sieht man in den verschiedensten Tiergruppen von anatomisch sehr wenig übereinstimmenden Lebewesen als wichtige Grundtypen des Handelns wiederkehren.

Urelement tierischer Bewegung ist die Muskelkontraktion, aus der bei Tieren mit Skeletten durch antagonistisches Wirken alle eigentlichen Handlungen abgeleitet werden müssen. Anlaß zu den Kontraktionen sind die *Reize*, deren Folgen den *Reflex* bilden.

Die Begriffe Reiz und Reflex führen wieder auf das Problem der Grenze zwischen physischem und psychischem Geschehen. Man unterscheidet den *»allgemeinen Reflex«* vom *»speziellen Reflex«*. Bei ersterem, der bei den Cölenteraten ausschließlich vorkommt, verteilt sich die Erregung mit Dekrement über das ganze Nervennetz. Entsprechend der sie erreichenden Reizwirkung kontrahieren die Muskeln verschieden stark und das Tier zieht sich im einfachsten Falle mehr oder minder kräftig zusammen.

Im Gegensatz dazu laufen spezielle Reflexe immer über Zentralganglien. »Sie sind charakterisiert durch fest umschriebene Leistungsbahnen und Effektoren; ihnen fehlt jede Ausbreitungsmöglichkeit« (*Jordan*). Im Ganglion muß demnach eine Auslese stattfinden, so daß wir bei greller Belichtung nur die Augen schließen oder bei Erhitzung eines Fingers nur den Arm anziehen.

Ist es nun die Seele, die beim Eintreffen eines zentripetalen Reizes diesen auf bestimmte Bahnen leitet und andere für ihn sperrt?

Haben wir es vielleicht mit einem im wesentlichen physiologisch zu verstehenden Schaltapparat zu tun?

Um sich die mit diesen Fragen aufgeworfenen Probleme klar zu machen, vergleicht man am einfachsten die mit diffusen Nervennetzen ausgestatteten und nur zu primitiver Ortsbewegung fähigen Cölenteraten mit den hochspezialisierten polychäten Anneliden, die mit den Parapodien laufen, sehr geschickt schwimmen können und ein Nervensystem mit Zentren besitzen. Was bedeutet die Organisationsbereicherung psychisch?

Gesetzt den Fall — er trifft nicht die Wahrheit —, daß sich im Laufe der Stammesentwicklung vom Hohltier zum Polychaeten die Psyche nicht geändert habe, so ergibt sich doch eine *Bereicherung des Erlebens.* Größere Fortbewegungsmöglichkeit vermindert aber auch die negativen (unangenehmen) Einwirkungen, ermöglicht leichtere und wirkungsvollere Flucht vor Gefahren. Beim Durchwandern größerer Räume ergeben sich auch ohne weiteres vergrößerte Möglichkeiten zu positiven (angenehmen) Erlebnissen.

Nun ist aber das Unterscheidungsvermögen des Anneliden größer als das des Cölenteraten. Das ergibt bei den ersteren reichere Umwelten und größere Vielfältigkeit der primären Valenzen. Somit muß dem Tier auch ein größerer Stimmungsreichtum zugeschrieben werden. Und das alles gilt nur unter der hier willkürlich gemachten Voraussetzung einer gedächtnislosen, durch primäre Valenzen zu qualitativ verschiedenen Erregtheiten fähigen Psyche! Wer die unter dieser Voraussetzung möglichen Bereicherung des Lebens richtig verstehen will, muß die See kennen mit ihrem Wellenschlag, ihren Strömungen und ihrem vielfältigen Leben.

Spezielle Reflexe bedingen differenzierteres Verhalten als allgemeine. Die mit ihnen gegebene verbesserte Bewegungsfähigkeit bedeutet also keinen im Wesen neuen Gedächtnisinhalt, sondern eine Bereicherung der Erlebnismöglichkeiten. Diese Bereicherung hat das im Vergleich mit dem niederen Tier höherstehende Wesen den Ganglien zu danken. Sie bedeuten also letzten Endes dasselbe wie eine Verfeinerung des Bewegungsapparates.

Wir haben Erregtheit und Stimmung als zentrales psychisches Geschehen herausgestellt. Soll man nun aber den Reflex mit Wahrnehmung, afferenter Reizleitung, zentralem Prozeß und efferenter Reizleitung davon abtrennen und als nur physikalisch und chemisch erklärbares Ereignis betrachten?

Niemand wird annehmen, daß Erregtheitsschwankungen unabhängig von physischen Ereignissen vorkommen. Darum wird die Annahme eines psychophysischen Parallelismus unserem gegenwärtigen Wissen am besten gerecht. Beides, also das seelische und das körperliche Geschehen durchdringen sich auf das engste. Den Reflex kann man nicht als nur körperlich aus der Psychologie ausschließen; Reizleitung muß auch als psychophysisches Geschehen betrachtet werden.

Indessen ist es nicht möglich, hier auf die umfangreichen Reflexforschungen der Neuzeit einzugehen. Es hieße das Lebenswerk von *Sherrington* darzustellen. Und es fehlt nicht an Werken jüngeren Datums, in denen das vom Wesen der Reflexe Bekanntgewordene vorzüglich geschildert ist (*Jordan* 1929, *von Uexküll* 1909, *von Buddenbrock* 1937, *von Weizsäcker* 1927).

Psychologisch kommt es darauf an, den Reflex in der Gesamtheit der Lebensäußerungen richtig zu erkennen. Zweierlei muß unterschieden werden, nämlich die äußerlich erkennbare Bewegungsfolge (z. B. beim Wischreflex des Frosches) und die nervösen Prozesse, durch die er zustande kommt.

Für beides gilt die Definition, daß *Reflexe Erbkorrelationen sind.* Sie brauchen nicht erlernt zu werden.

In dieser Hinsicht gleichen sich Instinkt und Reflex und es ist durchaus möglich, daß beide wesensverwandt und nur dem Grade nach verschieden sind. Trifft das zu, dann ist beim Reflex eine räumlich und zeitlich begrenzte, beim Instinkt eine vor allem zeitlich umfassendere Bewegungsweise korreliert.

Darüber darf man nicht vergessen, daß auch in höchsten Intelligenzleistungen, wie es das Schreiben sein kann, Reflexe enthalten sind. Ohne sie würde der schreibende Mensch zum formlosen Gebilde zusammensacken. Reflektorisch wird die Kopfhaltung geregelt, die Pupillenöffnung bestimmt, vor allem aber ist es sehr wahrscheinlich, daß auch für das einfache Ergreifen des Federhalters Reflexgesetze gelten, daß z. B. Nachentladung und Rückschlagstendenz wirken.

Unter diesen Umständen ist es durchaus möglich, daß die Zentrale der Psyche die Reflexe auslösend, hemmend und fördernd beeinflußt. Der Federhalter wird wahrgenommen und nun löst die Zentrale den »Greifreflex« aus, beeinflußt schmiegsam alle Hand- und Armbewegungen, so daß es zum Schreiben kommt. Es ist, als ob der Reflex den höheren Funktionen untergeordnet sei. Zwingend ausschließen läßt sich nicht einmal die Meinung, daß bei Wirbeltieren die Funktion des Zentrums nur im Hemmen bestehe. Fällt sie weg, so muß Arm und Bein in steter unruhiger Bewegung sein. Beim Schreiben werden die zum Führen des Federhalters erforderlichen Reflexe freigegeben. Sie laufen nun nicht starr ab, sondern unter plastischer und zielgemäßer Verminderung oder Vermehrung der zentralen Hemmung.

Die Richtigkeit dieser neben anderen Auffassungen gleichberechtigt stehenden Reflexerklärung läßt sich mit dem vorliegenden Wissensbestand nicht zwingend beweisen. Ausgeschlossen ist es aber keineswegs, daß auch bei instinktivem Handeln ähnliche Verhältnisse vorliegen. Ein zentraler, angeborener Prozeß bedient sich dann gewissermaßen der Reflexe, um sie — nicht mechanisch, sondern plastisch — nach einem bestimmten Schema ablaufen zu lassen.

Gewöhnlich nimmt man eine mehr oder minder feste Beziehung zwischen Reiz und Reflex an. Junge Säugetiere fangen an, Saugbewegungen auszuführen, sobald ein weicher und warmer Gegenstand ihre Lippen berührt. Hier sei nun mit Nachdruck darauf hingewiesen, daß außer der Möglichkeit der unmittelbaren Koppelung zwischen Reiz und Reflex noch eine andere Möglichkeit des Prozeßverlaufes besteht. Wenn — wie wir vermutet haben — jeder Reiz erregt, kann es auch sein, daß die Berührung der Lippen einen ganz bestimmt gefärbten Erregtheitszustand des Jungtieres herbeiführt, der nun seinerseits den Reflex ausführt. Wichtig ist aber, daß der die Erregtheit bedingende Wahrnehmungsfaktor gegenwärtig und nicht in ferner Zukunft wirkt, wenn der Reflex abzulaufen beginnt. Sofern Reflexe zielbedingt sind und z. B. zum Aufschnappen einer Beute dienen, wird unmittelbar gehandelt.

Daß das einen Unterschied von instinktivem Handeln bedeutet, werden wir sehen, wenn dieses zu erörtern ist. Psychologisch können wir aber jetzt kurz umschreiben:

Reflexe sind ererbte Korrelationsordnungen zu bestimmter Muskel- oder Drüsentätigkeit. Auf auslösendes Geschehen sprechen sie unmittelbar an.

Hierher gehört Schwimmen, Laufen und Fliegen. Mit ererbten Korrelationen haben wir es auch dann zu tun, wenn ein Tier nach der Verletzung oder nach Verlust eines Gliedes sofort eine neue Zusammenordnung der Bewegungen zeigt. Ein Tausendfuß, dem ein Bein abgeschnitten wird, läuft unmittelbar danach in neuem, aber geordneten Schrittrhythmus weiter.

Der beim Reflex vorkommende äußere Reiz wirkt nun nicht immer direkt auf ruhende Muskeln, die er zur Bewegung veranlaßt. Oft greift er in einen bestehenden *Bewegungsautomatismus* ein, wie es beim Herzschlag der Fall ist. Auch die Flossen der Fische bewegen sich nicht reflektorisch, sondern automatisch, d. h. infolge einer ihrem Bewegungsapparat innewohnenden Tendenz zu rhythmischer Bewegung.

Neuerdings hat *von Holst* (1935—1937) in einer großen Untersuchungsreihe entdeckt, daß die Bewegungsautomatismen der Flossen eines Fisches sich gegenseitig beeinflussen. Um das zu beweisen, wird dem Fisch in tiefer Narkose das Rückenmark nahe am Gehirn durchtrennt und das so entstandene Präparat in einem Becken befestigt. 20 Minuten bis 2 Stunden nach dem Eingriff fangen die Flossen an sich wieder zu bewegen. Und das nur gemäß ihrem eigenen Rhythmus, weil alle äußeren Einwirkungen unverändert bleiben. Die Flossen können ohne Schwierigkeit mit Schreibgeräten verbunden werden, so daß sich der Rhythmus ihrer Bewegungen auf einem Kymographion aufzeichnen läßt.

Druck auf die Körperseiten des präparierten Fisches bringt die Bewegungen der Brustflossen zum Stillstand. Auf Abb. 38a sieht man nur den Rhythmus der Schwanzflosse. Nun setzt nach einer Zeit die Bewegung der einen Brustflosse wieder ein (Abb. 38b). Die Amplitude des Schwanzrhythmus ist deutlich vergrößert (unterste Kurve). Das änderte sich nochmals, als schließlich auch die andere Brustflosse ebenfalls wieder zu schlagen begann. Diese gegenseitige Beeinflussung der Rhythmen nennt *von Holst* das *Superpositionsphänomen.* Es betrifft vor allem die Breite der Ausschläge rhythmischer Bewegung.

Außer dieser Erscheinung gibt es noch eine zweite gegenseitige Beeinflussung der Bewegungsautomatismen. Das ist der *Magnet-Effekt.* Er bewirkt, daß der abhängige Rhythmus seine Frequenz der des unabhängigen anpaßt, wobei es verschiedene Grade der Anpassung gibt. Ist die Wirkung schwach, so bleibt der abhängige Rhythmus langsam zurück. Um Koordination mit dem führenden Rhythmus zu erreichen, schaltet sich ab und zu ein schneller »Zwischenschlag« der Flosse ein (Abb. 39), durch den die Gleichmäßigkeit wieder her-

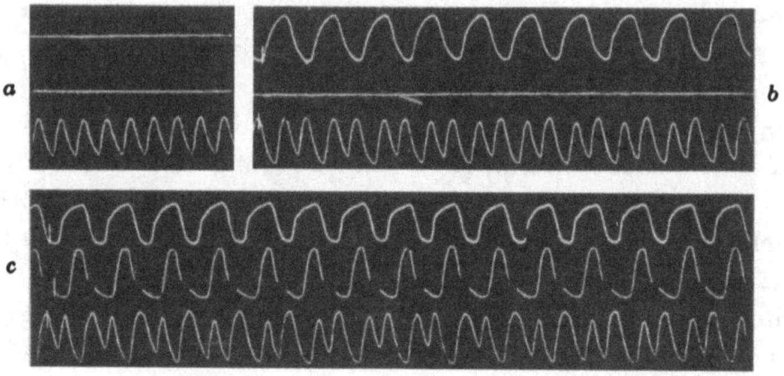

Abb. 38. Bewegung einer Brustflosse (oben) und der anderen Brustflosse (Mitte) sowie der Schwanzflosse von Labrus. In a sind die Rhythmen beider Brustflossen, in b nur noch einer gehemmt. In c schwingen beide alternierend. (Nach von Holst)

gestellt wird. Ein Beispiel erläutert das. Wenn ein Vater mit seinem Sohn spazieren geht, möchte dieser gern mit jenem Schritt halten, was aber auf die Dauer nicht gelingt. Der kleine Kerl bleibt langsam im Rhythmus zurück. Um nun wieder in den Takt zu kommen, schaltet er ab und zu einen Schritt ein, wodurch vorübergehend Gleichtritt erzielt wird.

Bei längerer Einwirkung ordnet sich der abhängige Flossenschlag des Fisches dem unabhängigen vollständig unter. Man spricht dann von absoluter Koordination im Gegensatz zur relativen, von der eben die Rede war. Die obere Kurve in Abb. 39 zeigt relative, die untere absolute Zuordnung des Rhythmus der Rückenflosse zum Rhythmus der Brustflosse.

Der Magnet-Effekt kann durch äußere Einflüsse verstärkt oder geschwächt werden. Abb. 40 zeigt, daß Druck auf die Schwanzwurzel (Reizbeginn bei a, Ende bei b) die Amplitude des Rhythmus der linken Brustflosse verringert. Gleichzeitig übt er aber jetzt auf die Rücken-

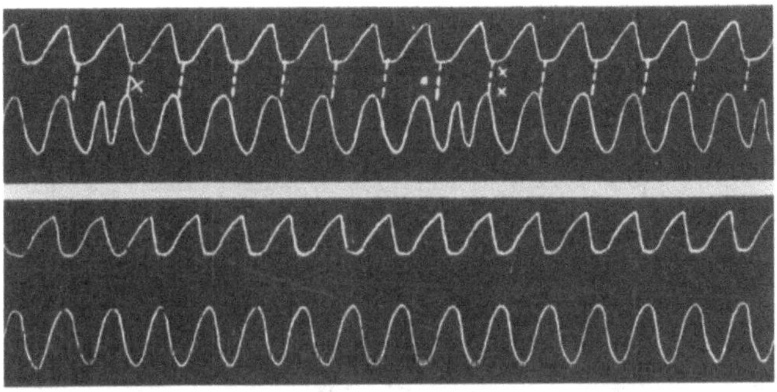

Abb. 39. Rhythmus der Brustflosse (oben) und der Rückenflosse eines Fisches. a relative Koordination, das Zurückbleiben des unteren Rhythmus ist durch Strichelung erkennbar gemacht. Beim Punkt ein Zwischenschlag, bei den Kreuzchen vorübergehende Koordination. b absolute Koordination. (Nach von Holst)

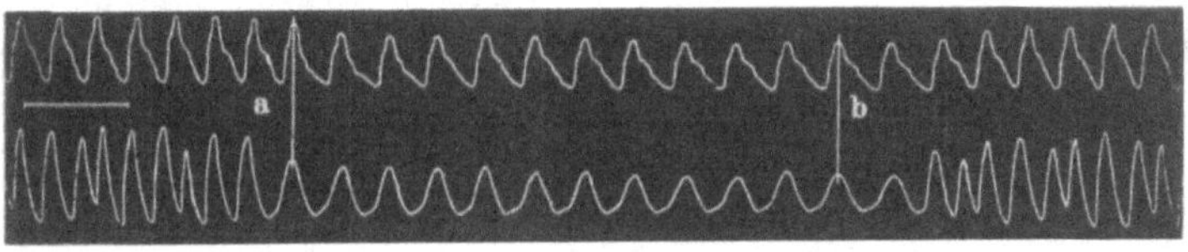

Abb. 40. Brust- und Rückenflosse von Labrus. Zwischen a und b Druck auf die Schwanzwurzel. Innerhalb der senkrechten Striche besteht absolute Koordination. (Nach von Holst)

flosse einen so starken Magnet-Effekt aus, daß gegen Ende des Reizes absolute Koordination besteht.

In diese, durch *von Holst* eingehend analysierten Erscheinungen greift nun der Reflex ein. Und wenn auch der zum Reflex gehörende Reiz nur eine bestimmte Muskelgruppe trifft, so wird doch durch die gegenseitige Beeinflussung der Automatismen das ganze Tier der besonderen reflektorischen Bewegung — z. B. dem Zuschnappen nach Futter — eingeordnet. Reflexe und Automatismen integrieren zu komplizierten Handlungen, die psychologisch beurteilt recht einfach sind.

Ein Beispiel dafür liefert das Seepferdchen (*Hippocampus*), dessen einfachste Bewegungen *H. Weber* (1927) analysiert hat. Dieser eigentümliche Fisch steigt im Wasser unter eigenartigen Schraubenlinien empor. Der Schwanz wird dabei zurückgehalten (Abb. 41) und seine Spitze schlägt nach allen Seiten.

Alle eben erörterten Feststellungen und Gedanken betreffen die *Art* der Fortbewegung und nicht ihren *Anlaß* oder ihre Richtung. Diese letzteren Faktoren sind aber bei psychologischer Beurteilung des Tieres die Hauptsache. Darum sind die Reizwirkungen schon früher und die Reflexe erst jetzt besprochen worden. Wenn im Zwei-Lichterversuch ein Käfer bis zum »Entscheidungspunkt« zwischen den Lampen läuft und sich dort einer zuwendet, ist damit kein neuer Reflex (vielleicht Eingraben) ausgelöst worden, sondern der unverändert aktualisierte Reflex so beeinflußt, daß eine Wendung die Folge ist. Der entscheidende, das Handeln formende Faktor liegt in der von außen kommenden Einwirkung. Darum sind die Taxien im Zusammenhang mit der Umwelt der Lebewesen erörtert worden.

Abb. 41. Seepferdchen (Hippocampus sp.) in Schraubenlinien nach oben steigend. (Nach Weber)

Das Verhalten der Kreuzspinne vor ihrer Beute im Netz läßt sich, wie es *Peters* (1931—1933) getan hat, ausgezeichnet auf eine Reihe von auslösenden Reizen und reflektorischen Reaktionsfolgen zurückführen und zeigt anschaulich die Vielfältigkeit einfacher Reflexe, so daß man neuerdings geradezu von Reflexganzheiten gesprochen hat.

Eine Kreuzspinne (*Epeira diademata*) pflegt die in das Fangnetz geratene Beute einige Sekunden zu beißen (»langer Biß«), zu umspinnen, wieder kurz zu beißen und in die Warte des Netzes zu tragen, wo sie verzehrt wird. Vibrirende Glastränen, die *Peters* versuchsweise in Spinnennetze hing, wurden zwar eingesponnen, aber nicht in die Warte getragen. Immer wieder bis zu einer Stunde lang versuchte die Spinne in das merkwürdige Gebilde hineinzubeißen. Schließlich riß sie die Glasträne heraus und ließ sie zu Boden fallen.

Die einfache Einschaltung eines Reizes läßt den Gang der Ereignisse aber weiter rollen. *Peters* hat nämlich der mit der umsponnenen Glasträne beschäftigten Spinne an einem Draht eine tote Fliege gereicht und sie hineinbeißen lassen. »Derartige Experimente hatten stets das erwartete Resultat. Die Spinnen umwickelten das Glas nach dem Biß noch einmal kurz, lösten die Glasträne aus dem Netz, und trugen sie in die Warte« (1931, S. 730).

In diesen verwickelten Ereignissen wird man ohne weiteres das Zubeißen als reflektorisch anerkennen. Ohne einen bestimmten, in seiner Qualität nicht leicht analysierbaren chemischen Reiz unterbleibt es. Früher war man nun vielfach der Meinung — *Peters* hat sie 1931 noch geäußert — daß Instinktleistungen als *Reflexketten* zu verstehen seien. Danach bedeutet das Ergebnis eines Reflexes den auslösenden Reiz zu einem neuen Reflex, was an der Fanghandlung der Spinne gut erläutert werden kann.

1. Sie erhält an vibrierender Beute einen Vibrationsreiz. Reflex: langer Biß. Ergebnis: enge Berührung von Spinne und Beute und somit

2. Reiz: taktile und chemische Wahrnehmung der Beute. Reflex: einspinnen. Ergebnis: in Fäden gewickelte Beute und damit

3. Reiz: Wahrnehmung des umsponnenen Gebildes. Reflex: kurzer Biß. Ergebnis: engste Berührung mit der Beute im neuen Zustand und damit

4. Reiz: intensive chemische Reizung durch die eingesponnene Beute. Reflex: auslösen aus dem Netz und Transport zur Warte.

Mit dem Hinweis, daß diese Deutung der Ereignisse mechanistisch sei, ist sie nicht als falsch bewiesen. Entscheidend ist eine biologische Überlegung. Sie führt zu tieferem Verständnis für das uns jetzt interessierende Geschehen.

Wenn nämlich die Deutung als Reflexkette richtig ist, dann muß der Ablauf eines Reflexes von seiner Stellung in der gesamten Ereignisfolge unabhängig sein. Gebe ich im Versuch eine schon umsponnene Fliege, also sofort den dritten Reiz, so muß sie nur kurz gebissen und sogleich aus dem Netz gelöst und fortgetragen werden.

Das ist auch in der Regel der Fall. Der auslösende Reiz hat tatsächlich eine unbestreitbare große Bedeutung für das Auftreten des Reflexes.

Es gibt aber Ausnahmen. *Peters* hat in 31 Versuchen besonders gut gereinigte Glasperlen in Spinnennetze gehängt, von denen vier in die Warte getragen wurden, obwohl der eigentlich reflexauslösende Reiz fehlte. In einem Fall betastet die *Epeira* das Ding, umspinnt es, beißt wiederholt, umspinnt wieder, beißt, umspinnt, beißt ein Ende los, umspinnt wieder, beißt und geht zur Warte. Läuft nach 2 Min. spontan wieder zurück, beißt die Träne nach und nach ganz los, geht dann aber wieder zur Warte. Dieses Hin und Her wiederholt sich, bis nach einer Stunde das fremde Gebilde in der Warte hängt.

Also wird trotz des mangelnden normalen Anlasses gehandelt und diese Handlung muß, wie *Peters* schließt, »ein in der Spinne selbst gelegener Faktor herbeigeführt haben« (1933 S. 61).

Wir haben guten Grund zu vermuten, daß dieser Faktor eine wichtige Rolle spielt und daß er nicht nur einzelne Reflexe, sondern auch Reflexfolgen geordnet auslösen kann. Es ist, als ob dieser Faktor die Folge des Geschehens schon kenne, als ob sie in ihm vorgebildet sei.

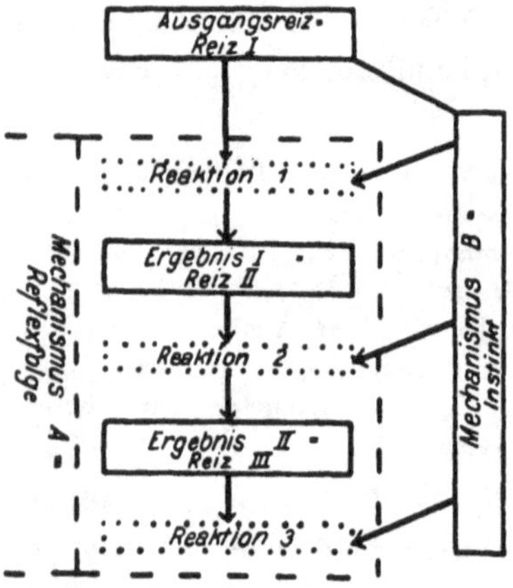

Abb. 42. Schema der Beziehung zwischen Reflex und Instinkt. (Nach Peters, etwas verändert)

Peters spricht von 2 Mechanismen, die den richtigen Ablauf des Handelns sichern. Durch den einen Mechanismus löst das Ergebnis jeden Reflexes den folgenden aus, während der zweite von sich aus Reflex für Reflex ablaufen lassen kann und nicht an die äußeren Reize gebunden ist. Er äußert sich geradezu als Drang zu dieser Tätigkeitsfolge. Ein von *Peters* entworfenes Schema verdeutlicht diese doppelte Verhaltensordnung (Abb. 42).

Nun drängt sich die Frage nach Wesen und Bedeutung des im Tier liegenden, Reflexe ordnenden Faktors auf. Ist er es vielleicht, der die Eigenart instinktiven Handelns bedingt? Um eine Antwort zu erhalten, müssen größere Handlungsformen betrachtet werden.

Das kann aber noch nicht geschehen. Es ist nämlich keineswegs selbstverständlich, daß der Instinkt als psychischer Faktor im Reflex seinen unmittelbaren Vorläufer hat. Und der Gedanke kann nicht so ohne weiteres hingenommen werden, daß durch Zufallsmutation bei diesen oder jenen Tieren besonders umfangreiche Reflexfolgen entstanden seien und dem betreffendem Wesen Vorteile im Daseinskampf verschafft hätten.

Gewiß beruhen Reflex und Instinkt auf vererbbaren Anlagen. In dieser Hinsicht stimmen sie miteinander überein. Ein Vergleich primitiver Gedächtnisleistungen, die nicht Wahrnehmungen und Valenzen, sondern Verhaltensformen betreffen, zeigt aber auch Übereinstimmungen mit Instinktleistungen. Darum ist es nicht nur empfehlenswert, sondern geradezu nötig, die Erörterung einer ganz bestimmten Gruppe von Lernleistungen hier einzuschieben.

5. DAS EINFAHREN VON BEWEGUNGSFOLGEN ALS URTÜMLICHE LERNLEISTUNG

DAS BEHALTEN VON HANDLUNGSFORMEN

Nicht nachdrücklich und auch nicht oft genug kann betont werden, daß durch sekundäre Valenzen bedingte Handlungsformen nicht zum Gedächtnisinhalt geworden zu sein brauchen. Läuft ein Tier im Wahlapparat zum dunklen Ausgang an der rechten Seite, weil es die Erfahrung gemacht hat, daß dort Futter ist, so liegt kein Zwang vor, anzunehmen, daß die Rechtswendung behalten wurde.

Gewiß kann das der Fall sein. Aber das lockende Merkmal wird auch ein Tier zur Rechtswendung veranlassen, das diese vollkommen vergessen hatte.

Umgekehrt ist es auch möglich, daß das Merkmal und seine Valenzen nicht, die Verhaltensform aber wohl behalten wird. Dann sucht das Tier die alte Stelle auf; nicht, weil das Merkmal lockte, sondern weil in gewohnter Form gehandelt wurde.

Darum ist das Aufsuchen einer Stelle kein Beweis für die Erinnerung an die dort vorgekommenen Wahrnehmungsinhalte. Diese einfache Überlegung wird noch heute in der Tierpsychologie allzu oft außer Acht gelassen, wodurch die klare Herausarbeitung tierischer Gedächtnisinhalte sehr erschwert wird.

Bei der Beruteilung jeder Lernleistung hat also die Frage voranstehen: »Was ist eigentlich behalten worden?« Das gilt auch für den wohl bedeutendsten Versuch, der je in der Tierpsychologie erdacht worden ist, und jetzt zur Erörterung gestellt werden muß. Gemeint ist die *Dressur von Regenwürmern in einer T-förmigen Versuchsanordnung*, die *Yerkes* als erster 1912 durchgeführt hat.

Abb. 43 zeigt seine in der Hauptsache aus einem gegabelten Kriechgang bestehende Anordnung. Aus der Eingangstube A wandert der Regenwurm in den Fußteil des T. An der Gabelstelle kann er sich entweder nach links wenden, wo er nach kurzem Vordringen einen elektrischen Strafreiz erhält, oder er kann nach rechts kriechen und durch den rechten Arm des T-förmigen Kriechganges in die mit Erde gefüllte Ausgangsstube gelangen.

Der bekannte Erfolg war rasch erreicht. Bei täglich 5 Versuchen haben sich die beiden Tiere vom 4. Tage an sofort dem »richtigen« Ausgang zugewandt.

Auf die entsprechenden Ergebnisse von *Heck* (1920) brauchen wir nicht einzugehen.

Was erlebt und behält nun der Regenwurm bei diesen Versuchen? Ohne Zweifel erregt die unnatürliche Umgebung das Tier. Also ist die gegenwärtige Erregtheit die eigentliche Handlungsursache und es besteht nicht der geringste Grund anzunehmen, daß das Ziel, die Ausgangsstube, zu einem Gedächtnisinhalt geworden ist, der auch seinerseits einen Handlungsimpuls liefert.

Indessen besteht die Möglichkeit, daß dem Regenwurm am Entscheidungspunkt die früher rechts und links erlebten Wahrnehmungen

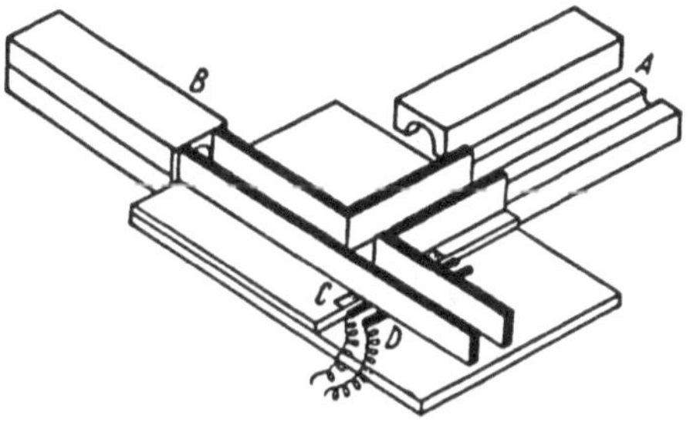

Abb. 43. Die T-förmige Versuchseinrichtung zur Dressur von Regenwürmern. A = Eingangs-, b = Ausgangsstube, C = Streifen mit Glaspapier, D = mit den Polen eines Induktoriums verbundene Metallstäbe. (Nach Yerkes)

oder wenigstens die Affekte wieder einfallen. Dann wäre die linke Seite durch den Strafreiz negativiert (was schon eine Rechtswendung veranlassen könnte) und die rechte Seite positiviert.

Einzelheiten erwecken aber Zweifel an der Richtigkeit dieser Erklärung. Die Untersucher hatten vor den stromführenden Drähten an der gesperrten Stelle gewissermaßen zur Warnung ein Stück Glaspapier angebracht, das auch bald negative Sekundärvalenzen bekam. Im Zurückziehen vor dem Glaspapier hat sich sogar der erste Lernerfolg bemerkbar gemacht. Und zwar vor dem Erlernen der direkten Wendung nach rechts. Diese Feststellung könnte die Annahme einer Assoziation zwischen Warnzeichen und Fortwendung stützen.

Yerkes und *Heck* haben aber auch umdressiert, wobei der bisher freie Gang gesperrt wurde. Daß während der ersten Übung an der Aufstellung alles unverändert blieb, darf nicht außer acht gelassen werden. Dadurch unterscheidet sich der ganze Versuch von Wahlversuchen mit Wirbeltieren. *Mc Dougall* hat z. B. den freien Ausgang in seiner Anordnung bald rechts, bald links geboten. Von Fall zu Fall mußten die Ratten anders handeln. Im Gegensatz dazu mußten die Regenwürmer von *Yerkes* stets dasselbe tun, nämlich nach rechts marschieren.

Man versteht, daß die Regenwürmer nach der Umstellung zunächst den gewohnten Weg einschlagen. Das taten sie wiederholt und auch nach weiteren Umstellungen. Warum wendet sich der Regenwurm beim Berühren von Glaspapier nicht ohne weiteres zur anderen Seite?

Auf diese Frage gibt es nur eine Antwort: die Erinnerung an den Strafreiz und die erlernte Verhaltensweise haben nichts miteinander

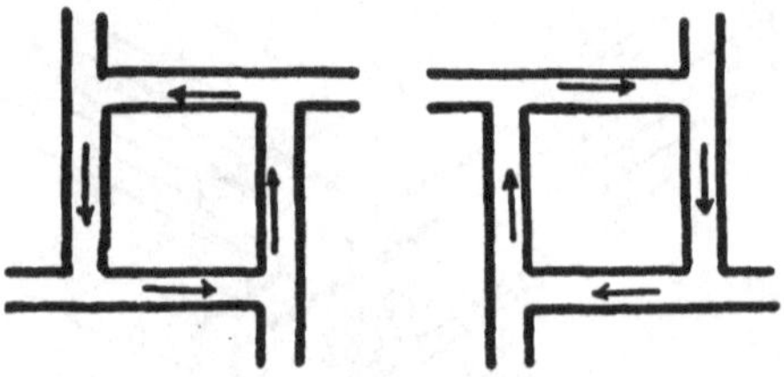

Abb. 44. Die Versuchsanordnung mit 4 T-förmigen Entscheidungsstellen zur Dressur auf Wendungen nach rechts oder links. Die Pfeile geben die Richtung an, in der das Tier zu kriechen hat. (Nach Brandt)

zu tun. Ohne an das Ende zu »denken« kriecht der Regenwurm den gewohnten Weg.

Wenn das stimmt, muß es möglich sein, auch ohne einen Strafreiz auf einen bestimmten Weg abzurichten.

Ferner muß ein Dressurerfolg ausbleiben, sobald mehrere Gänge zur Wahl stehen, von denen nur einer gesperrt ist, während bald der eine, bald der andere als Ausgang benutzt wird.

Beides ist bei Versuchen mit wirbellosen Tieren vorgekommen und es stärkt den Verdacht, daß die Leistung der Regenwürmer von *Yerkes* tatsächlich »nur« eine Erinnerung an die Wegform betrifft. Endgültig wird man erst urteilen können, wenn Regenwürmer noch weiter geprüft sein werden.

Brandt (1934) studierte das Verhalten von Larven der Mehlmotte. (*Ephestia Kuehniella.*) Im allgemeinen kriechen sie gradlinig von einem Licht fort. Larven, die vor dem Versuch aber am Rande einer runden Glasschale entlang gewandert sind, weichen auf freier Fläche in der Richtung vom Lichteinfall ab, in der sie vorher den Kreisweg zurückgelegt hatten.

Diesem Versuch folgte eine Dressur in einem Kriechgang mit 4 T-förmigen Entscheidungsstellen (Abb. 44). Beim Einbiegen in die negativen Teile der Gänge wurde durch Berührung mit einer Nadel »gestraft«. Von 15 Tieren gewöhnten sich 11 die erforderliche Wendung an. Zwei haben nichts gelernt.

Auch diese entweder auf Links- oder auf Rechtswendung abgerichteten Tiere bogen nach der Übung auf ebener Fläche frei laufend von der geraden Lichtrichtung zur Dressurseite hin ab.

Schließlich hat der Untersucher noch Larven, die vorher in einer runden Schale im Kreise gewandert waren, in seiner Anordnung mit den 4 T-förmigen Entscheidungsstellen geprüft. Strafreize unterblieben dabei, sie konnten nach Belieben rechts oder links wählen. Kreisbewegung nach rechts ergab aber 85 spontane Wendungen nach dieser Seite bei nur 35 Linkswendungen (Versuche mit 6 Tieren).

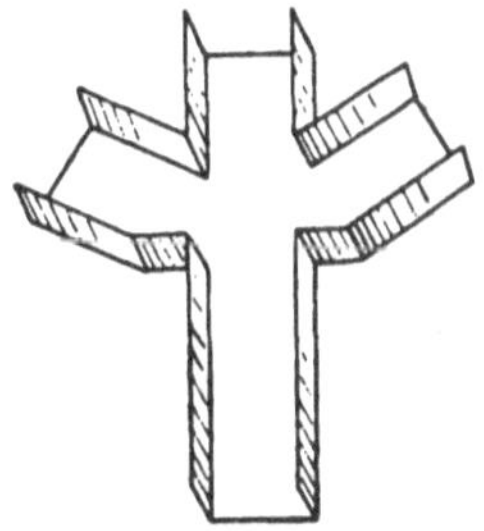

Abb. 45. Die Dressureinrichtung mit drei Armstücken für Versuche mit Schnecken. (Nach Fischel)

Die Mehlmottenlarven entschieden sich also nicht im Streben nach einem bestimmten Ziel, sondern aus Gewohnheit für eine bestimmte Wendung. *Brandt* erklärt die Leistung als motorisches Lernen und spricht vom *Einfahren einer Bewegungsfolge.*

Gestützt wird diese Auffassung noch durch die Feststellung der Dauer der Nachwirkung des Kriechens in der Kreisschale. Je enger diese ist, desto längere Zeit lassen sich Abweichungen nach der Seite der Kriechrichtung nachweisen. Im allgemeinen sind die Zeiten sehr kurz und betragen bei 9 cm Schalendurchmesser knapp eine, bei 2,2 cm Durchmesser vier Minuten.

Oben wurde schon gesagt, daß das »motorische Lernen« ausbleiben muß, wenn eine Versuchsanordnung wechselndes Verhalten ermöglicht, so daß keine bestimmten Bewegungsfolgen eingefahren werden können. Das war bei einer Untersuchung der Fall, die *Fischel* (1931) mit der Schnecke *Ampullaria* ausgeführt hat. Diese Tiere krochen in einer Dressureinrichtung mit drei Armstücken (Abb. 45), aus der sie — wie auch die Larven von *Brandt* in ihrer Anordnung — während des Lernens überhaupt nicht herauskamen.

Unsere Anlage bestand aus 4 Teilen: einem langen Hauptstück, in dem die Schnecke zunächst geradeaus zu kriechen hatte und den drei lose an sie angesetzten Armstücken. War das Tier in eines von ihnen gelangt, so haben wir dieses Armstück mit der darin sitzenden Schnecke vorsichtig wieder an das freie Ende des des Hauptstückes geschoben, so daß sie ohne erheblich gestört zu werden, zu einem neuen Versuch vorwärts kriechen konnte. Vorn war inzwischen ein hierfür bereit gehaltenes Armstück an die Stelle des nach hinten geschobenen gesetzt worden. Die Teile dieser Anordnungen bestanden aus Zinkblech und lagen in einem Aquarium, in dem das Wasser 2 cm hoch stand.

In das mittlere Armstück waren zwei dicht hintereinander angeordnete Kupferdrähte eingefügt, an denen eine Schnecke leicht gereizt wurde, so daß sie sich zusammenzog. Der vordere von ihnen bekam rasch negative Valenzen.

Um dem »Strafreiz« zu entgehen, konnte eine Schnecke nach Belieben entweder in das rechte oder das linke Armstück kriechen. Das ist aber durchaus nicht immer der Fall gewesen. Es kam vor, daß sie sich eines Tages die Wendung nach rechts angewöhnte. Am nächsten Morgen war das vergessen, während die negativen Sekundärvalenzen am Draht erhalten waren. Neue Übung führte wieder zur gleichen Gewohnheit oder zu einer wiederholten Linkswendung. Drei von den acht Versuchstagen blieben ganz ohne Ergebnis. Die beiden Tiere krochen immer wieder gegen die Sperre.

Nur eine Annahme macht den Erfolg des einen und den Fehlschlag des anderen Tages verständlich: das Dressurergebnis kam durch Zufall zustande. Hatte sich nämlich die Schnecke nach dem Strafreiz zufällig mehrmals nach der rechten Seite gewandt, so wurde das zur Gewohnheit. Eine Bewegungsfolge konnte eingefahren werden.

Das läßt sich, wie die Leistung der Mehlmottenlarven, auf »motorische Perseverationstendenzen« zurückführen, die *Kafka* (1922) schon als Grundlage der Lernleistungen der Regenwürmer vermutet hatte.

DIE KINÄSTHETIK

Die Deutung der eben geschilderten Leistung führt uns wieder in das Grenzgebiet zwischen Physiologie und Psychologie. *Bierens de Haan* hat nämlich neuerdings (1937) die Meinung geäußert, daß es sich um eine »rein physiologische Prädisposition für einige Zeit fortgesetzte Bewegungen« handele. Die Leistungen der Mehlmottenlarven und der Schnecken waren im Gegensatz zur Dressur der Regenwürmer schnell erreicht und schnell verklungen. Eine Erinnerung an das Ziel schreibt auch *Bierens de Haan* den Regenwürmern nicht zu und erklärt ihre Leistung als Dressur auf einem bestimmten Weg.

Der Verschiedenheit der Lernzeiten kann hier keine entscheidende Bedeutung zukommen. Ob sich Regenwürmer auch nach einer Wanderung im Kreise einer T-förmigen Einrichtung wie Mehlmottenlarven verhalten würden, ist eine offene Frage, die nur experimentell beantwortet werden kann. Vorläufig ist es durchaus möglich, daß sich im dressierten Regenwurm ein die Wegform repräsentierender Inhalt gebildet hat, daß also auch ein gewisses Erleben des Raumes vorliegt. Diese Möglichkeit betrifft eine echte psychische Leistung.

Beim Prozeß des Einfahrens von Bewegungsfolgen kann es sich indessen um gewohnheitsmäßige Muskelverkürzung handeln, eine Möglichkeit, die das Problem der *Kinästhetik* betrifft. Im wörtlichen Sinne des Begriffes ist zunächst damit ein Bewußtwerden oder eine Empfindung für die Körperbewegungen der Menschen gemeint. Da Tiere von ihren Empfindungen nichts erzählen können, ist eine Definition der *Kinästhetik* als Bewegungserlebnis tierpsychologisch wertlos. Da aber in der Menschenpsychologie nur oft wiederholte Handlungen, wie Tanzschritte oder Schwimmbewegungen auf Kinästhetik zurückgeführt werden, wird der Begriff auch vergleichend psychologisch brauchbar. Denn die Folge von Wiederholungen läßt sich auch bei Tieren beobachten. Und beim Menschen versteht man in einem weiteren Sinne des Begriffes unter *Kinästhetik die Fähigkeit, eine Handlung entsprechend einem früheren Bewegungsempfinden zu wiederholen.*

Man darf geradezu sagen, daß die Form des wohlbekannten Tanzes in den Beinen und auch im ganzen Körper, kaum aber im Kopfe sitzt. Es ist, als ob die Muskulatur die Tendenz zur Wiederholung der oft ausgeführten Reaktionsfolge habe.

Damit taucht eine der wichtigsten Fragen auf, die das Grenzgebiet zwischen körperlichen und seelischen Prozessen betrifft. Kann der Grad der Zusammenziehung eines Muskels nachwirken? Hat er bei gleichbleibender nervöser Beeinflussung die Tendenz, sich wieder ebenso stark zu verkürzen, wie bei einer vorhergehenden Kontraktion?

In die letzte Konsequenz des Gedankens verfolgt ergibt sich geradezu die Frage: *Kann man einen Muskel dressieren?*

Was damit gemeint ist, macht eine einfache Überlegung klar. Ein nicht innervierter überlebender Muskel sei künstlich gereizt und zu einer Verkürzung von 4 mm gebracht worden. Nun sei eine Einrichtung eingefügt, bei der dieser Muskel sich nur um höchstens 2 mm kontrahieren könnte, ein experimentell angesetztes Hindernis möge der weiteren Verkürzung Einhalt gebieten. Zehn- oder mehrmals werde nun in gleicher Weise wie vorher gereizt und 2 mm Kontraktion erzielt Dieser »Übung« müßte der eigentliche, der kritische Versuch folgen. Das Hindernis ist entfernt und volle Verkürzungsfreiheit gegeben. Wird der genau wie vorher gereizte Muskel sie ausnutzen? Oder wird er sich um etwa 2,5 mm zusammenziehen?

Nur der Versuch kann Antwort auf diese Fragen geben. Sie geben einen Ausblick auf die Möglichkeiten zukünftiger Experimentalforschung.

Doch setzen wir kurz den Fall, daß der Muskel sich tatsächlich gewohnheitsgemäß verkürzen würde! Hat er dann ein Gedächtnis? Wäre die hier vorgekommene Nachwirkung der Vergangenheit (nämlich der früheren Kontraktionsgrade) von der sich in Nervenleistung äußernden Vergangenheitsnachwirkung grundsätzlich zu scheiden?

Es ist nicht möglich, für die eine oder die andere Hypothese zu argumentieren. Widerlegen läßt es sich nicht, daß die Psyche in jede Zelle greift und in ihr vergangenes Geschehen nachwirken läßt. Und es ist eine wohl zu früh aufgestellte Behauptung, wenn *Bierens de Haan* die motorischen Perseverationstendenzen nur auf physiologische Vorgänge zurückführt. Es ist richtig und wichtig, die verschiedenen heute bestehenden Erklärungsmöglichkeiten deutlich aufzuzeigen, damit der gegenwärtige Stand des Wissens klar abgegrenzt erscheint und der zukünftigen Untersuchungsarbeit nichts vorweggenommen wird.

Nach unseren Überlegungen ist *Kinästhetik* ein erklärender und nicht nur ein beschreibender Begriff. Die auf sie zurückgeführte Leistung ist als Gewohnheit zur Wiederholung von Bewegungen erklärt. Wie diese Wiederholungstendenz zustandekommt, ist ein jetzt anschließendes, noch offenes Problem.

Um die in Betracht kommenden Leistungen richtig zu würdigen, muß noch zweierlei bedacht werden.

1. Bei kinästhetischem Handeln wird nur *eine* Bewegungsfolge eingeübt.

2. Die kinästhetische Leistung ist keinem bestimmten Ziel untergeordnet.

Niemand tanzt, um damit ein Hindernis zu umgehen. Die Tanzbewegung ergibt sich aus der Stimmungslage und normalerweise nicht als ein unter mehreren ausgewähltes Mittel zum Erreichen eines bestimmten Zweckes.

Wo in einer Versuchsanordnung kinästhetisches Verhalten zu einem bestimmten Ziel führt, ist dieses nicht die Ursache des Auflebens der Erinnerung an die bekannte Tätigkeitsform. Es darf geradezu die Vermutung geäußert werden, daß die Reaktionsform überhaupt keinen ekphorierbaren Gedächtnisinhalt bildet. Denn er kann nicht als einer von vielen zielbedingten Einfällen aus den in der Psyche schlummernden Inhalten nach der vermutlichen Erfolgsaussicht ausgewählt werden und nun das Verhalten beherrschen. Wie es beim »Reifen« instinktiver Handlungen der Fall ist, das — wie später noch zu erläutern sein wird — *Lorenz* (1935) vom Lernen grundsätzlich unterscheidet, kommt es bei der Kinästhetik auf ständig verbesserte Ausführung der Reaktion an, nicht aber auf eine Entscheidung für die eine oder die andere Verhaltensmöglichkeit. Und nochmals sei die Vermutung geäußert, daß sie wahrscheinlich Sache der Muskulatur und ihrer Gewöhnung sein könnte.

Darum muß auch in Erwägung gezogen werden, daß sich vielleicht ein peripheres von einem zentralen Gedächtnis unterscheiden läßt. Bei zentraler Leistung entsteht ein Inhalt der Psyche, der die Form des Verhaltens in irgendwelchem Verhältnis zum Ergebnis der betreffenden Tätigkeit bewahrt und später bei der Ekphorierung des

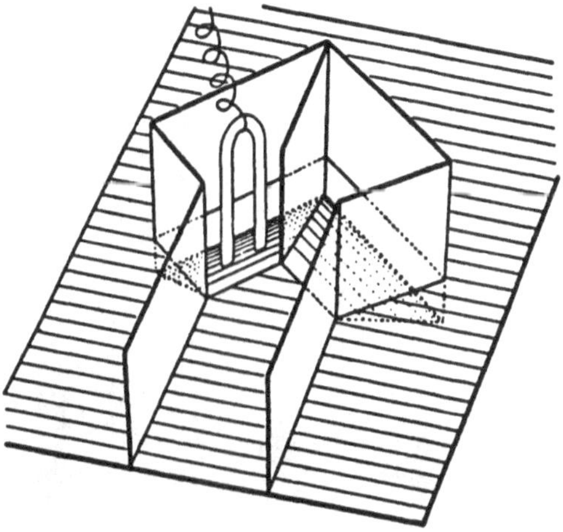

Abb. 46. Die Versuchseinrichtung zur Dressur von Tausendfüßern. (Nach Scharmer)

betreffenden Inhaltes durch nervöse Beeinflussung der Muskulatur wieder die frühere Bewegung erzeugen kann.

Daß die Erinnerung an eine Reizung und das Erlernen einer Handlung psychologisch unabhängig voneinander verlaufen können, hat sich vor einiger Zeit in einer Untersuchung von *Scharmer* (1935) gezeigt, der das Verhalten von *Lithobius forficatus* studierte. In einer Y-förmigen Versuchsanordnung haben die Tausendfüßer es nicht gelernt, neben einem elektrisch gesperrten Laufgang einen freien zu durchlaufen. Ein nach etwa dreimaliger Reizung in den Hauptgang getriebenes Tier blieb in der Regel kurz vor der Gabelung sitzen, preßte sich eng an die Wand, fing an die Antennen zu putzen und kehrte nach einiger Zeit zum Ausgangspunkt zurück.

Um die Tiere an der Entscheidungsstelle zum Vorlaufen zu veranlassen, wurde eine Wahlkammer mit geneigtem Boden eingerichtet (Abb. 46). Ein Laufgang endete vor einem zweiteiligen Raum, dessen linke Hälfte gesperrt war. In ihrer Tendenz bergabwärts zu fliehen, streben die Tausendfüßer in eine der Kammerhälften.

In 300 Dressurläufen war nur ein außerordentlich schwacher Erfolg zu erreichen. Bei 5 Tieren sank die Anzahl der Entscheidungen für die gesperrte Kammerhälfte um 8,4%. Dabei muß berücksichtigt werden, daß *Scharmer* nie einen Lauf beobachten konnte, der in erkennbarer Weise den verschlossenen Gang mied. »Ein Lauf zur gesperrten Seite war weder zögernder noch flotter als ein solcher zur offenen. Nur von dem Ende des Laufganges schreckten alle Tiere zurück, offenbar lokalisierten sie hier die Gefahr« (S. 4). Das war gewissermaßen das erste Lernergebnis, während das zweite in einer leichten Tendenz zum offenen

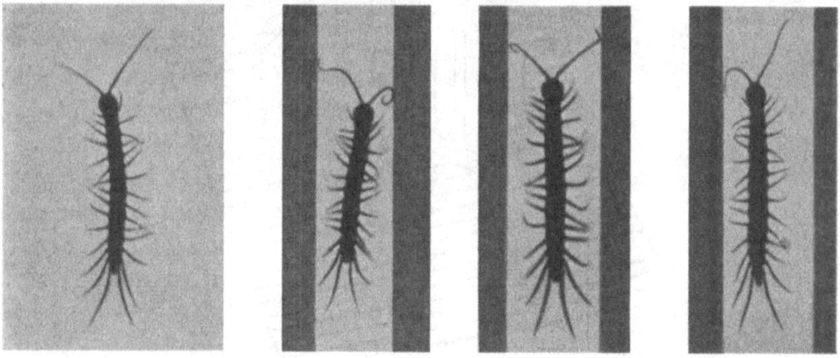

Abb. 47. Das Verhalten eines Tausendfüßers in einem Laufgang. (Nach Scharmer)

Gang bestand, was aber keine »Absicht« verriet, den gesperrten zu meiden. Darum führt der Untersucher diese Lernleistung auf Kinaesthetik zurück und hebt mit Recht hervor, daß darunter keineswegs eine bei jedem Lauf in starr wiederholte Schrittfolge zu verstehen sei, sondern »die Bewegungssituation als ein Ganzes wäre das, was sich das Tier angewöhnt«.

Wichtig ist, daß sich die Tendenz zur Wendung nach einer Seite schon im Startkanal zeigt. Das Tier läßt sich dann von einer Wand leiten, an der es einen Fühler etwas eingerollt oder wenigstens eingebogen (Abb. 47) entlang führt. In 79% der Fälle beruht die Wendung zur Dressurseite aber nicht einfach auf Thigmotaxis, also einer Tendenz, einen bestimmten Berührungsreiz festzuhalten. Denn in einer Versuchseinrichtung mit einer an den Startkanal anschließenden freien Fläche lief ein links eingestellter Tausendfuß auch im Bogen nach der gleichen Seite.

Damit kann die Erörterung der »eingefahrenen Bewegungsfolgen« abgeschlossen werden. Wo sie im Zusammenhang mit den Assoziationen, also der Entstehung von Sekundärvalenzen vorkommen, ist es, als ob zwei vergangene Erlebnisse unabhängig voneinander nachwirkten.

Daß das objektive Ziel der Handlungen dieser Tiere kein subjektiver Gedächtnisinhalt zu sein braucht, muß nochmals betont werden. Liegt das Ziel nun von Fall zu Fall an der gleichen Stelle, so wird es durch die gewohnte Handlungsfolge auch sicher erreicht. Bei kleinen Veränderungen bleibt die Neigung zur gewohnten Handlungsform erhalten. Diese Neigung kann darum in der Freiheit nur dort wirklich Bedeutung haben, wo derselbe Zielort oft aufgesucht worden ist.

6. *DAS LABYRINTH ALS PSYCHOLOGISCHE VERSUCHSEINRICHTUNG*

LABYRINTH UND UMWEG

Bis jetzt sind nur niedere Fähigkeiten der tierischen Psyche besprochen worden. Indessen ist es ein Irrtum, dem nicht nachdrücklich genug widersprochen werden kann, wenn die Meinung besteht, daß »niedere« Fähigkeiten nur kümmerliche Leistungen ermöglichten. Die Welt eines mit scharfen Sinnen begabten Wesens kann eine weit größere Fülle von primären und sekundären Valenzen enthalten als bei einem Menschen, der sein Lebensmilieu genau kennt. Oft genug ist von Hunden, Vögeln, Elefanten oder Pferden berichtet worden, wie genau sie vergangene Erscheinungen wiedererkennen. Feinheit und Dauerhaftigkeit der Sekundärvalenzen ermöglichen staunenswerte Leistungen.

Welch komplizierte Handlungen durch Reflexe zustande kommen, hat das Beispiel der Spinne erläutert.

Auch durch Kinästhetik können große Leistungen zustandekommen, und zwar besonders dann, wenn die Fähigkeit der betreffenden Tiere zum »Einfahren von Bewegungsfolgen« die entsprechende Fähigkeit von Menschen übertrifft. Nicht nur einfache Rechts- oder Linkswendungen können eingefahren werden, sondern auch lange Reaktionsfolgen, die beim einschmiegsamen Wandern durch eine wirre Umgebung, durch Gestrüpp, Steine und Wurzeln, Reisighaufen usw. vorkommen.

Bei umfangreichen Leistungen wirken aber durchweg mehrere psychische Prozesse zusammen. Ein auf dem Weg auftauchendes Merkmal kann locken und zusammen mit der Kinästhetik die Einhaltung der gewohnten Strecke bewirken. Ferner ist oft die Fernorientierung im Spiele, ein »Empfinden« für die Richtung, in der das Ziel liegt.

Das alles macht sich beim *Labyrinthversuch* bemerkbar, der von allen psychologischen Versuchen am häufigsten angestellt worden ist. Wir brauchen hier nur kurz auf ihn einzugehen, weil *Bierens de Haan* (1937) soeben die Ergebnisse dieser Forschungen zusammengefaßt und meisterhaft dargestellt hat. Hier kommt es auf klare Herausstellung der als Grundlage des Zurechtfindens im Irrgarten anzunehmenden psychologischen Faktoren an.

Bei der Untersuchung tierischer Taxien ist stets ein freies Handlungsfeld vorhanden. Kein Stein braucht umgangen, übersprungen oder untergraben zu werden. Man will nur feststellen, wie das Tier durch bestimmte Reize beeinflußt wird.

Wecken nun diese Reize eine Tendenz »Heran« oder »Fort«, so kann sich dem in freier Natur ein Hindernis entgegenstellen. Das Tier muß einen Umweg machen, der uns durchweg viel von seinen psychischen Fähigkeiten verrät. Diese zeigen sich selbstverständlich erst dann recht deutlich, wenn die Umwege variiert werden, und bald länger, bald kürzer sind, bald diese, bald jene Anordnung haben. Die Labyrinthleistung kann als Sonderfall der Umwegleistung betrachtet werden.

Im Gegensatz zu den bisher durchgeführten Überlegungen gehen wir von der Leistung im Hinblick auf alle sie formenden psychischen Faktoren aus und nicht von einer bestimmten Eigenschaft der Seele, die es zu erschließen galt. Schritt für Schritt haben wir einen psychischen Prozeß nach dem anderen durchgenommen. Wer nach vergleichend-psychologischer Synthese strebt, muß die Einzelfaktoren kennen.

Gewöhnlich kommt eine Leistung durch das Zusammenwirken mehrerer Faktoren zustande. Und es muß hervorgehoben werden, daß sehr verschiedene Fähigkeiten die gleiche Leistung ermöglichen können. Der Labyrinthversuch zeigt das besonders eindringlich. Kein Beobachter wird sich dem Eindruck verschließen, den eine schnell durch ein Ganggewirr huschende Ratte macht. Und der tiefere Einblick, den die Forschung in das Wesen dieser merkwürdigen Leistung ermöglicht hat, enthüllt letzten Endes nur neue Rätsel, die weit schwerer als die zuerst gefundenen zu lösen sein werden.

Der streng wissenschaftlich durchgeführte Irrgartenversuch macht große Kosten, weil nur sehr sorgfältig gebaute und leicht zu reinigende Teile brauchbar sind. Ein einfaches Labyrinth zur Demonstration in einer Vorlesung, einer biologischen und psychologischen Übung ist aber leicht herzustellen.

Bekanntlich gibt es Hoch- und Tieflabyrinthe. Erstere bestehen aus Latten, die wie Brücken auf Stative montiert sind, und letztere aus Laufgängen mit Seitenwänden. Zur Vorführung eignet sich am besten ein Hochlabyrinth. Ich selbst benutze 80 cm lange und nur 6 cm breite Holzlatten, die auf 30 cm hohen Stativen befestigt sind. Stehen keine Mittel zur Herstellung von Eisenstativen zur Verfügung, so kann man Holzstäbe in Blumentöpfen eingipsen und auf ihnen die Latten befestigen (Abb. 48). Aus zehn Latten dieser Art besteht das einfache Vorführungslabyrinth, dessen Grundriß in Abb. 49 dargestellt ist.

Die besten Versuchstiere sind zwei Monate alte schwarz-weiße Ratten. Vor einer praktischen Übung sind diejenigen Tiere auszusuchen, die sich leicht greifen

Abb. 48. Schema eines Teilstückes für ein Hochlabyrinth

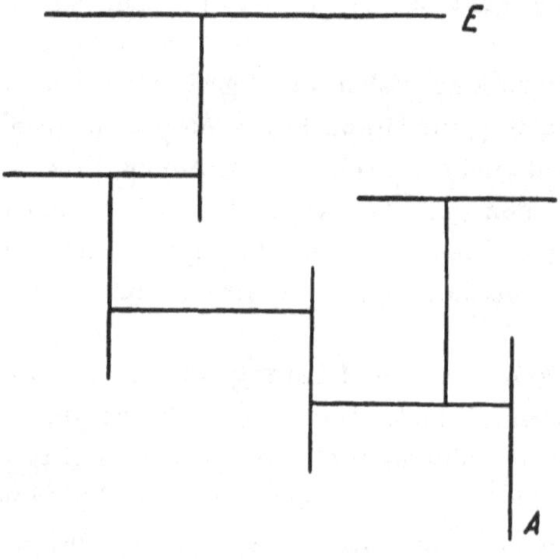

Abb. 49. Grundriß eines für Demonstrationszwecke geeigneten einfachen Hochlabyrinthes. (A = Anfang, E = Ende)

lassen und nicht leicht von den Latten herabspringen. Auch weiße Ratten sind gut geeignet. Am Ende des Irrgartens steht ein Kasten, in den eine Latte hineinführt. Bei einer Demonstration macht es den stärksten Eindruck, wenn etwa zwei gutgeübte, zwei schwach geübte und zwei ungeübte Ratten gezeigt werden. Daß in Abb. 49 dargestellte Labyrinth erlernt eine Ratte in rund 20 Läufen, die man am besten an zwei Tagen mit je 5 Läufen vor- und nachmittags einübt.

Daß die Tiere einen gewohnten Weg ohne Rücksicht auf veränderte Lattenstellung laufen, zeigt ein einfacher Versuch. Die in Abb. 49 oben stehende Latte wird an das letzte Querstück links angesetzt, so daß die in Abb. 50 dargestellte Anordnung entsteht.

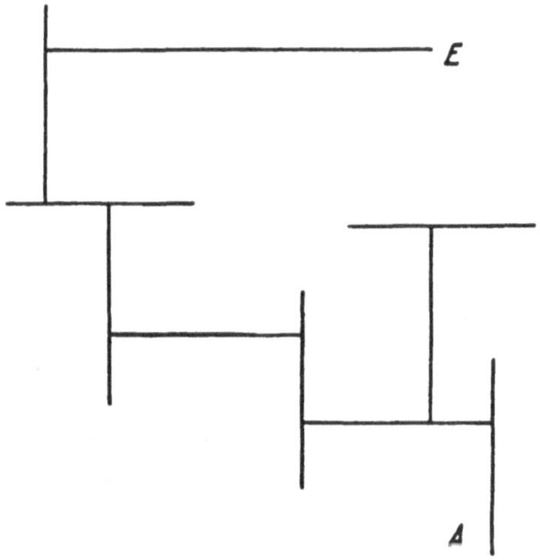

Abb. 50. Dasselbe Labyrinth etwas verändert. (A = Anfang, E = Ende)

Die genauere Untersuchung der Irrgartenleistungen hat gezeigt, daß sie durch drei psychische Fähigkeiten ermöglicht wird: verschiedene Sinneseindrücke, die Kinästhetik und die Raumerfassung. So sehr sie im einzelnen zusammenwirken, so müssen sie doch nacheinander erörtert werden.

SINNESLEISTUNGEN IM LABYRINTH

Als durch *Small* und vor allem *Watson* die Leistungen der Ratten im Irrgarten näher bekannt geworden waren, führte man sie zunächst auf Kinästhetik zurück. Blinde und taube, zum Kriechen und Fühlen unfähige Ratten lernen nicht nennenswert anders als normale Tiere. Sind aber assoziierbare Merkmale da, so werden sie auch benutzt und als optische und vor allem als taktile Zeichen mit Sekundärvalenzen in das komplizierte Gesamtgeschehen eingefügt. *Vincent* (1915) hat die Sackgassen weiß und die freien Durchgänge schwarz gefärbt. Ihre Ratten machten durchschnittlich 7,9 Fehler, während beim Erlernen des normalen Irrgartens 14,9 Fehler vorkamen.

Ein komplizierter Weg kann manchmal nur durch die Sekundärvalenzen von optischen Zeichen zustande kommen. Und zwar vollkommen unabhängig von eingefahrenen Bewegungsfolgen. Das hat *Walton* (1930) nachgewiesen. Abb. 51 zeigt einen etwas schematisierten Grundriß seiner aus 6 zweiteiligen Kammern bestehenden Anordnung. Das Ende je einer Kammerhälfte war gesperrt. Schwarze und weiße Markierung machte die Sackgasse vom Durchgang unterscheidbar. Um Kinästhetik auszuschalten, wurden die Merkmale von Fall zu Fall gewechselt, so daß stets ein anderer Weg zurückgelegt werden mußte.

Daß in einem Labyrinth gut geübte Ratten Fehler machen, sobald es an einer anderen Stelle des Zimmers steht, ist wiederholt festgestellt worden. Besonders Drehungen gegen den Lichteinfall führen zu häufigerem Laufen in Sackgassen. Also werden auch von außen kommende Reize zur Orientierung benutzt.

Strittig ist der Einfluß der Drehung eines in homogener Umgebung stehenden Irrgartens.

Wichtiger als optische Zeichen sind die Berührungserlebnisse der Ratten. Beim Erlernen des Tieflabyrinthes stoßen sie oft gegen die

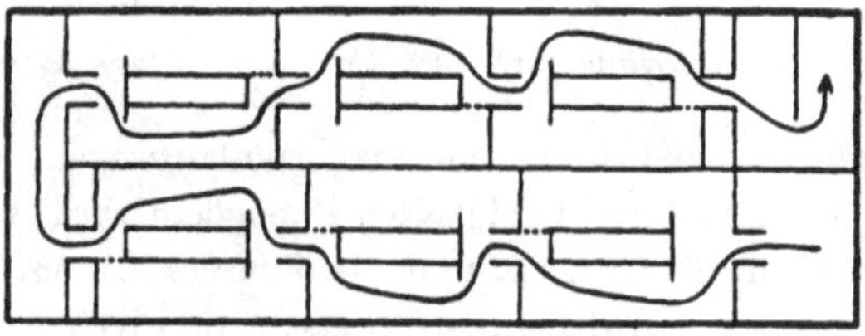

Abb. 51. Grundriß eines Labyrinthes mit nebeneinander angeordneten Kammern. (Nach Walton, schematisiert)

Wände, was mit der Wiederholung des Versuches nachläßt und später ganz aufhört. Blinde Ratten unterlassen die Berührung der Wände aber niemals vollständig.

Daraus ergibt sich der Schluß, daß Gesichts- und Berührungserlebnisse das Einfahren von Bewegungsfolgen erleichtern.

Mit der Zeit aber treten diese Sinnesleistungen zurück. Die Ratten durchlaufen den Irrgarten geradezu »automatisch«. Kleine Änderungen im Aussehen oder dem Geruch der Laufbahn wie auch Veränderungen in der weiteren Umgebung stören kaum noch. Aber auch die kinästhetisch handelnde Ratte kann nicht mit einer Maschine verglichen werden.

DAS WESEN DER KINÄSTHETIK

Ältere Forscher haben die Kinästhetik mit der Assoziationstheorie zu erklären gesucht. Jeder Schritt erzeugt einen propriozeptiven Bewegungsreiz. Die Reizung steigt mit der Menge der Schritte und derjenige Reizgrad wird behalten, bei dem eine Wendung ausgeführt wird. Also kann eine Assoziation zwischen Reizgröße und Bewegungsrichtung entstehen.

Wenn diese Auffassung richtig ist, darf ein bekannter Irrgarten mit veränderten Bewegungen nicht mehr richtig durchlaufen werden. Daß dem aber nicht so ist, beweisen die Schwimmversuche von *Macfarlane* (1930). Ratten, die ein Labyrinth zu durchschwimmen gelernt haben, durchlaufen es nach dem Ablassen des Wassers fast fehlerfrei. Umgekehrt gilt dasselbe. Auch hinkende und infolge von Kleinhirnverletzung taumelnde und geradezu rollende Ratten laufen in einem schon vor der experimentellen Schädigung erlernten Labyrinth nach wie vor richtig. (*Lashley* und Mitarbeiter).

Diese Feststellung kann nicht durch Kinästhetik in dem bisher gebrauchten Sinne als Einfahren von Bewegungsfolgen erklärt werden. Zwei, heute gleichwertig zu Recht nebeneinander bestehende Hypothesen machen die fragliche Leistung verständlich. Es könnte erstens sein, daß die Bewegungsempfindung und die Wiederholung der an bestimmten Stellen ausgeführten Bewegungen — kurz die Kinästhetik im engeren Sinne — nur an einigen begrenzten Stellen eine Rolle spielt. Den Eindruck von echt kinästhetischem Handeln hat man besonders dann, wenn eine Ratte beim Rennen im Hochlabyrinth sich geradezu in »eine Kurve legt«. Entscheidend ist das aber nach dieser Auffassung nicht. Die Gesamtleistung im Labyrinth führt *Bierens de Haan* (1937) vielmehr darauf zurück, daß sich die Ratte eine »*mehr oder weniger klare Vorstellung des zurückzulegenden Weges gebildet hat*«. Später versucht sie diesem Weg zu folgen.

Es wird aber auch eine zweite Hypothese den Tatsachen voll gerecht. Man kann sich nämlich sehr wohl denken, daß der Weg als solcher keinen psychischen Inhalt bildet, während von der Form der Bewegung des ganzen Körpers etwas behalten wird. Keinesfalls kann als selbstverständlich gelten, daß Kinästhetik ein mechanisches Wiederholen einzelner Muskelkontraktionen bedeutet. Das arbeitende Muskelsystem ist eine Ganzheit, aus deren Tätigkeit sich eine Fortbewegung des ganzen Körpers ergeben kann. Dieses Ergebnis — also die übergeordnete Reaktionsform des Tieres als Ganzheit — wird zum psychischen Inhalt und hat später die Tendenz, dem Verhalten wieder die gleiche Form zu geben. Veränderte Einzelbewegungen beim Zwang zum Schwimmen oder Hinken werden der zu erzielenden Gesamthandlungsform ganzheitlich eingepaßt. So kommt es, daß auch eine verletzte Ratte noch richtig durch den bekannten Irrgarten stolpert.

In dieser erweiterten Fassung definiert ist *Kinästhetik eine Fähigkeit des gesamten motorischen Apparates zu ganzheitlicher Erfassung der Bewegungsform des Gesamtkörpers und zu späterer Wiederholung der gleichen Verhaltensform.*

Nach dieser Ansicht greift kein Steuermann von oben her in die Bewegungsmaschinerie ein. Fällt beim Doppelschraubendampfer das Steuer aus, so kann der Steuermann die Bewegung einer Schraube hemmen und immer noch manövrieren. Die Motorik eines Körpers ist dagegen selbststeuernd. Versagt das Ruder, so arbeiten ohne weiteres die Schrauben verschieden, weil sie sich nur in stetem Zusammenhang mit der Gesamtreaktion bewegen und Abweichungen davon ohne weiteres auszugleichen suchen.

Kinästhetisches Handeln läuft wie jedes lebendige Geschehen nicht nur ganzheitlich, sondern auch in gewissen Grenzen schmiegsam und dehnbar. Geringe Verkürzungen oder Verlängerungen der zurückzulegenden Wege verursachen in der Regel nur vorübergehend langsameren Lauf, aber Beibehaltung des richtigen Weges.

DIE RAUMERFASSUNG IM IRRGARTEN

Sinneseindrücke und Kinästhetik sind nicht die einzigen Faktoren, durch die ein Tier sich im Irrgarten zu orientieren vermag. Die Empfindung für das ferne Ziel spielt eine Rolle, die wir schon bei der Besprechung der tierischen Umwelten kennen gelernt haben. Schon früh ist den Labyrinthforschern die Neigung der Ratten aufgefallen, in Sackgassen mit Zielrichtung öfter als in andere hineinzulaufen. Wo mehrere Gänge im Irrgarten zum Ziel führen, kommt es nicht immer zur Angewöhnung eines bestimmten Weges. Aber den Abweichungen von der Zielrichtung folgt bald eine Wendung zu ihr hin.

Das kann man leicht in den schon erwähnten »Blocklabyrinthen« zeigen, die auch mit geringen Mitteln ohne Schwierigkeit hergestellt werden können. Quadratische Holzkästen von etwa 30 cm Kantenlänge bilden die einzelnen Blöcke. Sandfüllung macht sie schwer, so daß sie fest auf der Unterlage stehen. Die Gänge brauchen nur 8 cm breit zu sein. Das Ganze wird mit einem Brett von der Höhe der Blöcke umgeben (Abb. 31, S. 68).

Weitere in umfangreichen Untersuchungen gesicherte Feststellungen haben fernerhin gezeigt, daß eine Ratte im Irrgarten die Nähe des Zieles bemerkt. Diese Tatsachen, die im einzelnen von *Bierens de Haan* (1937) kritisch erörtert worden sind, sollen hier nur kurz aufgezählt werden.

1. Geübte Ratten laufen im Irrgarten schneller und schneller, bis ihre Geschwindigkeit kurz vor dem Ziel geringer wird.

2. Im allgemeinen werden Labyrinthe »von hinten nach vorn« erlernt, d. h. Sackgassen in der Nähe des Zieles werden eher gemieden als solche in der Nähe des Eingangs.

3. Ratten zeigen in Hochlabyrinthen die Neigung, durch Springen von einer Latte auf die andere Teile des Labyrinthes abzuschneiden und dem Ziel dadurch näher zu kommen.

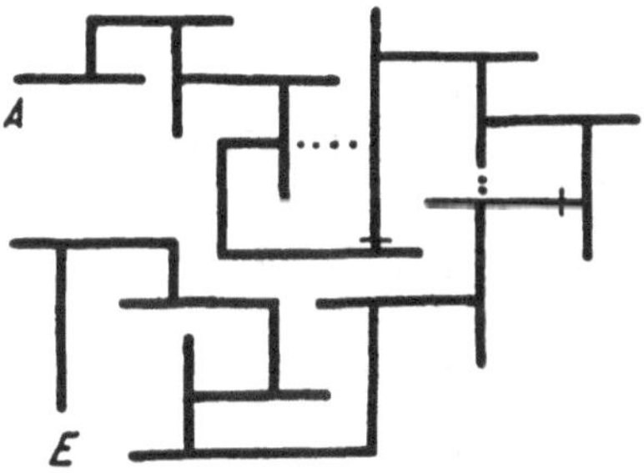

Abb. 52. Grundriß eines Labyrinthes für Abkürzungsversuche. Die Abkürzungen sind punktiert gezeichnet und die zugehörigen Sperrtürchen durch kurze Querstriche angedeutet. E = Eingang, A = Ausgang. (Nach Honzik, vereinfacht)

Die merkwürdigste und wahrnehmungspsychologisch am schwersten verstehbare Tatsache in der Labyrinthforschung hat *Honzik* (1933) entdeckt. Er fand nämlich, daß eine Ratte nach einem neu eingefügten Abkürzungsweg im Labyrinth, den sie laufen muß, sich rasch wieder zurecht findet. Abb. 52 zeigt das Grundrißschema seines Hochlabyrinthes. Die von Fall zu Fall eingefügten Abkürzungsstücke sind punktiert eingezeichnet. Nach 9 von 12 dieser Abkürzungen kamen nicht mehr Fehler vor als auch schon vorher. Es war, als ob die Tiere nach der Überspringung eines Labyrinthteiles genau wußten, wo sie waren.

Der Versuch glückt aber nicht, wenn eine Ratte mit der Hand an einer beliebigen Stelle des Irrgartens eingesetzt wird. Sie ist dann verwirrt und macht Fehler.

Wolfle (1935) hat mit einem anderen Labyrinth den Abkürzungsversuch wiederholt und bestätigt. Als er dann aber den ganzen Irrgarten um 180 Grad drehte, kamen sehr viele Fehler vor. Das begründet den Verdacht des Mitspielens unbemerkter Wahrnehmungen. Vielleicht ist es ferner Straßenlärm gewesen, nach dessen Richtung beim Abkürzungsversuch sich die Ratten orientiert haben. Das Problem ist noch offen und harrt der weiteren Bearbeitung.

DIE SONDERSTELLUNG DER LETZTEN WENDUNG

Setzen wir den Fall, daß in einem großen Irrgarten die letzte Wendung in den zum Ziel führenden Gang nach rechts gerichtet sei! Drei »richtige« nach links gehende Wendungen sind vorher zwischen zur anderen Seite führenden Sackgassen eingeschaltet. Am Verhalten der Ratte fällt nun auf, daß mit merkwürdiger Beharrlichkeit in der Nähe des Zieles Rechtswendungen als »Fehler« vorkommen.

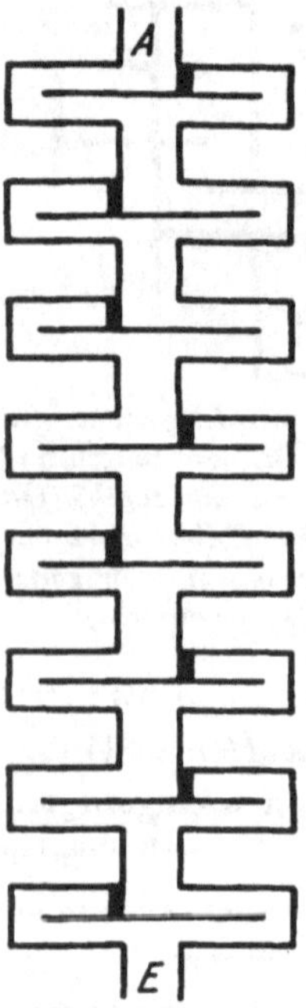

Abb. 53. Schema eines Labyrinthes mit hintereinander angeordneten Kammern. (»linear maze«) E = Eingang, A = Ausgang

Die letzte im Irrgarten vorkommende Handlung wird also vorweggenommen.

Wie ist das zu verstehen? Kinästhetik ist dabei nicht im Spiel. Die uns hier angehende Tatsache schildert man im *linearen Labyrinth* (Abb. 53) und einzelne Tatsachen des dort vorkommenden Verhaltens müssen uns kurz beschäftigen. Die erforderlichen Wendungen nach rechts oder links gibt man einfach mit R und L an. *Spragg* (1933, 1934) stellte die Sperren zunächst so, daß R — L — L — R — L — R — R — L gelaufen werden mußte. Das hat aber keine von einer größeren Rattengruppe gelernt, weil in der 7. Kammer mehr und mehr Linkswendungen vorkamen, die eigentlich erst in der folgenden Kammer an der Reihe waren.

Da damit zu rechnen war, daß die Ratten sich einen Wendungswechsel R — L — R — L usw. angewöhnten, hat *Spragg* die Anordnung geändert und den Ratten die Aufgabe R — R — R — R — R — R — R — L gestellt. Auch dabei entstanden durch Vorwegnahme der letzten nach links gerichteten Wendung immer wieder Fehler, so daß 100 Versuche je Ratte zu keinem vollen Lernerfolg führten.

Vorwegnahmen dieser Art können aber auch mitten im Irrgarten vorkommen. Der gleiche Untersucher bildete die Anordnung R — R — R — R — L — R — R — R. Dabei entstand in der ersten Hälfte des Labyrinthes die Tendenz, zu früh nach links zugehen. Die Mitte war durch die besondere Wendung ausgezeichnet und bekam die Bedeutung eines Zwischenzieles.

Je mehr sie sich dem Ziel nähert, umso größer ist die Neigung der Ratte, die letzte Wendung vorwegzunehmen.

Irgendwie muß das Tier die Nähe des Zieles spüren und schon etwas von der kommenden Befriedigung empfinden. Offenbar weckt das einen Einfall. Die letzte Wendung muß also einen echten Gedächtnisinhalt gebildet haben und ist somit von der kinästhetischen Erinnerungsleistung zu unterscheiden. Ein bevorstehendes, zukünftiges Ereignis spielt eine Rolle und ruft die Erinnerung an die frühere Verhaltensform wach.

Bei kinästhetischem Handeln spielt nur die Gegenwart und die Vergangenheit eine Rolle. Das Tier ist in der erregenden Gegenwart des Irrgartens, handelt und wiederholt dabei vergangene Tätigkeitsformen.

RÜCKBLICK UND ZUSAMMENFASSUNG

Alle die in den vorigen Abschnitten aufgezeigten psychischen Vorgänge spielen beim Labyrinthversuch eine Rolle. Setzen wir den Fall, daß eine Ratte kinästhetisch läuft, bei der 5. Wendung aber die Ecke eines fern an der Wand des Zimmers hängenden Bildes als dunkle Stelle an ihrem Horizont bemerkt. Dieses Merkmal kann negative Sekundärvalenzen bekommen, wenn es über einer Sackgasse steht. Das hemmt sie später vor dieser Gasse, hebt aber die Kinästhetik nicht auf. Die Valenzwirkung greift vielmehr in das motorische Geschehen ein.

Stärker ist die Wirkung des Zieles. Wir haben gesehen, daß seine Nähe die Kinästhetik aufheben kann. In der Regel spielt auch sie eine Rolle; doch muß unter ungünstigen Umständen in der Zielnähe immer länger geübt werden als in der Zielferne.

In der Möglichkeit der Erkennung und der analytischen Herausarbeitung der einzelnen Orientierungsfaktoren liegt der große Wert der Irrgartenforschung. Erst in neuerer Zeit hat sich das deutlich gezeigt und die Bedeutungen der fraglichen Untersuchungen vergrößert. Zur Lösung anderer Probleme als der Orientierung in unübersichtlichem Raum hat der Irrgartenversuch wenig beigetragen. So kam es, daß ich selbst bei Darstellung der Methoden tierpsychologischer Forschung noch 1932 die Ansicht geäußert habe, daß es sich um einen vergleichend-psychologisch wenig wichtigen Problemkreis handele. Und noch heute muß man sich hüten, bei der Beurteilung der gesamten psychischen Fähigkeiten der Ratte sie vielleicht für intelligenter zu halten als z. B. ein Eichhörnchen. Ob dessen Fähigkeiten in einem anderen Spezialgebiet besonders entwickelt sind, ist eine durchaus offene Frage.

Es liegt mir heute sehr fern, einen guten Irrgartenversuch für nebensächlich zu halten. Das Problem der tierischen Orientierung ist besonders im Hinblick für praktische Zwecke überaus wichtig. Es ist sehr wahrscheinlich, daß die Fähigkeit zum Einhalten der Zielrichtung individuell verschieden ist. Beruht sie auf vererbbaren Anlagen, so kann auf sie gezüchtet werden. Das ist für die Nachrichtenübermittlung durch Tauben und Hunde von größter Bedeutung.

Und weiter wird auch die Begabung zu besonders gutem kinästhetischen Handeln zu prüfen und allenfalls rein zu züchten sein; zusammen mit guter Riechfähigkeit und einigen anderen Eigenschaften wird sie bei der Züchtung des besten Jagdhundes eine Rolle zu spielen haben. Er soll auf Befehl in ganz bestimmten Formen handeln.

Schließlich gewinnen wir durch die Labyrinthforschung auch Möglichkeiten zum Beurteilen der Orientierung von Menschen. Sie braucht nicht im Irrgarten geprüft zu werden. Aber der zu guter Zieleinstellung befähigte Mensch kann gefunden und von dem mit guter kinästhetischer Begabung veranlagten unterschieden werden. Die vergleichende Psychologie hat gelehrt, zu unterscheiden, worauf die Leistungen im einzelnen beruhen können. Die angewandte Psychologie wird nun Verfahren auszuarbeiten haben, um daraus Nutzen zu ziehen.

7. DER INSTINKT ALS ANGEBORENER FAKTOR ZUR FORMUNG DES VERHALTENS

EIGENSCHAFTEN DER ECHTEN INSTINKTHANDLUNG

Rein beschreibend und grob kann man die Tierwelt in drei Gruppen einteilen: Trieb- Instinkt- und Intelligenztiere. Damit ist das Vorherrschen eines die Handlung bestimmenden Faktors betont. Die einfachen Lernleistungen, die durch Sekundärvalenzen entstehen und bei denen Handlungsformen eingefahren werden, treten bei niederen Tieren, die nicht Arthropoden oder Wirbeltiere sind, hinter der immer mächtigen Wirkung des Triebes zurück. Ohne Plan wandert die geschlechtsreife Schnecke umher bis sie einen Partner gefunden hat. Ein hungriger Regenwurm schiebt sich durch das Erdreich, bis er ein Blatt zum Einziehen entdeckt hat.

In diesen Fällen ist der Trieb der Impuls zum Handeln und die Valenzen der Wahrnehmungen geben dem Verhalten hier und da eine besondere Form.

Beim hungrigen Specht beobachtet man mehr. Er klettert am Baumstamm hoch und bohrt mit sehr charakteristischen Schnabelbewegungen hinein.

Diese Leistung ist ihm angeboren und kann zu den Instinkten gerechnet werden. Wie der Reflexbegriff wird auch der Instinktbegriff in doppeltem Sinne gebraucht. Man versteht darunter erstens eine besondere Art des Verhaltens und zweitens einen psychischen Faktor, der seine Form bedingt.

Die Naturbeobachtung hat die Notwendigkeit der Herausstellung der Instinkte als besonderen Verhaltenstyp ergeben. Sie sind angeboren und arteigentümlich, zwei Tatsachen, die keiner wissenschaftlichen Meinungsverschiedenheit mehr unterworfen sind.

Bei der Beurteilung kinästhetisch erlernter Bewegungsfolgen hat es sich als nötig erwiesen, Ziel und Verhaltensform zu unterscheiden und gesondert psychologisch zu analysieren. Angesichts der zahlreichen Schriften, die in jüngster Zeit über das Instinktproblem veröffentlicht worden sind, braucht nun nicht weiter mit Beispielen belegt zu werden, daß *nur die Form, nicht aber das Ziel einer Instinkthandlung unbedingt artspezifisch* ist. Gewiß gibt es artgebundene Ziele instinktiver Reaktionen. Es sei an die Begrüßungsszenen der Reihervögel erinnert, die *Lorenz* (1935) geschildert hat.

Das beste Beispiel für das, was hier auseinanderzuhalten ist, liefert das Aufspießen der Beute beim Neuntöter (*Lanius collurio*). Der junge Vogel wischt mit den Nahrungsbrocken in sehr eigentümlicher Weise an Ästen und Zweigen entlang und macht dabei die Erfahrung, daß er an spitzigen Stellen, besonders an Dornen hängen bleibt und nun gut zerrissen werden kann. Die Wischbewegung ist vorher und nachher als solche unverändert, sie wird aber jetzt auf Dornen gerichtet, die damit ein Handlungsziel geworden sind. Die Verhaltensform ist offenbar etwas Primäres und beim Neuntöter auch ohne Zielsetzung fest bestimmt. Das führt leicht zu den bekannten »Leerlaufreaktionen«, zu vergeblichen Nestbaubewegungen, zu Schnappen nach nicht vorhandener Beute oder gar zu Balztänzen, die normalerweise nur von einem Weibchen ausgeführt werden.

Tinbergen hat vor einigen Jahren (1932) das Verhalten des Bienenwolfes (*Philanthus triangulum*) beschrieben. Diese Grabwespe gräbt eine Höhle in den Sand, an die seitlich Zellen angefügt werden. Dorthinein trägt die Wespe 3 bis 6 Bienen, die sie vorher fängt und nun als Nahrung für die Larven benutzt. Der Grabinstinkt äußert sich sehr bald nach dem Ausschlüpfen der jungen Wespe. Aber zunächst wird kein vollständiges Werk angefertigt. Minutenlang gräbt das Tier, gibt die Arbeit wieder auf, fängt in der Nähe von neuem an und wiederholt das mehrere Tage lang »unendlich viele Male«. Erst nach dieser Menge von vergeblichen Ansätzen wird endlich ein Bauwerk in allen Einzelheiten zu Ende geführt.

Schon seit langer Zeit ist den Beobachtern tierischer Instinktleistungen aufgefallen, daß diese nicht immer gleich bei der ersten Durchführung vollkommen ausfallen. Ein älterer Vogel baut ein besseres Nest als ein junger, der es zum erstenmal tut. Darauf hat man auf das Mitwirken von Erfahrungen beim Ablauf einer vollständigen Instinkthandlung geschlossen.

Lorenz bestreitet das als besonderer Kenner der Instinktleistungen der Vögel und spricht vom *Reifen des Instinktes*. Wenn beim Nestbau ein Gedächtnisinhalt entstehen würde, der das Bild des verflochtenen Nestmaterials betrifft, ist nicht einzusehen, warum die Erinnerung daran nur bei dieser speziellen Tätigkeit auftaucht und nicht auch bei anderen Leistungen vorkommt. Wichtiger ist aber eine experimentelle Feststellung. *Lorenz* (Folia biotheoretica 1937) erwähnt im einzelnen noch nicht veröffentlichte Versuche von *Grohmann*. Junge Tauben fliegen anfangs ungeschickt, später besser. In engen Kästen aufgezogene Tauben, die dort die Flügel nicht öffnen konnten, flogen nach der Freigabe so gut wie Artgenossen, die schon »geübt« hatten. Die Vollkommenheit der Leistung hing also nicht von der Übung, sondern von dem

Reifungsgrad der Bewegungskoordination ab. Das kann auch beim Bienenwolf der Fall gewesen sein. Bei den ersten Ansätzen zum Höhlenbau ist wahrscheinlich der Instinkt noch nicht ausgereift gewesen, erst als er nach Tagen eine vollständige Höhle grub, war die dazu nötige Eigenschaft voll entwickelt.

Watson (1924) hat den Instinkt als ererbte Reaktionsgestalt (hereditary reaction pattern) definiert, *Lorenz* spricht von *Erbkoordinationen.*

Sind aber nicht Atmen und Schwimmen, Springen und Graben auch als ererbte Reaktionskoordinationen zu verstehen?

Diese Frage ist schon bei der Besprechung der Reflexe bejaht worden. Der Unterschied zwischen beiden liegt in der Beziehung zum Ziel, im Ergebnis der Reaktionen. Ein Tier kann ziellos laufen, kann aber auch laufend fliehen oder Beute verfolgen. Der Bienenwolf gräbt dagegen nur beim Höhlenbau zur Brutversorgung. Sein Handeln ist auf ein bestimmtes Ergebnis gerichtet, was auch dann gilt, wenn dieses Ergebnis keinen psychischen Inhalt bildet.

Ferner ist noch ein anderer Unterschied zu beachten, Reflexganzheiten wiederholen sich innerhalb einer Handlungsfolge. Beim Gehen folgt ein Schritt dem anderen und jeder Schritt ist ein kompliziertes Zusammenwirken von Reflexen. Instinktganzheiten entstehen aber durch die Integrierung qualitativ sehr verschiedener Reaktionsweisen.

Da indessen normale Instinkthandlungen stets ein Ergebnis haben, müssen wir dieses als das objektive Ziel der Tätigkeit genauer betrachten.

Vorher sei aber das, was bis jetzt vom Instinkt gesagt wurde, noch zusammengefaßt und etwas erweitert.

1. Instinkte sind ererbte Reaktionsfolgen mit bestimmtem Handlungsergebnis.

2. Es kommt vor, daß Instinkte »reifen«. Sie sind zunächst unvollkommen. Erst nach wiederholter Ausführung wird das Verhalten das best mögliche. Erfahrung spielt dabei keine Rolle.

3. Durch das spezielle Ergebnis unterscheiden sich Instinkthandlungen von einfachen Reflexganzheiten.

Die von manchen Tieren, besonders Insekten ererbten Anlagen zur Durchführung bestimmter Tätigkeiten umfassen oft eine lange, in eine hoch differenzierte Umwelt eingepaßte Handlungsfolge. Und es gehört zu den wunderbarsten Erscheinungen in der Natur, daß von dieser Fähigkeit nicht nur das Gedeihen der eigenen, sondern auch die Erhaltung einer fremden Art abhängt.

Hier kommt gewissermaßen als Paradebeispiel das Verhalten der Yukkamotte (*Pronuba yuccasella*) in Betracht, das in den meisten der neueren Instinktschriften geschildert ist (von *Hempelmann* 1926, *Paul Schultze* 1933 und *Bierens de Haan* 1935).

Die lilienartige Yukkapflanze blüht nur eine einzige Nacht — nach anderer Darstellung »einige« Nächte. Zwei Wochen vorher verpuppt sich die Raupe des Schmetterlinges, der dann zur Blütezeit ausschlüpft.

Das befruchtete Weibchen der Yuccasella sucht sich nun eine Blüte, schabt dort von den Staubgefäßen etwas Pollen ab, was durch eine eigenartige Tasterform erleichtert wird, bildet einen Klumpen davon und fliegt damit zu einer zweiten Blüte.

Hier begibt sich der Schmetterling zum Fruchtknoten, drückt die Legeröhre hinein und legt ein Ei bei einer Samenanlage ab.

Danach geschieht das Merkwürdigste. Der Schmetterling steigt am Griffel empor und stopft dort etwas von seinen Pollenklumpen in eine der drei klebrigen Narbenfurchen. Nach kurzer Pause steigt er wieder hinab, legt wieder ein Ei, kommt nach oben zurück, gibt noch etwas Pollen auf eine Furche und wiederholt das ganze zum drittenmal.

Hier ist also die Befruchtung der Blüte gewissermaßen kein Nebenergebnis der Nahrungssuche wie beim Sammeln von Nektar, sondern geradezu unmittelbares Zwischenziel in der Handlungskette des Schmetterlings. Dieser weiß nichts davon, daß sich von den zahlreichen Samenanlagen der Pflanze als Folge des Aufbringens von Pollen einige entwickeln werden, während andere zur Ernährung seines Nachwuchses dienen.

Die »fremddienliche Zweckmäßigkeit«, durch die nicht nur die Schmetterlingsart, sondern auch die Pflanzenart erhalten wird, ist ein Problem, das weit über den Rahmen der vergleichenden Psychologie herausgreift und mit naturwissenschaftlichen Mitteln heute noch nicht zu lösen ist. Nur Schritt für Schritt kann die Aufgabe des Forschers, der tiefer in das lebendige Geschehen hineinblicken möchte, gelöst werden. Und der erste Schritt, der hier zu tun ist, muß der Analyse der beim Instinkt vorkommenden psychischen Inhalte gelten. Dazu muß Anlaß und Zielsetzung bei den fraglichen Verhalten vor allem genauer studiert werden.

DIE AUSLÖSUNG INSTINKTIVEN VERHALTENS

Nicht nachdrücklich genug kann betont werden, daß das Ergebnis einer geformten Handlung kein von vornherein vorhandener und wirkender psychischer Inhalt zu sein braucht. Es gibt Umstände — die T-förmige Versuchsanordnung gehört dazu —, in denen bestimmtes

Verhalten stets das gleiche Ergebnis hat, und zwar auch dann, wenn das handelnde Tier dieses sofort wieder vergißt.

Warum handelt es denn, wenn am Ende seiner Tätigkeit (in naher Zukunft) nichts lockt? Offenbar ist die eigentliche Handlungsursache die erregende Gegenwart, eine Feststellung, die sich noch weiter analysieren läßt.

Instinktives Handeln setzt das Wirken eines Triebes voraus. Bei den vielen Fällen mit instinktiver Brutversorgung geht die Triebwirkung von den heranreifenden Eiern aus. Mit eigenartiger Geschäftigkeit sieht man dann Holzwespen von Baumstamm zu Baumstamm fliegen. Es ist, als ob ein innerer Druck die Tiere zur Eile dränge.

Da nun die Triebe überall gleich sind, unter ihrer Wirkung aber sehr verschieden gehandelt wird, kann dieser selbst nicht für die Form sondern nur für den Impuls zum Handeln verantwortlich gemacht werden. Der Hunger, der den Specht zum Hacken am Baumstamm treibt, regt die Spinne zur Herstellung eines Fangnetzes an. *Trieb und Instinkt sind psychologisch verschieden.* Der erstere ist ein Zustand der körperlich-seelischen Ganzheit des Lebewesens. Der Instinkt ist dagegen ein handlungsformender Inhalt der Psyche.

Sobald der Trieb rege ist, kann zweierlei geschehen. Es kommt nämlich vor, daß durch ihn ganz unabhängig von den gerade das Tier umgebenden Erscheinungen der Instinkt ausgelöst und nun entsprechend gehandelt wird. Die Regel ist das aber nicht. Gewöhnlich liegt der zweite der hier in Betracht kommenden Fälle vor. Denken wir an die solitäre Mauerbiene (*Osmia*), die zur Brutversorgung eine leere Schneckenschale benutzt! Wie andere Insekten in gleicher Lage durchwandert sie im legebereiten Stadium eifrig die Gegend, bis ein Merkmal mit stärksten positiven Primärvalenzen auftaucht: die Schneckenschale. Nun erst beginnt mit dem Herrichten einer Zelle die im engsten Sinne des Begriffes gemeinte Instinkthandlung.

Der Trieb schafft zunächst nur Unruhe und Tätigkeit schlechthin. *Bierens de Haan* (1937) spricht treffend von einer »psychischen Disposition«. In diese greift wirkend ein Wahrnehmungsinhalt ein und ändert die Affektlage. Wer will bestreiten, daß die Wespe, die einen zum Bauen geeigneten Platz findet, ein mit unserer Befriedigung vergleichbares Erlebnis hat?

In dieser besonderen Affektlage kann nun der Instinkt — jetzt nur noch als psychischer Inhalt gemeint — seine Wirksamkeit entfalten.

In Anlehnung an die ältere Psychologie darf man geradezu sagen: *der Affekt, der von der speziellen Wahrnehmung bedingt ist, ekphoriert den Instinkt.* Der Instinkt war vorher ein latenter, nicht wirkender Inhalt der Psyche und glich darin Gedächtnisinhalten, die auch nicht jederzeit, sondern nur unter besonderen Umständen das Handeln beeinflussen. Unter Ekphorierung versteht man also in nur beschreibender Weise einen Vorgang, durch den ein bestimmter Inhalt der Psyche zum Wirken gelangt.

In der Annahme, daß nicht der Trieb, sondern eine positivierende Wahrnehmung der eigentliche Auslöser ist, gehen wir in der Analyse weiter als *Paul Schulze* (1933) es getan hat. Er unterschied »den Drang, das Bedürfnis, welches den Reiz setzt, und die sich anschließenden Einzelhandlungen«. Auf die Bedeutung des Affektes hat *Bierens de Haan* (1937) soeben hingewiesen.

Bei Vögeln laufen voll ausgereifte Instinkthandlungen durchweg unter deutlichen Zeichen der Aufgeregtheit ab. Ausdrücklich weist *Lorenz* auf die Intensitätsverschiedenheiten hin, die es dabei gibt. Oft sieht man nur Andeutungen einer Balzbewegung, erkennt an einer kaum merklichen Kopfbewegung von Enten etwas von dem zu ganz anderen Zeiten üblichen Liebesspiel oder man sieht unzweideutige Reaktionen schwach und rasch vorübergehen, die beim Nestbau vorkommen. Der Affekt ist schwach und die Handlung kurz und wenig lebhaft. Wer geisteskranke Menschen gesehen hat, wird ohne weiteres an eine ganz schwache Manie erinnert. Spezielle Affektlagen wie z. B. Angst können auch den gesunden Menschen einmal ganz grundlos überkommen und eine kurze Episode ungewöhnlichen Handelns veranlassen. *Lorenz* betont, daß es beim Vogel sämtliche überhaupt denkbaren Übergänge zwischen kaum angedeutetem und vollständigem Instinktverhalten gebe. Wie weit im Einzelfall die Stärke des Affektes für die Vollständigkeit des Handelns verantwortlich ist, bedarf noch genauer Analysen. Sie werden die Beziehung zwischen Affekt und Instinkt noch deutlicher machen, als sie heute zu erkennen ist.

Das heute vorliegende Wissen von den Instinktleistungen erlaubt die Vermutung, daß der Instinkt (der Reaktionsformer) durch das Nachlassen einer Hemmung zum Wirken gebracht wird. Das ist eine Vermutung, die das Wesen der Ekphorierung des psychischen Inhaltes betrifft und wird vor allem durch das Vorkommen von *Leerlaufreaktionen* begründet. *Lorenz* schildert anschaulich (1937) das Verhalten eines zahmen Stares im Zimmer, der dort auf dem Kopf einer Statue saß und nach oben blickte, als ob er am Himmel nach fliegenden Insekten Ausschau halte. Plötzlich änderte er sein Verhalten, als ob er eine fliegende Beute erblickt hätte. Er bewegte Kopf und Augen so, als ob er einer Fliege mit den Blicken folge, »seine Haltung straffte sich, er flog ab, schnappte zu, kehrte auf seine Warte zurück und vollführte die seitlich schlagenden Schleuderbewegungen mit dem Schnabel, mit den sehr viele insektenfressende Vögel ihre Beute gegen die Unterlage, auf der sie gerade sitzen, tot zu schlagen pflegen«. Dann schluckte der Vogel noch und schüttelte sich etwas (Die Naturwissensch. Bd. 25, S. 298, 1937).

Nicht immer ist die Einstellung auf ein imaginäres Ziel so deutlich, wie in dem eben geschilderten Fall. Oft sieht man besonders bei gefangenen Tieren plötzlich eine Balzbewegung, eine Andeutung des Nestbaues usw. Dem Beobachter drängt sich dann der Gedanke auf, daß die auf den Instinkt wirkende Hemmung — vielleicht infolge einer vorübergehenden psychischen Unstimmigkeit — nachgelassen hat und die Bewegung abläuft.

In diesem Zusammenhang sei kurz auf das *Träumen* der Tiere eingegangen, das jedem Hundefreund schon aufgefallen sein wird und das oft als wichtiges Argument für die Annahme tierischer Vorstellungen angeführt wird. Der »träumende« Hund ist in der Regel unruhig, atmet stark, bewegt die Beine, macht Schnapp-, Lauf-, und sogar Sprungbewegungen, allerdings gewöhnlich nur angedeutet und nicht vollständig ausgeführt. Nun könnte es sein, daß in der Psyche des Hundes Bilder aus der Vergangenheit abrollen. Womöglich erlebt er eine Jagd, wird aufgeregt und deutet im Schlaf verschiedene dem Erlebnis gemäße Reaktionen an.

Eine befriedigende, aus tierpsychologischem Wissen heraus durchgeführte Beobachtung der Schlafbewegungen der Hunde ist meines Wissens noch nicht durchgeführt worden. In der Literatur finden sich durchweg Gelegenheitsbeobachtungen. Ich möchte aber hier hervorheben, daß ich selbst bei unseren zu Versuchszwecken abgerichteten Hunden, die eine größere Anzahl erlernter Reaktionsformen beherrschten, nie die geringste Andeutung einer Gedächtnisleistung gesehen habe. Nur angeborene, nicht aber erlernte Bewegungskoordinationen waren bei schlafenden Hunden zu erkennen. Ob eine systematische, durch eine größere Anzahl von Nächten durchgeführte Beobachtung zahlreicher Hunde dasselbe Ergebnis haben wird, steht dahin. Alles was mir aus eigener Beobachtung und aus dem Schrifttum an Schlafbewegungen bei Tieren bekannt ist, läßt sich zwanglos als »Leerlaufreaktion« auffassen. Im Schlaf ist die normale Hemmung zurückgegangen und der koordinierende Faktor kommt zur Wirkung. Darüber darf man aber nicht die Zeichen der Aufgeregtheit des Schläfers vergessen. Sie legen den Verdacht nahe, daß im Schlafe Stimmungen erlebt werden und diese könnten wiederum den Hemmungsnachlaß, also die Leerlaufreaktion bewirken.

Heute ist es noch nicht möglich, an Hand von Beweisen zu erläutern, wie Affekt und Instinkt als psychische Faktoren aufeinander wirken. Daß eine Beziehung zwischen ihnen besteht, unterliegt aber keinem Zweifel mehr. Was über die Auslösung instinktiven Handelns bekannt geworden ist, läßt sich in folgenden Sätzen kurz zusammenfassen:

1. Der Trieb erregt.

2. In der Erregtheit bewirken die Primärvalenzen einer Wahrnehmung eine bestimmte Affektlage.

3. Durch die Affektlage gelangt ein psychischer Faktor zur Wirksamkeit, der eine ererbte Bewegungskoordination durchführt.

Die Beurteiler der Instinkte haben immer wieder deren Zweckmäßigkeit hervorgehoben. Wie kommt es, daß gerade die ergebnisreiche Verhaltensform erblich geworden ist? Um das zu erklären, hat bekanntlich schon *Darwin* angenommen, daß sehr oft wiederholte Leistungen, die auf Erinnerung beruhen, erblich geworden seien, wobei die Erinnerung an das Handlungsergebnis verloren ging. Um das zu verstehen, ist es nötig, die Gedächtnisleistungen mit den instinktiven Handlungen sorgfältig zu vergleichen, vor allem muß klar sein, was bei der Gedächtnisleistung überhaupt behalten wurde. Ein keineswegs in die Erinnerung eingegangenes Handlungsergebnis wird natürlich nicht zum vererbbaren Inhalt der Psyche werden. Und es ist durchaus fraglich, ob sich die Annahme einer Beziehung zwischen Instinkt und Gedächtnis aufrecht erhalten läßt. Was bei ersteren die Erinnerung bedeutet, muß zunächst deutlich umschrieben werden.

INSTINKT UND GEDÄCHTNIS

Wiederholt ist behauptet worden, daß Instinkt und Intelligenz untrennbar ineinander übergehen könnten. Heute ist es möglich, ihr gegenseitiges Zusammenwirken deutlich darzustellen. Das »Reifen« eines Instinktes scheidet hier aus. Bei ihm kommt keine Erinnerungsleistung in Betracht.

Bei der Erörterung des »intelligenten« Verhaltens werden wir unterscheiden müssen, ob die Reaktionsform, ihr Ergebnis und eine bestimmte Beziehung zwischen beiden zum Gedächtnisinhalt wird. Außerdem spielt auch bei Lernleistungen die Veränderung der Umweltvalenzen eine oft unterschätzte wichtige Rolle. Was kann nun bei instinktivem Handeln zum Gedächtnisinhalt werden?

Lorenz liefert ein ausgezeichnetes Beispiel zur Beantwortung dieser Frage. Wenn der Trieb zum Nestbau erwacht, beginnen Kolkraben und Dohlen zunächst beliebige Dinge herumzutragen, seien es nun Stücke von Dachziegeln oder Äste. Eine Auswahl beginnt erst nach den ersten eigentlichen Bauversuchen, nach sehr charakteristischen seitlichen Schiebebewegungen, mit denen der Vogel sein Baumaterial zu befestigen sucht. Das glückt nur mit Strohhalmen, Zweigen usw. Diese bekommen nun offenbar positive Sekundärvalenzen. Denn der jetzt wieder zur Suche ausfliegende Vogel bringt nur noch sie und keine ungeeigneten Dinge mit. Also wird *nicht die Form der Handlung, sondern die Valenz eines Merkmals Gedächtnisinhalt.* Das ist bei allen in das instinktive Handeln eingreifenden Erinnerungsvorgängen ebenso. Vom Instinkt hängt es also ab, ob ein Tier hackt oder sticht, wischt oder stößt, springt oder kriecht, davonschleicht oder sich zusammenrollt. Die in der normalen Affektlage vorkommenden Erbreaktionen können nicht durch erlernte Handlungsformen ersetzt werden. Die spezielle Stelle, auf die das Handeln gerichtet ist, kann aber von Erfahrungen bestimmt sein. Auf dieser Tatsache beruht die Dressur der Bienen, bei der man Honigschälchen neben Merkmalen aufstellt, wodurch letztere sekundäre Valenzen bekommen.

Die Beziehung zwischen Instinkt und Gedächtnis wird am besten durch die Behauptung erläutert, daß *Erfahrungen nur unter Wahrnehmungseinfluß den Instinktablauf modifizieren, ohne dabei den Typus der Handlung zu verändern.*

Nunmehr steht der Beurteiler des Instinktes vor einer großen Schwierigkeit. Was ist eigentlich bei der instinktiven Tätigkeit Handlungsziel? Für den objektiv protokollierenden Beobachter ist ein fertiges Nest das Ziel eines Reisig suchenden und zusammenfügenden Raben. Ob dieses Ziel aber in irgend einer Weise vorgestellt wird, oder überhaupt einen psychischen Inhalt bildet, ist sehr fraglich. Wohl aber ist der Zweig, der durch die oben geschilderten Erfahrungen des Vogels Sekundärvalenzen bekommen hat, ein echtes Handlungsziel geworden. Er lockt das Tier in der gleichen Weise, wie ein auf dem Tische liegendes Stück Schokolade ein Kind anlockt.

Offenbar besteht die Instinktleistung aus Teilhandlungen mit Einzelzielen, die als psychische Erlebnisse eine Rolle spielen. Und die Teilreaktionen laufen nicht starr wie eine automatisch gesteuerte Maschine, sondern bei aller Gleichheit des Handlungstypus schmiegsam, so daß sie der jeweiligen Umweltlage angepaßt werden können. Darüber sind noch wichtige Einzelheiten zu sagen.

DIE PLASTIZITÄT DER INSTINKTE

Ältere Untersucher haben — damals mit Recht — die Starrheit der Instinktabläufe besonders hervorgehoben. Später ist ihre »Plastizität« mehr betont worden.

Spinnennetze sind durchaus arteigentümlich. Kein Kenner verwechselt das Gewebe der *Aranea diademata* mit dem der *A. sclopetaria*. Aber sie sind auch individuell niemals genau gleich. Je nach dem verfügbaren Raum ist das Netz einer Kreuzspinne größer oder kleiner, mehr oder weniger geneigt. Instinktiv ist also nur ein dehnbares Handlungsschema durch Erbkoordinationen festgelegt, das den besonderen örtlichen Verhältnissen angepaßt werden kann.

Doch auch ohne den Zwang zur Anpassung an örtliche Umstände ist instinktives Handeln von Fall zu Fall verschieden. *Hase* (1929) hat dazu ein sehr schönes Beispiel geliefert. Er setzte Larven der Mehlmotte (*Ephestia*) in kleine 2 ccm Raum umfassende Röhrchen, wo sie sich verpuppten. Die dabei gesponnenen Kokons waren sehr verschieden groß. Von dem verfügbaren Raum hat verwendet

Tier A	6%	D	59%
Tier B	9%	E	69%
Tier C	15%	F	75%

Hase hebt die sich in dieser Verschiedenheit äußernde »persönliche Note« jeder Larve hervor. Ohne weiteres kann man auch zwei Gruppen bilden: Larven, die sehr kleine (linke Kolonne der Zusammenstellung) und solche, die große Kokons herstellen (rechte Kolonne).

Ähnliche Ergebnisse hatte soeben *Peters* (1937) bei der genauen Messung von Spinnennetzen. Das Fangnetz der Kreuzspinne ist nur selten kreisrund. Gewöhnlich ist es von oben nach unten in die Länge gezogen, wodurch eine große und eine kleine Achse entsteht, deren Längen dividiert den »Achsenquotienten« ergeben. Im gleichen Raum baut eine Spinne recht verschiedene Netze, wie folgende Übersicht zeigt:

Länge der Spinne: 19,3 mm
kleinster Achsenquotient 0,95
mittlerer Achsenquotient 1,21
größter Achsenquotient 1,38
Anzahl der Netze 25.

Das Spinnennetz ist ein gutes Beispiel für die Vielfältigkeit der psychischen Funktionen, die bei einem Instinktablauf mitwirken können. Der Raum, in dem das Gewebe gebaut wird, muß von der Spinne ganzheitlich erfaßt werden. Denn sonst könnte sie ihr Werk nicht besonderen Ortsverhältnissen z. B. dem schmalen Raum zwischen zwei Gitterstäben anpassen.

Ferner spielt die Neigung des Netzes eine Rolle. *Peters* hat die Größe der Achsenquotienten mit dem Grad der Neigung von Netzen der Kreuzspinne verglichen. Dabei fand er, daß mit steigendem Neigungswinkel der Achsenquotient kleiner wird. Bei ganz runden Netzen sind beide Achsen gleich lang und ihr Quotient ist 1. Dieser Quotient ist bei nahezu senkrecht stehendem Netz verhältnismäßig groß. Einem Neigungswinkel von 0 bis 10 Grad entspricht ein Achsenquotient von durchschnittlich 1,27. Neigungswinkeln von 11 bis 20 Grad entspricht ein mittlerer Quotient von 1,21.

Die Untersuchungen von *Peters* ermöglichen schließlich noch einen Ausblick auf Beziehungen zwischen Körperbau und Instinkt, eine Beziehung, die zwar schon von älteren Philosophen vermutet, hier zum erstenmal an Hand von Messungen erörtert worden ist.

Abb. 54 zeigt die Aufnahme einer in der Warte des Netzes sitzenden *Aranea diademata*. Die Spitzen der Tarsen sind durch weiße Linien mit der Mitte des Sternums verbunden. In dem so entstandenen System liegt der Körpermittelpunkt etwas oberhalb bei M, also exzentrisch wie die Warte des Netzes. Tatsächlich besteht eine Beziehung zwischen Warte und Körpermittelpunkt in der angedeuteten Weise.

In Abb. 54 sind die Winkel zwischen den Verbindungslinien der Tarsenspitze mit der Mitte des Sternums eingetragen. Ohne weiteres erkennt man, daß die nach oben gerichteten Winkel größer als die nach unten gerichteten sind. *Peters* hat nun die oberen Winkelzahlen addiert und auch die Summe der unteren gebildet. Beide Größen ergeben dividiert den »Quotienten der Beinwinkel«.

24 Messungen an drei verschiedenen Spinnen ergaben ein Verhältnis zwischen den Beinwinkeln von 170:100 (Mittelwert).

Die Winkel zwischen den nach oben und nach unten strahlenden Radien der Spinnennetze sind nicht gleich. Man spricht von Sektorenwinkeln. Wie die Bein-

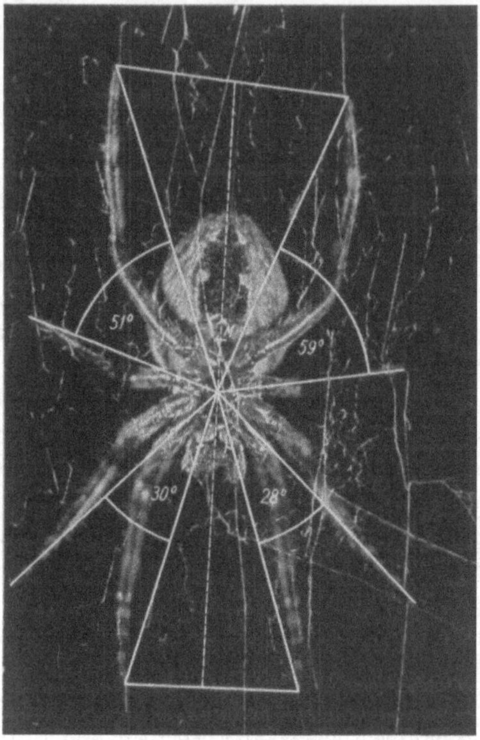

Abb. 54. Kreuzspinne in Lauerstellung. (Nach Peters)

winkel so verhalten sich auch die oberen zu den unteren Sektorenwinkeln wie 170:100.

Hält man das Bein einer Spinne mit der Pinzette fest, so wirft sie es an der Hüfte ab. Nachher baut sie Netze und lauert wie vorher auf Beute.

Werden auf diese Weise die beiden Vorderbeine entfernt, so ändert sich der Winkel zwischen den übrigen Beinen. Die Anzahl der Radialfäden ist im oberen Netzteil die normale, während sie im unteren Teil geringer als vor dem Verlust der Beine ist. Ein festes Verhältnis zwischen dem neuen Beinwinkel und der unteren Radienzahl hat sich aber nicht gezeigt. Es hat den Anschein, als ob eine Tendenz zur Erhaltung der normalen Radienzahl mit einer Neigung zur Herstellung der dem neuen Beinwinkel entsprechenden Radienzahl streite.

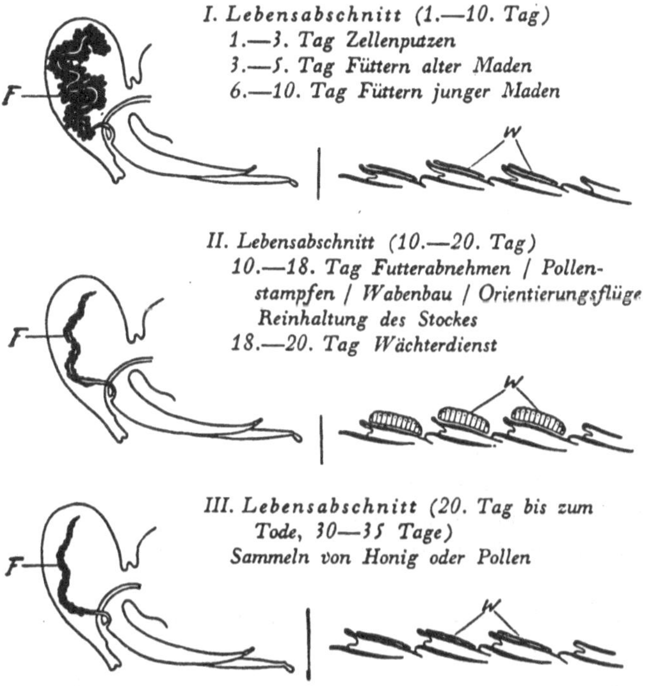

Abb. 55. Die körperlichen Veränderungen der Biene in den drei Lebensabschnitten. Die Futtersaftdrüse (F) erreicht im 1. Abschnitt den Höhepunkt der Entwicklung, die Wachsdrüse (W) im II. Abschnitt. (Nach v. Frisch)

Dieses Untersuchungsergebnis ist ein wichtiger Beweis für die Beeinflußbarkeit instinktiver Handlungen durch innere und äußere Faktoren.

Einen besonders tiefen Einblick in die Plastizität instinktiven Handelns ermöglicht das Verhalten der Bienen. Im Bienenstock herrscht bekanntlich eine durch das Alter der Einzeltiere bedingte Arbeitsteilung, die *Rösch* (1925—1930) untersucht hat.

In großen Zügen kann man drei Tätigkeitsabschnitte im Leben einer Bienenarbeiterin unterscheiden (Abb. 55).

I. Die Brutpflegeperiode. Bis zum 3. Lebenstag reinigt die junge Biene Zellen. Dann füttert sie ältere Larven mit Honig und Pollen aus den Vorräten des Stockes (3.—10. Tag). Inzwischen entwickelt sich die Kopfspeicheldrüse, mit deren Sekret nunmehr (10.—13. Tag) auch jüngere Larven versorgt werden können (Brutammendienst). Gegen Ende dieser Zeit unternimmt das junge Tier die ersten Ausflüge in der Nähe des Stockes, bei denen es Abfälle herausschafft und die Umgebung des Stockes kennen lernt. Vorräte werden noch nicht gesammelt.

II. Die zweite Periode im Stock (13.—20. Tag). Die Biene nimmt jetzt den Sammlerinnen Vorräte ab, stampft Pollen in Vorratszellen fest, reinigt den Stock und hat zuletzt Dienst als Wächterin am Flugloch. Dazwischen unternimmt sie noch Orientierungsflüge. Wenn es erforderlich ist, beteiligt sie sich am Bau neuer Waben. Die Futtersaftdrüse ist degeneriert und die Wachsdrüse maximal entwickelt.

III. Die Periode der Sammeltätigkeit. Die Biene widmet sich jetzt bis zum Lebensende ausschließlich dem Sammeln von Honig und Pollen.

Aus diesen wie aus anderen Tatsachen hat man geschlossen, daß *der Ablauf der Instinkte vom körperlichen Entwicklungszustand abhänge. Rösch* hat nun aber gezeigt, daß das nicht unbedingt gilt. Zu diesem Zwecke wurde das Bienenvolk in zwei Gruppen geteilt, die jungen und die alten Tiere.

Das »Jungvolk« leidet ohne die alten Tiere im Stock bald Mangel. Einige Bienen sterben; die Überlebenden pflegen aber die Brut zunächst normal weiter. Bei steigender Not vernachlässigen sie dann zuerst die älteren Larven, von denen auch einige getötet und ausgesaugt werden. Die Kopfspeicheldrüse sezerniert aber nach wie vor Futtersaft, zu dessen Bildung die Reservestoffe des Fettkörpers in der Biene verbraucht werden. An den ersten zwei Tagen nach der Trennung kommen aber nur Orientierungs- und keine Sammelflüge vor.

Am dritten Tag wurde das plötzlich anders. Einige Bienen flogen aus und brachten Nektar und Pollen mit. Was sie gefunden hatten, zeigten sie mit den üblichen instinktiven Tänzen an, benahmen sich also im Alter von 7—15 Tagen schon wie eine Biene es normalerweise erst dann tut, wenn sie älter als 20 Tage ist. Nicht der Entwicklungszustand der Futterdrüse oder der Wachsdrüse, sondern die Lage im Stock hat das Verhalten ausgelöst.

Interessanter und für das Problem der Beziehung zwischen Psyche und Körper weit wichtiger sind die Versuche mit dem »Altvolk«, also mit denjenigen Bienen, die schon sammeln. Sie wurden vom Jungvolk getrennt und bekamen einen Brutrahmen mit Larven verschiedenen Alters. Wenn nur der entwicklungsgemäße Instinkt waltet, müssen diese Bienen unentwegt sammeln. Sie hielten auch ihre Tätigkeit durch. Aber einige kümmerten sich doch um die Brut, vor allem um die älteren Tiere, denen sie Honig und Pollen gaben. Dann aber fingen einige auch an, ganz junge Maden mit Futtersekret zu versorgen. Zu einer vollen Umstellung oder Zurückstellung auf eine Tätigkeit der Jugend ist es aber nicht gekommen und die hier vorhandenen Probleme sind noch nicht ganz geklärt. Es kann sein, daß diejenigen Bienen, die anfingen, Brut zu pflegen, noch eine funktionstüchtige Futterdrüse hatten, deren Degeneration verzögert war.

Normale Bienen bauen im II. Lebensabschnitt — höchstens bis zum 18. Tage — Waben. Dann verfällt die Wachsdrüse sehr rasch. Als nun einem »Altvolk« der Rahmen mit den Waben fortgenommen und durch einen leeren »Baurahmen« ersetzt wurde, haben auch diese Bienen neue Waben hergestellt. Sie können dabei bis zu 21 ausnahmsweise sogar 26 Tage alt sein. Dabei kommt es zu einer *Regeneration der Wachsdrüsen.*

Es ist wahrscheinlich, daß die versuchsweise erzeugten ungewöhnlichen Verhältnisse die Bienen erregen. Das wirkt ekphorierend auf die Instinkte, die also als psychische Inhalte noch vorhanden sein müssen. Durch den starken Affekt wird derjenige Instinkt zum Wirken gebracht, der bei der gegebenen Lage normalerweise ins Spiel kommt. Überraschend ist nun aber, daß nicht nur ein Verhalten ausgelöst wird, sondern daß es auch von der Psyche ausgehend zu einer Wirkung auf ein Organ kommt: Die Wachsdrüse erhält ihre Funktionstüchtigkeit zurück.

Die Versuchsergebnisse von *Rösch* können als das eindrucksvollste Beispiel der Beeinflussung rein körperlichen Geschehens durch die Psyche angeführt werden.

DIE INSTINKTE IM VERGLEICH MIT ANDEREN PSYCHISCHEN ERSCHEINUNGEN

Sehr oft wird im täglichen Sprachgebrauch jede auf angeborenen Faktoren beruhende Handlung als instinktiv bezeichnet. In dieser weiteren Fassung des Begriffs sagt man, daß das Eintagskücken instinktiv nach Körpern picke. Der Instinkt als Reaktionsformer wirkt hier mit den primären Valenzen der Steinchen, Körner und verwandter Gebilde zusammen.

Auf den Warnruf rennen die Küken zur Glucke. Sie tun das nach mancher Beschreibung rein instinktiv. In diesem Fall können allein die Valenzen der akustischen und optischen Wahrnehmungen das Verhalten erklären.

Welche Wahrnehmungsinhalte sind es eigentlich, die ein Tier primär erregen? Mit dieser Frage hat sich die moderne Instinktforschung eingehend befaßt. Es könnte sein, daß zum angeborenen Bestand der Psyche eines Tieres bestimmte »Bilder« gehören. Wird eine Erscheinung in der Umwelt bemerkt, die einem dieser »Bilder« entspricht, so erregt sie.

Bei genauerem Zusehen entdeckte man, daß erregende Gebilde bis zu gewissen Grenzen abgeändert werden können, ohne ihren Wert, die Valenz zu verlieren. Darum kann kein scharf umrissenes Bild, sondern nur ein *angeborenes Schema* die Valenzen bestimmen. Einige Hauptmerkmale können es allein schon charakterisieren.

In seinem klassischen Werk über Instinkt und Gewohnheit hat *Morgan* angenommen, daß Kücken nach allen sich irgendwie vom Untergrund abhebenden kleinen Gebilden picken. Daß sie sogar nach Zehen und Augen ihrer Geschwister zielen, kann an jeder Kükenschar beobachtet werden.

Breed (1911) und neuerdings *Hellwald* (1931) haben sich etwas näher mit diesem Verhalten befaßt. Sie streuten Futter inmitten von anderen ähnlichen Gebilden wie Steinchen, Holzstückchen usw. hin und zählten, wie oft ein genießbares oder ungenießbares Gebilde aufgenommen wurde. Beide fanden, daß von vornherein häufiger nach Futter als nach nicht verzehrbaren Gebilden gepickt wurde. Die Zahl der nach ungenießbaren Gebilden gerichteten Pickbewegungen von Küken ist je nach Rasse verschieden und schwankt zwischen 5,4% (Leghorn) und 32,9% (Plymouth Rock).

Wenn nun nach einiger Übung nur noch die eigentliche Nahrung aufgepickt wird, beruht das auf den sekundären Valenzen der Körner. In einem »weiten« Schema sind sie aber schon erblich vorgebildet gewesen, so daß sie von vornherein schon schwache Valenzen hatten, die durch die Erfahrungen des Jungvogels verstärkt werden.

Die primäre Valenz kann auch der Wahrnehmung allein des Bewegten zukommen. Das hat *Tirala* (1923) bei Libellen und *Koehler* (1924) bei ihren Larven festgestellt. Diese Raubinsekten schnappten ohne weiteres nach beliebigen kleinen Gebilden, die in ihrer Umgebung bewegt werden.

Eine interessante Rolle spielen angeborene Valenzen und Instinkte bei der Brutpflege der Maulbrüter, die *Peters* (1937) soeben an *Haplochromis multicolor* studiert hat. Nach der Besamung nimmt das Weibchen die Eier ins Maul und trägt sie umher. Die schlüpfenden Jungen verbleiben dort ungefähr zwei Wochen. Indessen verlassen sie ab und zu das schützende Maul, um bei »Gefahr« dorthin wieder aufgenommen zu werden.

Was geht psychisch in Mutter und Kindern vor, wenn diese wieder in die Zufluchtstätte zurückgeholt werden? Ein fremder Fisch, also die »Gefahr«, beeinflußt die Jungen überhaupt nicht, wohl aber die Mutter. Diese wendet sich zu den Jungfischen hin, schnappt nach ihnen und bewegt sich hin und her (Abb. 56). Das erregende Schema »Feind«

Abb. 56. Maulbrüter und Jungfische. (Nach Peters)

löst bei der Mutter einen echten Instinkt und somit ganz bestimmte Bewegungsformen aus.

Machen nun die Jungtiere die Erfahrung, daß sie im Maul der Mutter geborgen sind? Ist diese primär oder sekundär eine anlockende Erscheinung?

Peters hat zur Beantwortung dieser Frage Versuche mit Attrappen angestellt, die in Abb. 57 schematisch dargestellt sind. Die erste entspricht vor allem in der Ansicht von vorn ungefähr dem Aussehen eines erwachsenen Maulbrüters. Bei der zweiten sind die Augen fortgelassen. Die dritte Attrappe ist in der Waagerechten — also von oben nach unten flachgedrückt, hat aber auch Augen, die der ihr sonst gleichenden vierten Fischnachbildung fehlen.

Die von der Gestalt des Fisches am wenigsten abweichende Attrappe wird von den Jungen geradezu wie ihre Mutter behandelt (Abb. 56). Vor den anderen Attrappen ist ihre Reaktion weniger stark. Man kann deutlich vier Verhaltenstypen erkennen, und die schwächste Reaktion mit 0, die kräftigste mit 3 bezeichnen. Bei wiederholter Darbietung zeigt sich ein von Fall zu Fall etwas verschiedenes Verhalten der Jungen, so daß für die Gesamtbeurteilung der Einstellung vor einer Attrappe Durchschnittswerte berechnet werden müssen. Sie betrugen in der Reihenfolge der in Abb. 57 dargestellten Gebilde 2,1 (I); 1,8 (II); 1,3 (III);

Abb. 57. Attrappen zur Prüfung des Verhaltens von Jungfischen bei Maulbrütern. (Nach Peters)

0,6 (IV). Bei der normalen Gestalt bedingt der Verlust der Augen einen Rückgang um 3, bei der flachen Gestalt demgegenüber einen Rückgang um 7 Punkte (von 1,3 auf 0,6). Bei Abweichungen vom Schema »Mutterfisch« ist zuerst die Gestalt, dann aber auch die Anwesenheit von Augen wichtig. Veränderte Gestalt hat mit Augen noch gewisse Valenzen, die bei ihrem Fehlen fast ganz schwinden und vielleicht nur noch durch die Bewegungen der Attrappe ausgelöst werden.

* *

Wenn nun gesichert ist, daß Instinkte durch »Schemata« ausgelöst werden, stellt sich die Frage ein, ob das durch Erfahrungen zu sekundären Valenzen gekommene Gebilde, das erlerntes Verhalten auslöst, auch als Schema oder als ein »Erinnerungsbild«, das Einzelheiten treu festhält, aufgefaßt werden muß. Besteht in dieser Hinsicht ein Unterschied zwischen Instinkt und Intelligenz?

Die Antwort muß unter allen Umständen nein lauten. *Spindler und Bluhm* (1934) haben geprüft, welche Eigenschaften des Wärters, den die Seelöwen im Zoologischen Garten als Bringer des Futters kennen, verändert werden müssen, damit die Tiere ihn für einen fremden Menschen halten. Nur die wichtigsten ihrer zahlreichen Versuche können hier erwähnt werden. Körperform und Gesicht wurden verändert. In einem weiten Umhang haben die Tiere den Wärter nicht mehr erkannt. Das war aber auch der Fall, als er bei unveränderter Körpergestalt einen schwarzen Hut trug oder gar barhaupt ohne die gewöhnte Dienstmütze, aber mit einer Brille erschien. Brille und Barhäuptigkeit mußten zusammenwirken und entsprachen nicht mehr dem »Wärterschema«, während es durch die Brille allein nicht gestört wurde. Also spricht der Seelöwe nicht auf ein bestimmtes Wärterbild an, sondern auf ein Schema. Die Grundsätze, nach denen ein wahrgenommenes Gebilde als dem Schema entsprechend oder von ihm abweichend angenommen oder abgelehnt werden, sind bei instinktiven und nur auf Erfahrungen beruhenden Handeln offenbar die gleichen.

In allen bisher besprochenen Fällen haben wir es mit Wahrnehmungen zu tun, die im Augenblick des Handelns gegenwärtig sind. Bei sekundären Valenzen haben auch vergangene Wahrnehmungen eine Rolle gespielt. Wie ist es nun mit künftigen Wahrnehmungen? Ist es das zu bauende Gebilde — die Bienenwabe, das Spinnennetz, der Mistklumpen des Pillendrehers, das Nest des Webervogels — schon von vornherein als Schema und somit als psychischer Inhalt gegeben? Eine große Anzahl allgemein bekannt gewordener Tatsachen spielt für eine Verneinung dieser Frage. Man hat die Zellen solitärer Bienen angebohrt, so daß der Honig herausfloß. Trotz dieser Veränderung hat das Tier ein Ei abgelegt und die Zelle verschlossen. Da weitere Beispiele dieser Art in der älteren Instinktliteratur zahlreich angeführt sind, sollen sie hier nicht nochmals besprochen werden. Es genügt zu folgern, daß das Ergebnis der instintiven Tätigkeit keinen psychischen Inhalt bildet.

Nunmehr zeigt sich unmittelbar und eindrucksvoll das Rätselhafte an der Instinktleistung. Wie kommt es denn, daß sie normalerweise so ergebnisreich, so zweckmäßig ausgeführt wird? Daß zufällige Mutationen zu diesen lebenswichtigen Reaktionskoordinationen geführt haben könnten, erscheint auf den ersten Blick recht unwahrscheinlich.

Die Zurückführung auf allmählich automatisierte und erblich gewordene Verstandesleistungen ist auch nicht ohne weiteres möglich. Denn bei wirklich verständigem Handeln eines Menschen wird ein Ziel erstrebt, das von vornherein einen psychischen Inhalt bildet und die erlernten Tätigkeiten, ja geradezu die Gewohnheiten sind Mittel, um das Ziel zu erreichen. Dieser Gedankengang ist noch in neuerer Zeit umgekehrt worden und zur Argumentierung gegen die Ableitbarkeit der Instinkte aus den Gewohnheiten benutzt worden. Wenn also kein Ziel erstrebt wird, so kann es auch nicht zur Gewohnheit und damit zu oft wiederholten Handlungen kommen. Und wenn keine Gewohnheiten entstehen, können sie selbstverständlich auch nicht automatisiert und schließlich zu vererbbaren Bewegungskoordinationen, also nicht zu Instinkten werden.

Nun müssen wir noch an die kinästhetischen Leistungen der niederen Tiere in den T-förmigen Versuchsanordnungen denken! Und nun wird klar, warum wir sie vor den Instinkten und nicht im Zusammenhang mit anderen Gedächtnisleistungen besprochen haben. Die dort besprochenen Leistungen von Ringelwürmern und anderen Tieren ließen sich als »eingefahrene Bewegungsfolgen« und ohne die Annahme eines das Ziel betreffenden psychischen Inhaltes erklären. Die Leistung war erlernt, beruhte auf einer Nachwirkung der Vergangenheit und kann als Gedächtnisleistung aufgefaßt werden. Es kommt also auch ohne das Mitwirken eines das Ziel betreffenden Inhaltes der Psyche sehr wohl eine Gewohnheit zustande. Damit ist die eben angeführte Überlegung der Nichtableitbarkeit der Instinkte aus Gewohnheitsbildungen entkräftet worden. Man kann nicht bestreiten, daß es Gewohnheiten gibt, die unter Triebwirkung und unter dem unmittelbaren Einfluß von Valenzen als bestimmte Bewegungskoordination unabhängig vom Ziel durchgeführt werden. Es gibt erlernte und es gibt angeborene Reaktionskorrelationen.

Jetzt ist die entscheidende Frage die, ob die allein hier in Betracht kommende erlernte Koordination einen vererbbaren psychischen Inhalt ergeben kann. Das ist eine Frage, die offen bleiben muß und ein großes Forschungsprogramm enthält. Zunächst sei aber betont, daß die Schärfe, die wir der eben gestellten Frage geben konnten, schon selbst einen großen Forschungserfolg bedeutet. Die Arbeit der letzten zwei Jahrzehnte hat das Wesen der primitiven Gedächtnisleistung klar werden lassen. Sie hat es ferner ermöglicht, die Eigenart des Instinktes weit genauer zu erfassen, als es die älteren Forscher konnten, denen ein weit geringeres Forschungsmaterial zur Verfügung stand.

Es liegt nahe, einem leicht züchtbaren niederen Lebewesen durch viele Geschlechterfolgen eine einfache Handlung beizubringen. Wird das vererbbare Reaktionstendenzen zur Folge haben? Diese Frage zu verneinen, hieße dem Versuchsergebnis vorgreifen.

Wir stehen vor einer Zukunftsaufgabe, vor der es jedoch noch etwas anderes zu überlegen gibt. Ein vererbbarer Faktor, der Reaktionen koordiniert, könnte allen vielzelligen Tieren von vornherein gegeben sein. Neben ihm kann gleichzeitig ein Faktor bestehen, der erlebte Koordinationen nur zeitweilig festhält. Beide haben sich vielleicht im Laufe der Stammesgeschichte gewissermaßen nebeneinander entwickelt und aus dem einen wären dann die hohen Instinktleistungen, aus dem anderen die hohen Gedächtnisleistungen abzuleiten.

Diese Überlegung ist eine echte Hypothese und zwar eine Arbeitshypothese. Sie möge zu weiterer Beschäftigung mit den niederen Organismen Anlaß geben. Das Ergebnis wird ein weit tieferer und klarer Einblick in die Anfänge und die Entfaltung seelischen Geschehens sein, als er uns heute möglich ist.

DIE AKINESE

Gewöhnlich hat der Psychologe es mit den Bewegungen der Tiere zu tun. Eine Ausnahme bilden jedoch die Starrestellungen, die jeder Mensch als das »Totstellen« der Insekten kennt. Indessen liefern nicht die Käfer, deren Starre dem Laien am besten bekannt ist, die anschaulichsten Beispiele für das, was uns jetzt beschäftigen soll. Denn es gibt Insekten und andere Tiere, die längere Zeit nicht nur auffallend bewegungslos an einer Stelle sitzen, sondern auch eine ganz bestimmte Stellung einnehmen. Das wandelnde Blatt, die Stabheuschrecke, ferner die Streckerspinne (*Tetragnatha*) und zahlreiche Spannerraupen halten den Körper und die Glieder in einer sehr charakteristischen Weise, wodurch sie bekanntlich eine täuschende Ähnlichkeit mit Blättern, Zweigen oder anderen Gebilden in der Umgebung erhalten.

Entsprechende Schutzstellungen kennt man auch von Vögeln und sind von *Steiniger* (1933—37) eingehend studiert worden. Hierher gehört das »Sichdrücken« von Vögeln, die plötzlich auf dem Boden überrascht sich ihm eng anschmiegen. Bekannt ist ferner die eigentümliche Streckstellung der Rohrdommel (*Botaurus stellaris*).

Wie schon ältere Forscher vermuteten und *Steiniger* bestätigt hat, entspricht der psychische Zustand unter diesen Umständen dem eines »hypnotisierten« Tieres. Ein Huhn, das man mit dem Rücken auf den Tisch legt, gut festhält und nach einiger Zeit vorsichtig losläßt, bleibt dort eine Weile ruhig liegen. Dieser Zustand ist als tierische Hypnose beschrieben worden. Doch gleichen der hypnotisierte Mensch und das in Starre liegende Tier sich nur in der Bewegungslosigkeit, in der »Akinese«. Darum brauchen viele Forscher diesen Begriff, um die

Zustände der Bewegungslosigkeit als »Reaktionshemmung« bei Tieren zu bezeichnen.

Die Ruhe des »hypnotisierten« Vogels ist in der Regel keine absolute, sondern eine relative. Auf dem Rücken liegend blickt er um sich und pickt manchmal in den vorgehaltenen Finger (Abb. 58). Die Füße greifen zu, wenn sie etwas zu fassen bekommen (Abb. 59). Im Zustande der Reaktionshemmung kann man den Vogel auch vorsichtig aufheben, ohne daß er »erwacht«.

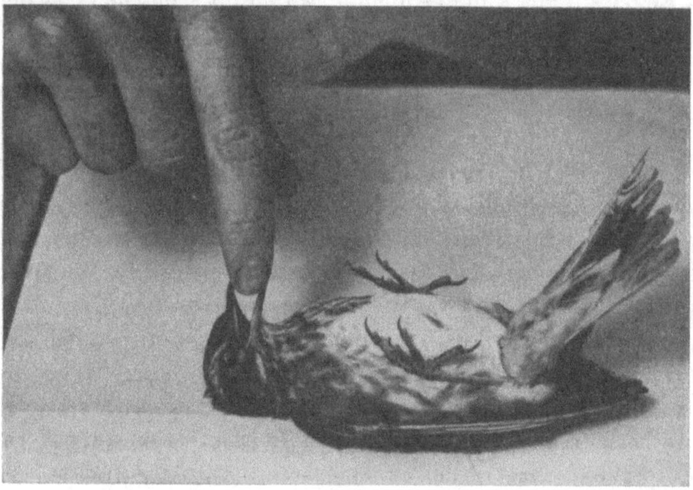

Abb. 58. Eine Rotdrossel in »Hypnose« auf dem Rücken liegend nach einem Finger pickend. (Nach Steiniger, 1936)

Dasselbe hat *Steiniger* (1936) auch bei einer Eule (*Strix flammea*) beobachtet. Dieser Vogel war am Tage vorher gefangen und über Nacht in einem Drahtkäfig gehalten worden. Dort saß sie ruhig auf einer Sitzstange, solange sie sich unbeobachtet fühlte. Kam aber ein Mensch in die Nähe, so drückte sich die Eule mit ausgebreiteten Flügeln auf die Erde. Das tat sie auch, als ihr am nächsten Morgen die Freiheit wieder gegeben werden sollte. Statt davonzufliegen, drückte sich die Eule auf den Boden (Abb. 60). Sie befand sich in typischer Akinese und konnte an einem Flügel hochgehoben werden (Abb. 61).

In der Akinese ist nun keineswegs nur die Bewegungslosigkeit, sondern auch die Art der dabei eingehaltenen Stellung durchaus charakteristisch. Da sie artspezifisch ist, muß ein vererbbarer Faktor

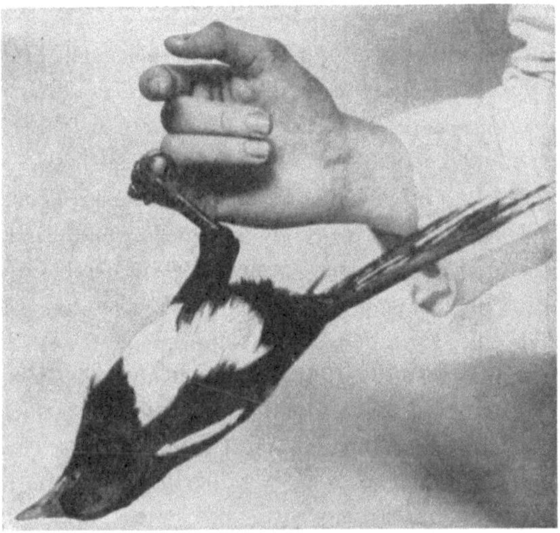

Abb. 59. Eine Elster, die in »Hypnose« einen Finger gefaßt hat und an ihm hochgehoben wird. (Nach Steiniger)

Abb. 60. Eine Eule, sich auf den Boden drückend. (Nach Steiniger)

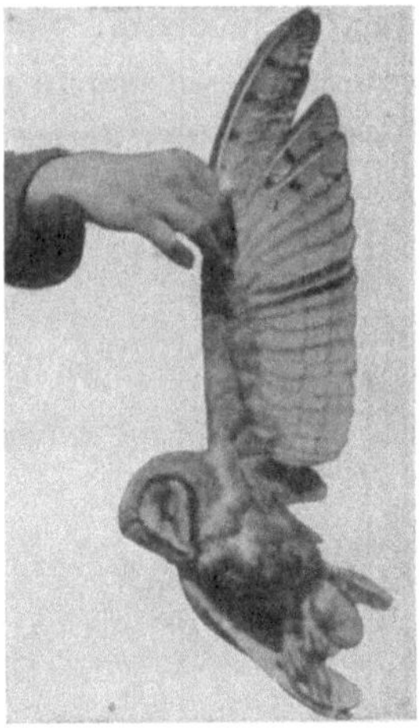

Abb. 61. Im Zustande der Schreckhemmung kann die Eule am Flügel hochgehoben werden (Nach Steiniger)

im Spiele sein, der die Form der Körperhaltung bestimmt. Das kann, wie auch *Steiniger* betont, nur ein Instinkt sein.

Vor anderen Instinkthandlungen unterscheidet sich das fragliche Verhalten nur durch das jähe Einhalten der Reaktionen und die anschließende Bewegungslosigkeit. Das kann nur der *Stärke des auslösenden Affektes* zugeschrieben werden. Sehr oft redet man von Schreckstellungen, womit schon angedeutet ist, daß nur ein im höchsten Grade negativierendes Gebilde die Reaktion erst auslöst und dann hemmt. Wahrscheinlich braucht der Affekt — also der »Schreck« eine gewisse Zeit, um seine volle Intensität zu erreichen. Die Bruchteile einer Sekunde zwischen dem Auftauchen des »Feindes« und dem Höhepunkt der Erregtheit genügen, um einen die Reaktionsform bestimmenden Faktor zu aktivieren. Die Eule duckt sich und spreizt die Flügel. Stärkster Affekt wirkt dann hemmend und das Tier wird »starr vor Schreck«.

Bei der Hypnotisierung eines Vogels durch Festhalten wird das Tier ebenfalls im höchsten Grade aufgeregt, so daß die schließlich auftretende Hemmung auch als Erregtheitsfolge aufgefaßt werden muß. Dafür spricht vor allem die Tatsache, daß *Steiniger* einen Fliegenschnäpper, der allmählich zahm wurde, nur mit zunehmender Schwierigkeit in Rückenlage »hypnotisieren« konnte. Nach 5 Monaten gelang es »nahezu überhaupt nicht mehr«.

Schreckstellung und andere »Akinesen« werden also durch die Stärke von Affekten bedingt, während ein Instinkt die dabei typische Körperhaltung ergibt.

8. *DIE BEZIEHUNGEN ZWISCHEN DEN GESCHLECHTERN BEI TIEREN*

WERBUNG UND PAARUNG

Das Geschlechtsleben nimmt unter den anderen Lebensäußerungen der Tiere eine eigenartige Sonderstellung ein. Überall entfaltet die Natur eine große Mannigfaltigkeit. Soweit sie Ernährung, Brutpflege und den Schutz vor Feinden betrifft, erklärt sich diese Mannigfaltigkeit aus der Ökologie der betreffenden Arten. Das Kaninchen ist anderen Daseinsbedingungen angepaßt als das Eichhörnchen. Sie stellen gewissermaßen zwei in verschiedene Biotope eingedrungene Zweige des Nagetierlebens dar.

Die große Mannigfaltigkeit des der Arterhaltung dienenden Handelns der Tiere ist aber von der Umgebung sehr wenig abhängig. Und es ist nicht möglich, die große sexualbiologische Verschiedenheit der Caniden, Ursiden und Feliden, die als Raubtierfamilien nah miteinander verwandt sind, auf die Verschiedenheit der Lebensbedingungen zurückzuführen.

Entzieht sich nun die Fülle der hierher gehörenden Verhaltensweisen jeder entwicklungspsychologischen Beurteilungsmöglichkeit? Wie kommt es, daß die Vereinigung von Ei und Sperma auf so überaus vielfältige Art erzielt wird?

Ein riesiges Forschungsmaterial, das vor allem *Meisenheimer* (1921) und *Gerhardt* (1925) systematisch dargestellt haben, steht uns zur Verfügung. Aus ihm gilt es das psychologisch wesentliche herauszuarbeiten. Dabei muß die umfassendste Frage führend bleiben, nämlich die nach der Rolle des Psychischen bei der Entfaltung des Lebens.

Die von *Gerhardt* in zahlreichen Untersuchungen eingehend beobachteten echten Spinnen liefern die besten Beispiele zur Klarstellung der Gedanken, auf die es hier ankommt.

Bekanntlich ist am Taster der männlichen Spinne ein eigenartiges im einfachsten Fall birnenförmiges Kopulationsorgan ausgebildet. Nach der letzten Häutung spinnt das Männchen der Kreuzspinne ein dreieckiges Gewebe, an dessen Kante es unter Zeichen sichtlicher Erregtheit die Geschlechtsöffnung reibt, bis ein Samentropfen austritt. Dieser

Tropfen wird nun mit den Tastern aufgetupft, wobei die Samenflüssigkeit in die Samenblase aufgesaugt wird.

Wie nun das Männchen das Netz einer reifen weiblichen Spinne sucht, einen »Werbefaden« daran befestigt und an diesem in großer Aufregung ruckend zieht und mit dem Hinterleib klopft, dabei langsam näher kommt und schließlich einen Taster in der Vulva des Weibchens inseriert, ist in Schriften und durch Filme so bekannt geworden, daß es hier nicht weiter geschildert zu werden braucht.

Von diesem Verfahren abweichende Verhaltensweisen gestatten indessen im Vergleich mit ähnlichen Handlungen bei höheren Tieren einen vertieften Einblick in die Beziehung zwischen Erregtheit und Instinkt. Aus der Fülle der von *Gerhardt* mitgeteilten Beobachtungen, sei zunächst das herausgegriffen, was er von *Steatoda castanea* berichtet.

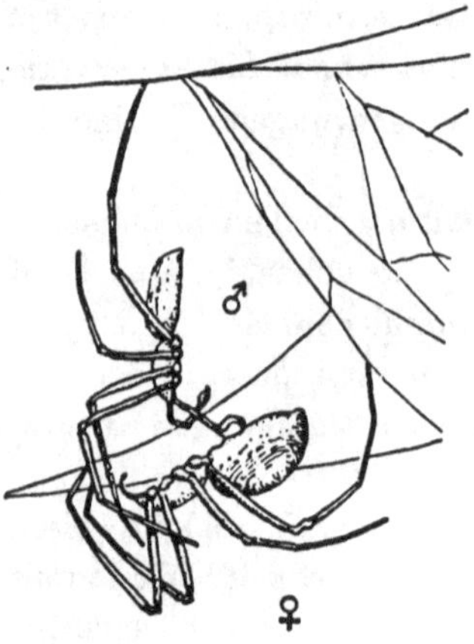

Abb. 62.
Die Spinne Steatoda castanea während der Paarung.
(Nach Gerhardt)

Das in die Nähe des Weibchens kommende Männchen ist zunächst erregt, läuft hin und her, ruckt an den Gespinstfäden und schlägt mit den Vorderbeinen auf sie. Wenn das Weibchen paarungslustig ist, schlägt es — gewissermaßen als Antwort — ebenfalls mit den Vorderbeinen auf das Gewebe.

Nun beginnt aber erst die eigentliche Werbung im engeren Sinn. Unter steigender Erregtheit baut das Männchen »ein besonderes kleines, flächenförmiges Gewebe, auf das es das Weibchen durch seine Werbemannöver zu locken sucht«. Dieses Gewebe versetzt das Männchen in starke Schwingungen, wodurch die Partnerin angelockt wird. Beide Tiere hängen sich dann Gesicht gegen Gesicht einander gegenüber und es kommt bald zur Insertion eines männlichen Tasters (Abb. 62).

Oft ist behauptet worden, daß die umständlichen Werbeverfahren der männlichen Spinnen eine Schutzmaßnahme gegen die Freßgier des Weibchens seien, eine Meinung, in der man bei der Beobachtung weiterer Werbespezialisierungen gestärkt werden kann.

Die im Frühherbst (Ende August und September) überall häufige Spinne *Meta segmentata* wird vom Männchen nur umworben, wenn eine Fliege im Netz ist. Es kommt vor, daß das am Rande des Gespinstes

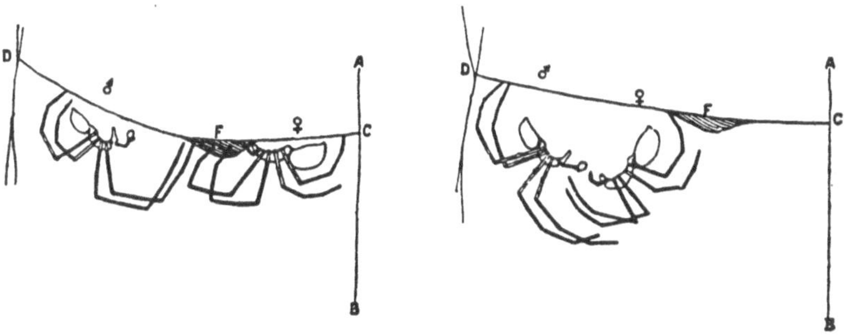

Abb. 63. Die Werbung bei Meta segmentata. Links das Spiel um die Fliege F, rechts die Partner kurz vor der Paarung. (Nach Gerhardt)

lauernde Männchen sich selbst auf die Beute stürzt und sie einspinnt. Manchmal jagt es aber auch einem Weibchen, das sich anschickt zu fressen, seine Fliege einfach ab. Diese wird dann in einen dicken Werbefaden eingefügt, an dem nun das Männchen die bei Kreuzspinnen üblichen ruckenden und zuckenden Bewegungen ausführt. Nun kommt das Weibchen zur Fliege, beginnt oft — nicht immer — zu fressen, während die Werbung andauert. Dadurch wird das Weibchen mehr und mehr erregt, bis es sich schließlich dem hinter der Fliege agitierenden Männchen nähert (Abb. 63).

Etwas Ähnliches gibt es bei *Dolomedes fimbriatus*. Bei dieser Spinne, die nicht zu den Netzspinnen gehört, nähert sich das Männchen dem Weibchen nur dann, wenn dieses frißt. Aber auch dann kommt es vor, daß es plötzlich von der Fliege abläßt, sich auf den Bewerber stürzt und diesen verzehrt. In der Regel hat das Männchen aber Erfolg, trommelt mit den Vorderbeinen auf die des Weibchens und umfaßt es schließlich vom Rücken her (Abb. 64).

In der Verwendung der Fliege geht die mit der eben erwähnten verwandte Spinne *Pisaura mirabilis* noch weiter. Das paarungslustige Männchen fängt selbst die Beute,

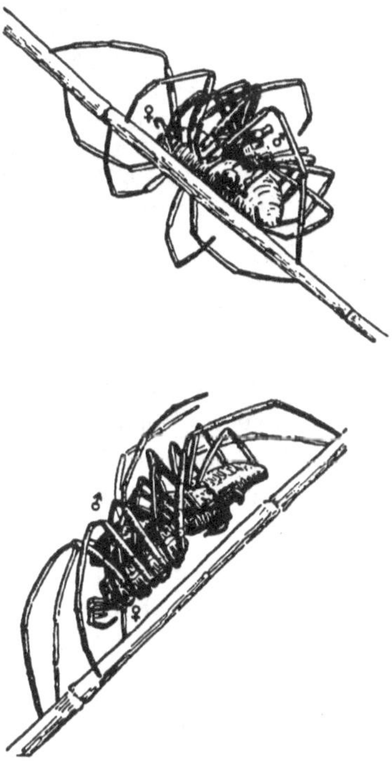

Abb. 64. Dolomedes fimbiratus während der Paarung. (Nach Gerhardt)

spinnt sie ein und überreicht sie dem Weibchen. Sobald dieses frißt, beginnt die Werbung.

Wenn die Einbeziehung des Fressens in die Werbungsmanöver des Männchens allein dem Schutze diente, dürfte sie nur bei räuberischen Tieren vorkommen, deren Gier den Werber gefährdet. Das ist aber nicht der Fall, und es ist durchaus nicht ausgeschlossen, daß bei den Spinnen die Beschützung des Männchens durch ein »Geschenk« für das Weibchen sekundär ist.

Nach den Beschreibungen von *Wachs* (1933) bringt bei der Küstenseeschwalbe einer der Partner des Balzspieles — wahrscheinlich das Männchen — dem anderen nach einer Zeit aufgeregten Umherlaufens

Abb. 65. Eine Küstenseeschwalbe, dem Ehepartner einen kleinen Aal bringend. (Nach Wachs)

plötzlich eine Garnele, einen kleinen Aal (Abb. 65), einen Stichling oder ein anderes Fischchen. Dieses »Geschenk« wird sofort übergeben oder zunächst wiederholt hingehalten und wieder zurückgezogen. Nach dieser mehrmals wiederholten Fütterung geht die Balz weiter und es kommt zu einer eigentlichen Paarung.

In anderer Weise spielt sich das Füttern des Weibchens durch das Männchen während der Balzzeit der Silbermöve (*Larus argentatus*) ab. Diese Balz soll hier mit allen hinzugehörenden Handlungen dargestellt werden. Sie gibt uns ein Bild von dem Reichtum an Affekten, die dabei erlebt werden.

Silbermöven haben in den Brutkolonien ein »Revier«, nämlich ein kleines eigenes Gebiet, von dem sie jeden Artgenossen vertreiben. Hier beginnen die Männchen, was *F. Goethe* (1937) soeben genau studiert hat, plötzlich zu »rupfen«. Gegen einen Nachbarn gewandt reißen sie Grashalme ab, picken in den Boden oder ein auffallendes Gebilde, z. B. einen Balken. Die »Rupfstimmung« geht in der Regel nun auch auf das Nachbarmännchen über und es kommt vor, daß nun beide erregt nebeneinander und dabei auch vordringend und zurückweichend »rupfen«. Die Weibchen beteiligen sich nicht. Das Ganze wird von *Goethe* als »Imponiergehaben« aufgefaßt und entspricht somit dem Gesang der Singvögel. Die Folge des Geschehens ist offenbar ein Eindruck auf das Weibchen. Wir dürfen sogar vermuten, daß diese erste Erregung die spätere Stimulierung des Weibchens erleichtert.

Die zweite hierher gehörende Handlung ist das »Scheinnisten«. Unter gurrenden Lauten laufen Männchen und Weibchen zueinander, bleiben stehen oder hocken sich hin, nicken mit dem Kopf und scharren auch bei größerer Erregung. Ein wirkliches Nest wird nicht gebaut und die Erregtheit verklingt wieder. Das Ganze ist ein gemeinsames Erlebnis der Gatten und verändert wahrscheinlich ihre gesamte Affektlage zu einer gewissermaßen »gehobenen Stimmung«.

Es kommt aber auch vor, daß ganz flüchtig »Spielnester« gebaut, aber dann nicht mehr beachtet werden. Manchmal schmückt eine Möve das spielerisch oder auch das später endgültig angelegte Nest mit auffallenden Gebilden, mit Steinchen, Muscheln, Scherben usw.

War bei den eben geschilderten Handlungen durchweg das Männchen der anregende Partner, so ist es beim »Betteln« des Weibchens anders. In geduckter Haltung, die *Heinroth* die »Demutstellung« nennt, tritt das Weibchen vor den Gatten, schnappt erst ziellos in die Luft, dann nach seinem Schnabel, knabbert auch daran, bis er einen Nahrungsbrocken aus der Kehle würgt. Während der ganzen Szene stößt das Weibchen einen »Bettelruf« aus. Er erinnert an das Verhalten des Jungtieres vor den Eltern, weshalb *Portielje* (1928) die Demuthaltung »infantile Bettelstellung« genannt hat. Das Verhalten des Weibchens wirkt offenbar stimmungsändernd auf das Männchen. Die Eigenart der entstandenen Stimmung entzieht sich der wissenschaftlichen Beurteilung. Aber der Gedanke an die Braut, die sich an den Mann schmiegt, wie sie sich einst als Kind an die schützende Mutter gedrängt hatte, braucht dieser Schwierigkeit wegen nicht außer acht gelassen zu werden. Es ist, als ob eine Reaktionsweise zwei verschiedenen biologischen Funktionskreisen zugeordnet worden sei.

Die eigentliche Paarung der Silbermöwe bedeutet eine merkwürdige Überrumpelung des Weibchens. Plötzlich stößt nämlich das Männchen den Bettelruf aus, in den das Weibchen sofort einstimmt. Dieses bettelt nun, wie eben geschildert, tatsächlich, aber das Männchen versucht immer auf seine Hinterseite zu kommen. Beide trippeln so eine Weile lang aufgeregt umeinander, bis das Männchen plötzlich von hinten auf das Weibchen springt und die Begattung vor sich geht. Dabei bettelt das Weibchen aber weiter! Es ist nicht so, daß es — wie überaus viele andere Tiere — schließlich eine Begattungsstellung einnimmt. Ein die Kopulation selbst betreffender Instinkt ist im Weibchen der Silbermöve nicht ausgebildet.

DIE PSYCHOLOGISCHE BEDEUTUNG DER VERGLEICHENDEN SEXUALBIOLOGIE

Oft ist im Streben nach tieferer Naturerkenntnis gefordert worden, daß es auf die Erfassung des Sinnes der Lebenserscheinungen ankomme. Was hat es für einen Sinn, daß die Liebespartner sich gegenseitig füttern, daß sie auffallende Körpermerkmale imponierend vorführen, daß Balztänze vorkommen oder Tonfolgen geschrieen, gerufen oder gar gesungen werden, die auch dem beobachtenden Menschen zum unvergeßlichen Erlebnis werden?

Diese gewissermaßen letzte Frage des Forschers kann nun zunächst einmal einfacher gefaßt werden. Was ist die Folge jeglichen Liebesspieles?

Nach Eigenart und Stärke besondere Erregtheitszustände — so wird ohne weiteres die Antwort lauten.

Unumwunden wird man auch zugeben, daß ein vielfältiges Liebesspiel, wie wir es bei der Silbermöve gesehen haben, im Vergleich mit einem primitiven Liebesspiel eine Bereicherung des Lebens an Gefühlserlebnissen bedeutet. Jedesmal — beim Rupfen, beim scheinbaren Nisten, beim Bau des Spielnestes, beim Schmücken, beim Füttern des Weibchens und schließlich bei der eigentlichen Paarung wallt die Erregtheit des Vogels hoch.

Biologisches Ziel der gegenseitigen Beeinflussung der Partner des Liebesspieles ist die Befruchtung des Eies. Wie ist nun aber die große Vielfältigkeit der Handlungen zu verstehen? Warum ist das Verhältnis der Gatten bei den Möven durch eine Menge von Einzelhandlungen eigentümlich gestaltet, was bei den vielen Singvögeln nicht der Fall ist?

Verschiedenartigkeit der Liebesspiele verhindert Rassenkreuzungen. Wenn das der eigentliche Sinn der uns hier angehenden Mannigfaltigkeit ist, kann die Fülle der psychischen Erlebnisse nur Mittel zum Zweck — nämlich zur Reinhaltung der Rassen und Arten sein. Wer die Art nur als morphologisches Gebilde betrachtet, hat die Bedeutung der Sexualbiologie damit ausreichend erklärt.

Ein anderer Gedanke ist damit aber nicht ausgeschlossen. Der Artenreichtum könnte mehr als nur eine Tendenz des Lebens zur Entfaltung einer gewissen Formenfülle bedeuten. Vielleicht kommt es auch auf *die während des Daseins zu erwartenden Erlebnisse* an. Unter diesen Umständen tritt das seelische Geschehen als Hauptsache in den Vordergrund.

Daß der Instinktbestand einer Tierart Mutationen unterliegt, wird nicht angezweifelt. Ob diese Mutationen aber auf eine Bereicherung der Erlebnisfülle gerichtet sind, erscheint heute durchaus problematisch. Man ist eher geneigt, Zufallsmutationen anzunehmen und einigen von ihnen besondere Lebensbeständigkeit zuzuerkennen.

Wir stoßen mit diesen Überlegungen an das Forschungsgebiet der Erblehre und es kann nicht die Aufgabe des Psychologen sein, ihr vorzugreifen. Aber den Tatbestand, den die vergleichende Psychologie vorfindet, müssen wir klar herausstellen.

Vielfältige Beziehungen zwischen den Geschlechtern bedeuten großen Reichtum an Erlebnissen.

Diese auffallende, von der systematischen Stellung der Tiere weitgehend unabhängige Mannigfaltigkeit muß nach und nach entstanden sein und es ist nicht bekannt, auf welche Weise das geschehen ist. Sie bedeutet aber keine Aufwärtsentwicklung des Lebens, sondern eine Entwicklung in die Breite. Das Liebesspiel des Schwans ist nichts Vollkommenes oder Höheres als das Verhalten zwischen den Gatten der Möven. Es ist aber in beiden Fällen höher einzuschätzen als die Sexualbiologie des Frosches, die nach einem Umklammerungsreflex in der Ausstoßung von Ei und Sperma einen einzigen Erregtheitsgipfel erreicht.

In den Beziehungen der Geschlechter zueinander erleben Menschen wie Tiere Höhepunkte ihres Daseins. Es ist nun, als ob die Natur bestrebt sei, die Menge solcher Gipfelerlebnisse zu vermehren. Und es erweist sich als nützlich, diesen aus dem Überblick über die gesamte Tierwelt gewonnenen Eindruck als Arbeitshypothese zu setzen. Was kann sie leisten? Was wird verständlich, wenn wir annehmen, daß eine Entwicklungstendenz zur Bereicherung des Lebens an erregenden Geschehen vorhanden ist?

Ein einfaches Beispiel liefert die Aufnahme des Samens in den Taster der Spinnen. Abb. 66 zeigt am Verhalten der *Cyclosa conica* das bei Kreuzspinnen übliche Auftupfen des Spermas von dem zu diesem Zweck gefertigten Gewebe.

Ein etwas anderes Verfahren finden wir bei *Palpimanus* (Abb. 67). Diese Spinne ergreift mit den Tarsen des dritten Beinpaares einen einzelnen Faden, reibt ihn an der Geschlechtsöffnung bis ein Spermatropfen erscheint und in der Mitte des Fadens hängen bleibt. Nun wird der Faden nach vorn geführt, wo ihn die Taster abheben, zwischen sich halten und einsaugen.

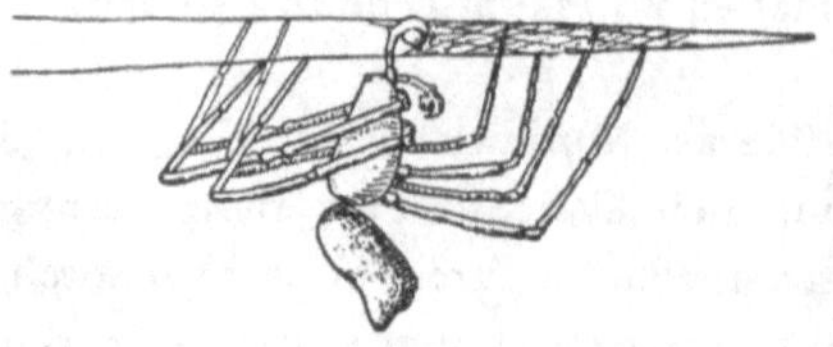

Abb. 66. Cyclosa conica bei der Spermaaufnahme. (Nach Gerhardt)

Ähnlich verhält sich *Pholcus*. Auch diese Spinne benutzt einen einzelnen Faden. Sie führt ihn aber mit dem Tropfen zum Munde, wo er mit den Cheliceren erfaßt wird. Jetzt legt das Tier einen Taster nach dem anderen an das Sperma, das dabei in diesen übertritt.

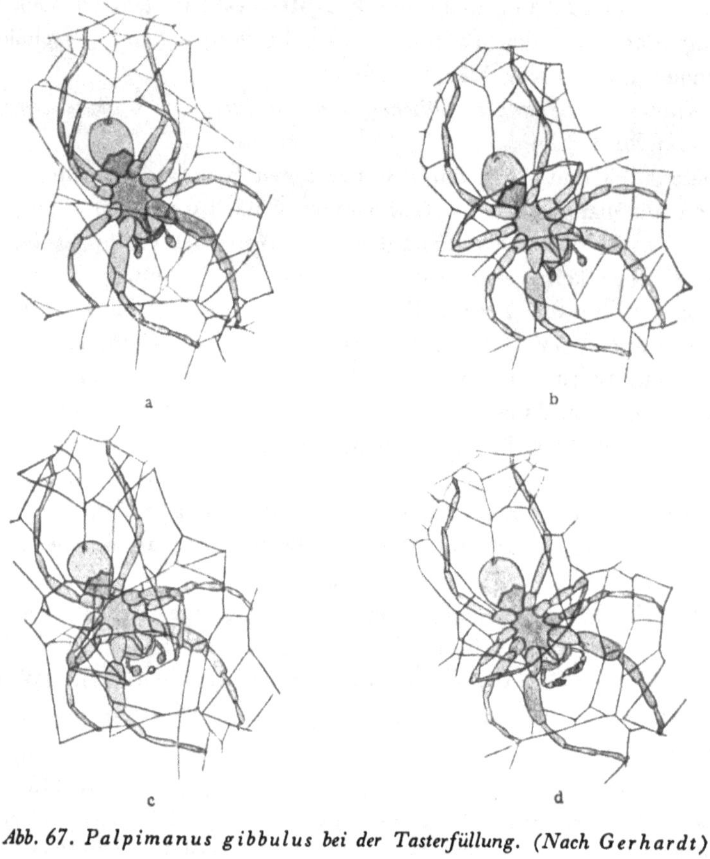

Abb. 67. Palpimanus gibbulus bei der Tasterfüllung. (Nach Gerhardt)

Die Eigenart des Tasters der männlichen Spinnen zeigt eindrucksvoll, wie fern und durchaus als Rätsel das Problem der Beziehung zwischen Körper und Psyche noch vor uns steht. Wir wissen nicht, ob Samenaustritt und Tasterfüllung der Spinne Genuß bereitet, sehen aber die Zeichen stärkster Erregtheit. Ist nun etwa die morphologische Gestalt des Taster entstanden um die Erregungen möglich zu machen? Oder ist umgekehrt das psychologische Geschehen eine Folge der körperlichen Spezialisierung?

Dem menschlichen Erklärungsbedürfnis wird eine Bejahung der ersten Frage am meisten gerecht. Denn es widerstrebt einer gründlichen Naturkenntnis, anzunehmen, daß der Taster mit all seinen Hilfseinrichtungen letzten Endes eine Üppigkeit der Natur, ein rein morphologisches Luxurieren sein soll. Viel plausibler ist die Annahme, daß auch das, was mit dem Gebilde erlebt wird, bei seiner Entstehung und Ausgestaltung eine Rolle gespielt hat. Deutlich gesagt, ist damit vermutet, daß die Körperform sich dem Erleben angepaßt hat.

Da die Richtigkeit dieser Vermutung nicht nachgeprüft werden kann, ist sie eine reine Spekulation. Aber sie ist nicht müßig! Denn von diesen weitreichenden Gedanken ausgehend muß die Experimentalforschung an den ihr zugänglichen Erscheinungen ansetzen und Schritt für Schritt den Hauptproblemen näherkommen. Ferner gewinnt die reine Tierbeobachtung Gesichtspunkte, nach denen Tatsachen zu sammeln sind. Wir brauchen genaue Kenntnis des normalen Verhaltens in der Freiheit und eine statistische Bearbeitung der dabei vorkommenden Abweichungen. Dabei müssen Instinktvariationen gezüchtet werden und es gilt, brauchbare Maßstäbe für die bei instintivem Handeln vorkommenden Erregtheitsgrade zu gewinnen. Mit dem gewonnenen Material werden sich die Voraussetzungen, auf denen unsere weitgreifenden Erklärungen ruhen, prüfen lassen.

Kehren wir noch einmal zur reinen Spekulation zurück, die nur wertlos ist, wenn von ihrem Ergebnis kein Rückweg mehr zur Experimentalforschung gewonnen wird! Wenn man die vielen verschiedenen Arten der Begattungsformen bei Spinnen gesehen hat — wir können (leider!) hier nicht weiter darauf eingehen —, so ist es, als ob mit dieser Fülle von Verschiedenheiten zum Ausdruck gebracht werde: Das Ziel ist auf verschiedene Weise erreichbar. Und in der Verschiedenheit der Wege, nicht im Ziel selbst, liegt hier das Wesentliche der Lebensentfaltung. Daß es bei der Erzielung von Erregtheiten tatsächlich nicht auf eine bestimmte Verhaltensform ankommt, zeigt eine Erfahrung der Ornithologie.

Das scheinbare Nisten der Möven in der Vorbrutzeit wird allgemein nicht als ein zu früh und noch nicht vollausgereift ablaufender Instinkt aufgefaßt, sondern als ein Mittel zur gegenseitigen Stimulierung der

Abb. 68. Limax cinereus. In der Mitte in Paarung. Daneben die Fortpflanzungsorgane in verschiedenen Stadien der Entfaltung. (Nach Gerhardt)

Gatten. Dabei »kommt es auf die Analogie der Handlung der beiden Gatten, weniger auf deren Inhalt« an (*F. Goethe* 1937). Die Art des Erlebnisses scheint gleichgültig zu sein; die Hauptsache ist, daß es gemeinsam erlebt wird. Sollte das zutreffen, so versteht man, daß ganz verschiedene, normalerweise in andere »Funktionskreise« gehörende Reaktionen (Füttern, Tanzen, gegenseitiges Beißen) der Erregung des Partners zugeordnet sind.

Daß auch morphologische Besonderheiten gewissermaßen zum Zweck der Erregung des Gatten ausgebildet wurden, ist oft behauptet und bestritten worden. Als Beispiel seien noch kurz die Schnecken erwähnt. Die Angehörigen der Gattung *Limax* pflegen sich bei der Paarung wechselseitig geradezu umwickelt an einem Schleimfaden oder einem Schleimsegel aufzuhängen. Danach erscheint ein von Art zu Art verschiedenes Begattungsorgan, das abwärts gestreckt wird und in dem beide Partner (die Tiere sind Zwitter) Samen herabgleiten lassen. Während dieser »Penis« bei *Limax cinereus* kurz ist und eigentümliche Hilfsanhänge trägt (Abb. 68), ist er bei *Limax redii* ein maximal über 80 cm langer Schlauch, also ein im Verhältnis zur Körpergröße auf riesige Länge dehnbares Gebilde (Abb. 69). *Peyer* und *Kuhn* (1928) haben die Paarung dieser Schneckenart eingehend geschildert und *Gerhardt* (1933) hat ihre Beobachtungen ergänzt. Dieser letztere weist darauf hin, daß die enorme Länge der Penisschläuche nicht als Ergebnis einer Zuchtwahl aufgefaßt werden kann und meint: »Wir müssen die Tatsache unerklärt hinnehmen.« Die beiden erstgenannten Forscher weisen darauf hin, »daß vielleicht die ganze groteske Einrichtung zu jenen auch sonst bei Gastropoden vorkommenden Stimulierungsapparaten gehört, die augenscheinlich nur den Sinn haben, das Lustgefühl bei der Ausübung des Aktes zu erhöhen«.

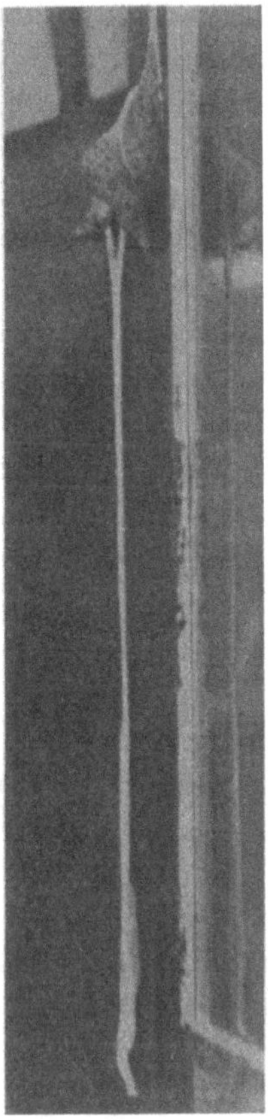

Abb. 69.
Limax redii
während der Paarung.
(Nach Gerhardt)

1937 sind nach *Gerhardt* von fünf großen Arten der Gattung *Limax* die Paarungsweisen bekannt geworden. Diese zerfallen in vier sehr verschiedene Verhaltenstypen. Äußerlich sind die Arten der Gattung einander sehr ähnlich und nur der Spezialist kann sie unterscheiden. Dagegen sind die Fortpflanzungsinstinkte außerordentlich verschieden. Da damit morphologische Besonderheiten der Begattungsorgane zusammenhängen, tritt uns das Problem der Beziehung zwischen Körper und Seele wiederum entgegen. Offenbart sich hier eine Zielstrebigkeit der

Lebensentfaltung, die auf möglichst mannigfache Affektwallungen gerichtet ist?

Diese Frage steht noch fern von jeder naturwissenschaftlichen Beantwortungsmöglichkeit. Aber ein Ergebnis der vergleichenden Sexualbiologie ist psychologisch wichtig und sollte in diesem Abschnitt herausgearbeitet werden: *Durch die Fortpflanzungsinstinkte der Tiere werden in starken Erregtheitswallungen Höhepunkte des Daseins erlebt. Die Mannigfaltigkeit der Mittel zur Erzielung der Erregtheit bedeutet eine große Mannigfaltigkeit der Formen und wahrscheinlich auch der Qualitäten des Erlebens.*

Man hat oft gesagt, daß Instinkte das Leben im Vergleich mit Intelligenzleistungen arm erscheinen lassen. Von Mensch zu Mensch ist das Liebeserlebnis verschieden. Bei aller Übereinstimmung gewisser Grundsätze der Werbung des Mannes um das Mädchen ist das Verhalten beider Partner durch Erziehung, Geschmack, Religion und Zukunftszielen so stark beeinflußt, daß eine unendliche Fülle von Einzelschicksalen und Erlebnissen entsteht. Im Gegensatz dazu ist bei instinktivem Handeln das Erlebnis von Individuum zu Individuum weitgehend ähnlich und ein wichtiges Charakteristikum zur Feststellung der Artzugehörigkeit und systematischer Verwandtschaftsbeziehungen. Trotzdem haben wir es mit einer großen, ja üppigen Fülle von Erlebnissen zu tun. Sie kommen nicht als Einzelschicksale, sondern als Artenschicksale zur vollen Ausgestaltung des Lebensreichtums.

Daß die Psyche bei der Artentfaltung führend ist, darf unter keinen Umständen ohne weiteres von der Hand gewiesen werden. Das darf man auch dann nicht tun, wenn es unmöglich erscheint, sich vorzustellen, wie ein bestimmter Sexualinstinkt entstanden sein könnte. Wir kennen kaum den normalen Hergang der Paarung. In jeder Arbeit von *Gerhardt* findet man Arten genannt, die noch nicht beobachtet wurden, so daß ein lückenloses Vergleichen von primitiven mit komplizierten Handlungstypen nur selten möglich ist.

SPEZIELLE EIGENARTEN STARKER ERREGTHEITSGRADE

Bei der genauen Betrachtung der Sexualbiologie der Tiere kann man nicht nur Gedanken zur Beurteilung der Rolle der Psyche in der Gesamtheit der Lebenserscheinungen gewinnen, sondern auch das Wirken der Erregtheit besser als bei anderen Affektäußerungen studieren.

Unter allen Umständen kommt es bei jeder Werbung hauptsächlich auf die Wallung, und zwar auf recht kräftiges Wallen des Affektes an, ja geradezu auf heftiges »Angetan-Sein«. Die Qualität des Erlebnisses ist durchaus sekundär. Denn nicht nur die positive Affektregung, nicht nur die Lust, sondern auch die negative, also der Schmerz wirkt auslösend auf den eigentlichen Fortpflanzungsinstinkt.

Es ist kein »Anthropomorphismus«, wenn man sagt, daß die Weinbergschnecke vor Schmerz zusammenfahre, wenn sie von dem »Liebespfeil« des Partners während der Paarungsvorbereitungen getroffen wird. Ebenso wird kein verständiger Tierbeurteiler bezweifeln, daß der Eselhengst seine Partnerin tatsächlich quält.

Antonius (1937) berichtet vom Esel, der zu Stuten auf die Weide gelassen wurde, folgendes: »Wie ein Raubtier stürzte sich der Hengst auf die erste beste Stute, verbiß sich in ihren Nacken und wurde von ihr wohl eine halbe Stunde buchstäblich herumgeschleift; gelang es ihr einmal, sich auf ein paar Augenblicke zu befreien, so hatte er sie trotz knallender Hufschläge gegen Brust und Kinnbacken nach ein paar Galoppsprüngen wiedergefaßt und erst als sie gänzlich erschöpft still stand, ließ er los und beroch sie flehmend und vollzog den Deckakt. Wenige Minuten später drängte sich die Stute in unverkennbarer Weise »kokett« ausschlagend an den Hengst und forderte ihn so zur Wiederholung des wilden Spieles auf.«

Die Aufregung — mag sie im Genuß oder im Schmerz entstanden sein — hat zwei wichtige Folgen. Sie wirkt erstens auf alle psychischen Inhalte, wodurch normalerweise derjenige ekphoriert wird, der den in der Affektlage vorkommenden Wahrnehmungen zugeordnet ist. Die zweite Folge ist eine durch die Aufregung für eine gewisse Zeitspanne veränderte Stimmungslage.

Was nun zunächst das Ekphorieren von Inhalten betrifft, so ist außer der Tendenz zur normalen Handlung eine Neigung sehr aufgeregter Tiere zu bemerken, rasch und gewissermaßen nebenbei noch etwas anderes zu tun. Das äußert sich in Bissigkeit, Unruhe, in einem heftig aufgeschnappten Futterbrocken, Scharrbewegungen usw. So ist es zu verstehen, daß eine Spinne geneigt ist, das werbende Männchen zu fressen. Und jetzt erscheint es fraglich, ob diejenigen Spinnen, die nur bei fressenden Weibchen werben, oder ihnen gar eine Fliege bringen, das nur zum Schutz tun. Wahrscheinlich ist die durch das Fressen entstehende Erregtheit gewissermaßen die Stimmungsgrundlage, von der aus das Männchen weiter wirbt. Da es aber tatsächlich in Gefahr ist, gefressen zu werden, kommt der in den Gang der Werbung eingeschalteten Fliege auch die Bedeutung eines Schutzmittels zu, eine Bedeutung, die aber wahrscheinlich sekundär ist.

Die Erregtheitswirkung zeigt sich also gewissermaßen als Druck auf sämtliche Inhalte der Psyche. Unter ungewöhnlichen Umständen, vor allem dann, wenn ein in jeder Hinsicht außerordentliches Ereignis, eine Naturkatastrophe oder ein Unfall Aufregung schafft, zeigen sich deshalb Verhaltensweisen, die den Beobachter überraschen.

Jungtiere sprechen wahrscheinlich auch leichter auf merkwürdige Eindrücke an als Erwachsene. *Antonius* sah eintägige Fohlen flehmen, als sie im Auslauf zum erstenmal einen anderen Einhufer zu sehen bekamen.

Zweitens müssen wir uns noch kurz mit der Stimmungslage nach größerer Erregtheit befassen. Es ist nämlich sehr wahrscheinlich, daß sich nach dem Aufwallen des Affektes die ursprünglichen Gefühlsverhältnisse nicht sofort wiederherstellen. Die gemeinsamen Erlebnisse des Mövenpaares ändern deren psychische Gesamtverfassung. Man ist versucht, an eine »gehobene Stimmung« zu denken und den Vergleich der Seele mit einer Wasserfläche voll durchzuführen. Das Erleben erzeugt Wellen, die sich wieder beruhigen. Es ist aber auch etwas in das Wasser hineingekommen, was bleibt und nach der Beruhigung einen gegen die Ausgangslage erhöhten Wasserspiegel zurückläßt. Das Plumpe an diesem Vergleich darf indessen das an ihm wesentliche nicht verdecken! Gemeint ist nur, daß nach dem Verklingen einer Affektwallung die nächste Erregtheit nicht wieder von demselben Niveau ausgeht, wie die erste [1]).

Daß durch ein nachhaltig wirkendes Erlebnis auch die Valenzen der Umwelterscheinungen betroffen werden, kann als gesichert gelten. Diese bedeuten doch nur die erregende Wirkung der Gebilde in der Welt des Tieres. Und es ist sicher, daß diese Wirkung verschieden ist je nachdem, ob es sich um ein ruhiges oder um ein erregtes Tier handelt. Von außen kommende Einflüsse bewirken nicht selten einen Schock,

[1]) Hierbei ist noch daran zu denken, daß Erregtheiten durch ihre Folgen gesteigert werden können. Wenn ein Tier einen Balztanz beginnt, wird es durch diese Bewegung und die Beschleunigung des Atmens ständig aufgeregter, was zu schwerer körperlicher und seelischer Erschöpfung führen kann. Auch bei der Flucht und beim Angriff steigern starke Affekte sich selbst und werden zur Leidenschaft. Man kann geradezu folgern, daß mit wachsender Stärke eines Affektes auch seine Selbststeigerung wächst.

der das Tier für immer verändert, so daß manchmal, was von nun an bei ihm erscheint, negativierend wirkt. Das Tier ist bösartig geworden. Die Wärter des Tiergartens nennen einen Pflegling »falsch«, wenn Affektwallungen unberechenbar nach Zeiten der Gleichgültigkeit ausbrechen.

Mit diesen Überlegungen ist das Problem des *Charakters* angerührt. Er bezeichnet die Reaktionsart, die sich aus der Gesamtheit der psychischen Faktoren ergibt. Dabei spielt die Erregbarkeit die entscheidende Rolle.

Auf Einzelheiten der Charakterkunde der Tiere kann hier nicht eingegangen werden. Daß aber die Charakterologie des Menschen, in der bekanntlich eine große Vielfalt der Ansichten herrscht, eine allgemein vergleichende Charakterologie als Grundlage unbedingt nötig hat, unterliegt keinem Zweifel. Viel reiner als beim Menschen kommen beim Tier Gefühlsausbrüche zur Wirkung. Sie zu beurteilen, erfordert vor allem gute Kenntnis tierischer Affekte. Da sie sich in den Beziehungen zwischen den Geschlechtern gut studieren lassen, sind diese hier vom psychologischen Standpunkt aus besprochen worden.

9. DIE ZIELGEMÄSSE BEWEGUNGSFORM BEI HÖHEREN TIEREN

DIE PRIMÄRE UND DIE SEKUNDÄRE AUFGABENLÖSUNG

Seit je sind den Beobachtern der Tiere Handlungen aufgefallen, die ein gewisses Probieren bedeuten. Eine Maus, die aus einem Terrarium zu entkommen sucht, nagt in einer Ecke, als ob sie ein Fluchtloch herstellen »wolle«. Dann sieht man sie plötzlich hochspringen, dann graben oder sich in Ritzen einzwängen. Ist an einer Stelle tatsächlich eine Aussicht auf erfolgreiches Bemühen, so ändert sie trotzdem ihr Verhalten, probiert ein anderes, kehrt wieder zur ersten Arbeit zurück und verfällt schließlich noch auf eine dritte Betätigungsmöglichkeit. Dieses probierende Einsetzen verschiedener Fähigkeiten kommt bei instinktivem Handeln nicht vor. Wie ist es zu erklären?

Offenbar ist die eben als Beispiel angeführte Maus von vornherein nicht imstande, das Ergebnis ihrer Tätigkeit zu erkennen. Hat sie sich schließlich durch eine Holzwand des Zuchtkastens genagt, so ist zweierlei möglich. Erstens könnte sie von vornherein einen psychischen Inhalt, vielleicht sogar ein Vorstellungsbild haben, das ein Loch betrifft und das Durchschlüpfen gestattet. Zweitens könnte es aber auch sein, daß sie nicht imstande ist, das Ergebnis einer Tätigkeit im voraus zum psychischen Inhalt werden zu lassen. Unter diesen Umständen ist nicht die »Freiheit« das eigentliche Ziel ihres Strebens, sondern sie möchte der erregenden Gegenwart des Zuchtkastens entgehen. Die psychischen beim Befreiungsversuch wirkenden Inhalte betreffen dann nur Tätigkeiten, nicht aber ihr Ergebnis.

Man hat oft beobachtet, daß das nach dem Ausprobieren verschiedener Betätigungsmöglichkeiten schließlich erfolgreiche Handeln behalten wird. Nun ist man geneigt, zu schließen, daß sowohl diese Verhaltensweise als auch ihr Ergebnis Gedächtnisinhalte geworden sind. Indessen trifft dieser Schluß nur selten die Wahrheit. Die Leistung des Tieres kann schärfer analysiert werden und seine psychischen Inhalte können genauer erfaßt werden.

Im einfachsten der uns jetzt angehenden Fälle trennt ein Hindernis das Tier von einem lockenden Ziel. Bei einem wissenschaftlichen

Versuch besteht es aus einem Gitter, das auf die eine oder die andere Weise umgangen werden kann. Um zum Ziel zu gelangen, muß das Tier also einen Umweg machen, weshalb man von *Umwegversuchen* spricht.

Abb. 70 zeigt das Schema eines von *Buytendiyk* (1932) erdachten Umwegversuches mit einem Hunde. Dieser sitzt im Vordergrunde an

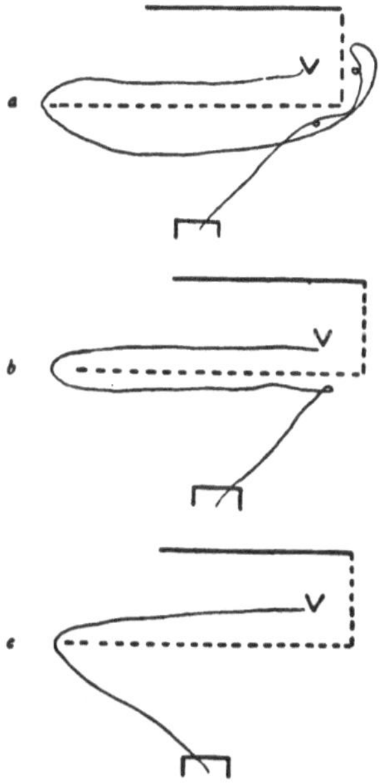

Abb. 70. Sekundäre Aufgabenlösung eines Hundes beim Zaunversuch. (Nach Buytendijk und Fischel)

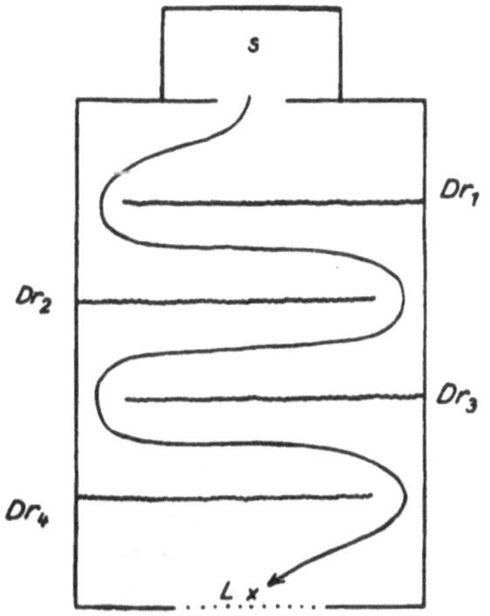

Abb. 71. Umweganordnung mit 4 Gittern. S = Stall, D = Drahtgitter, L = Lockmittel. (Nach Drescher und Trendelenburg)

der durch ein offenes Rechteck bezeichneten Stelle. Bei V wird hinter dem gestrichelt gezeichneten Gitter ein lockender Futterbrocken hingelegt. Auf Zuruf darf der Hund herbeilaufen. Zunächst eilt er zu der Stelle unmittelbar vor dem Lockmittel, dann nach rechts (Abb. 70 a), kehrt wieder vor das Gitter zurück und läuft dann um das freie Ende des Hindernisses zum Ziel (Abb. 70 b). Beim folgenden Versuch unterbleibt der Abstecher an der rechten Seite; der dritte Versuch bringt schließlich das günstigste Verhalten (Abb. 70 c).

Der Hund hat offenbar Erfahrungen gemacht, die er sehr rasch verwertet.

Unter etwas schwierigeren Bedingungen haben *Drescher* und *Trendelenburg* (1927) Umwegeversuche angestellt. Affen mußten den Weg zum Ziel um vier Gitter herum finden (Abb. 71). Ein Java-Affe löste die Aufgabe primär, als es sich um senkrechte Hindernisse handelte, die überklettert werden mußten. Stets aufmerksam suchend betrachtet das Tier die Drahtwand, um dann, wenn es den Durchgang bemerkt hat, sogleich den richtigen Weg einzuschlagen. Katzen sind nicht darauf verfallen, das Gitter zu überklettern.

Darauf wurde für eine Katze ein 65 cm hohes Drahtgitter zwischen ihr und dem Lockmittel aufgestellt. Nachdem die Katze einige Male davor hin und her gelaufen war und nach einem seitlichen Umweg gesucht hatte, sprang sie plötzlich mit einem Satz über das Gitter und eilte auf die Beute zu.

Vor einem 2 m hohen Gitter, das seitlich umgangen werden konnte, war der Affe zunächst durch die Erinnerung an den vorigen Versuch verwirrt und suchte oben nach einem Durchgang.

Ein Pavian, der weder durch Scheu noch Ängstlichkeit gehemmt ist, erspäht die Durchgänge jeweils schnell und läuft sogleich den ganzen Umweg glatt und sicher in einem Zuge bis zum Lockmittel.

Katzen und Hunde müssen zunächst den Umweg um drei Gitter finden. Er wird von der Katze mit nur kurzen Aufenthalten unterwegs durchlaufen. Weniger erfolgreich ist eine zweite Katze. Sie läuft innerhalb des Umweges hin und her und greift vergeblich durch das Gitter. Als sie schließlich am Ende des Umweges angelangt ist, hat sie das Ziel vergessen.

Ein Hund durchläuft den Umweg um drei Gitter beim ersten Versuch in einem Zuge. Dabei beachtet er ständig das Ziel.

Man kann nach diesen Ergebnissen zwei deutlich voneinander verschiedene Verhaltenstypen unterscheiden, die zu sehen sind, wenn ein Ziel nur mittelbar — also nicht geradewegs — erreicht werden kann. Nach dem Vorbilde von *Trendelenburg* unterscheiden wir sie als *primäre* und die *sekundäre Aufgabenlösung*. Bei der ersteren — also der primären Beherrschung der Situation — handelt das Tier in einem Zuge erfolgsgemäß. Bei der zweiten Art der Aufgabenlösung wird die eine oder die andere Verhaltensweise vor der erfolgbringenden zunächst ergebnislos probiert.

Daß primäre Aufgabenlösung gegenüber der sekundären eine große Energieersparnis bedeutet, ist selbstverständlich. Daß erstere eine besondere psychische Fähigkeit zeigt, die bei der letzteren nicht im Spiele ist, drängt sich nun als Hypothese zur Erklärung der Leistungsverschiedenheit auf. Ob diese Vermutung die Wahrheit trifft, werden weitere Überlegungen zeigen müssen. Sie sollen auf einen möglichst umfassenden Tatsachenbestand gestützt werden, den wir besonders eingehend erörtern wollen, weil die in Betracht kommenden psychischen Vorgänge auch beim Denken des Menschen eine Rolle spielen.

DIE UMWEGVERSUCHE

Wohl jeder Mensch, der mit dem Leben auf dem Lande vertraut ist, kennt das Verhalten der Hühner, die aus einem Garten vertrieben werden sollen, in den sie durch eine zufällig offen gebliebene Türe gekommen sind. Vor der scheuchenden Person fliehen sie heftig gegen das Gitter, rennen an ihm hin und her und müssen zur Tür getrieben werden. Es ist, als ob sie keine Ahnung hätten, daß man hier auf die andere Seite des Gartenzaunes gelangen kann. Kommt es öfter vor, daß die Hühner in den fremden Garten eindringen, so ändert sich ihr Verhalten. In die Nähe der Tür getrieben, laufen sie direkt zu dieser hin und entfliehen. Schließlich kann man es auch erleben, daß sich die Tiere beim Erscheinen des Verfolgers sofort zur Tür wenden. Jetzt ist die sekundär zustande gekommene Aufgabenlösung vollendet in Erscheinung getreten. Das bestmögliche Verhalten ist nach und nach entstanden.

Etwas anders liegen die Dinge bei einem Versuch, den *Teyrovski* (1930) mit einer Grasmücke angestellt hat. In den Käfig des Vogels legte er eine Glastube, an deren geschlossenem Ende als Lockmittel ein Mehlwurm lag. Die Grasmücke kam sofort herbei, pickte leicht gegen das Glas, schaute sich die nähere Umgebung genau an, glitt mit den Blicken ein Stück weit am Glase entlang und verlor dann das Interesse. Mehrere Wiederholungen brachten zunächst kein Ergebnis. Als aber bei einem weiteren Versuch der Mehlwurm in der Richtung zur Tubenöffnung vorwärtsgekrochen war, während der Vogel in einem fernen Teil des Käfigs saß, hüpfte dieser plötzlich durch ein Türchen zum Glasgefäß hin, schlüpfte hinein und fraß den Wurm. Es war, als ob er den Zusammenhang zwischen Tubenöffnung und Lockmittel plötzlich erfaßt hätte. Wenn das zutrifft, konnte der Vogel einen kurzen Weg in die Tube gewissermaßen innerlich vorwegnehmen

Er war aber vielleicht nicht imstande, sich »vorzustellen«, daß er auch weiter als 3 cm hineingehen könnte.

Sofort danach hat die Grasmücke einen Mehlwurm vom hinteren Ende der Glasstube herausgeholt.

Glas ist ein Hindernis, dessen Bedeutung schwer beurteilt werden kann. Denn ein Vogel, der zum erstenmal durch ein Zimmer fliegt, prallt bekanntlich hart gegen die Scheiben. Man könnte also einwenden, daß die Grasmücke zunächst überhaupt kein Hindernis bemerkt hat.

Indessen hat sie sich beim Umwegversuch am Gitter im Wesen nicht anders als ein Huhn verhalten. Als die Käfigtür offenstand und ein Mehlwurm außen vor dem Gitter lag, versuchte der Vogel nur, sich durch die Gitterstäbe und Ritzen zu zwängen. Weitere Versuche hat der Forscher nicht angestellt, so daß wir nicht wissen, ob die Grasmücke nach mehr oder minder zufälligen Erfolgen den Umweg schließlich erlernt hätte.

Wiederholt sind Umwegversuche mit Hunden gemacht worden. Dabei ist zu unterscheiden zwischen Fällen, in denen das Tier bei irgendeiner früheren Gelegenheit den Weg schon einmal zurückgelegt hatte und den Fällen, die eine dem Tier noch unbekannte Verhaltensweise erfordern [1]).

Zwei ältere Versuchsergebnisse sind bekannt und bestätigen eine Alltagserfahrung jedes Hundehalters. Sowohl *Hobhouse* als auch *Köhler* haben vor den Augen eines Hundes ein Lockmittel aus dem Fenster geworfen. Sofort hat sich das Tier zur Tür gewandt und ist auf kürzestem Weg vor das Haus an die Stelle vor dem Fenster gelaufen. Da der Weg den Tieren bekannt war, ist nicht zu sagen, ob wir es mit primären oder sekundären Aufgabenlösungen zu tun haben.

[1]) In der Praxis bereitet diese Unterscheidung außerordentliche Schwierigkeiten. Ein Hund, der Umwege am Gartenzaun macht, tut das in der Regel auch ohne weiteres an einer Hecke. Versteht er es, Türen zu öffnen, so kann er das auch in fremden Wohnungen. Versagt er jetzt bei einer Kiste, deren Deckel nur durch das Niederdrücken einer Klinke geöffnet werden kann, so kann das zwei Ursachen haben. Wegen seiner Fremdheit hat der Kasten negative Valenzen, in denen die Klinke ebenfalls fremd wirkt. Zweitens ist es aber auch möglich, daß sie sehr wohl erkannt wird, ohne aber den das Verhalten betreffenden Einfall auszulösen. Wahrscheinlich wird beim Überwiegen der positiven Valenzen »richtig« gehandelt. Leichte Veränderungen einer Tür ändern ihren Valenzwert kaum. Größere lassen sie aber von einer noch unbekannten Grenze an kräftig in andere Qualitäten übergehen. Jetzt ist der Valenzwandel weit stärker, als die objektive Veränderung des Gebildes und die erlernte Handlung unterbleibt.

In jüngster Zeit hat *Sarris* (1937) die Umwegleistung von Hunden eingehend studiert und die Leistungen von mehreren Tieren miteinander verglichen. Aus Maschendraht hat er ein S-förmig gewundenes Gehege hergestellt (Abb. 72), das an einem Ende durch ein Tor betreten werden konnte. Am anderen Ende lag als Lockmittel ein Stück Fleisch. Außerhalb dieser Stelle begann der jeweils geprüfte Hund seine Bemühungen, es zu erreichen. Keiner von vier Hunden findet eine primäre Lösung der Aufgabe. Aber alle sind mehr oder minder weit am Gitter hin- und hergelaufen.

Im Gegensatz dazu haben drei Hunde den Weg zum Fleisch unmittelbar gefunden, als es beim Punkte 2 (Abb. 72) in der Nähe der Tür lag.

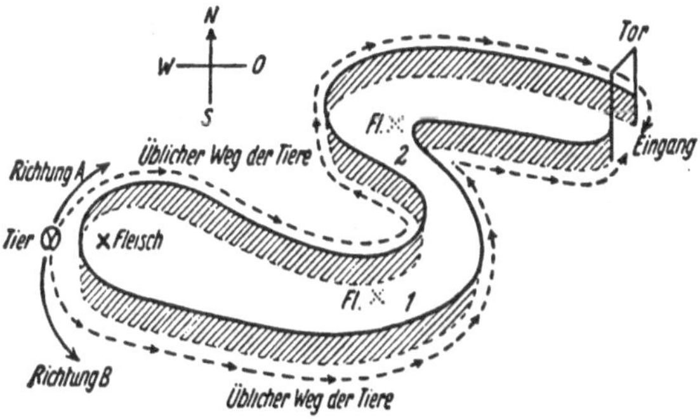

Abb. 72. Gehege für Umwegversuche mit Hunden. (Nach Sarris)

Ferner haben von den vier Hunden zwei echte primäre Aufgabenlösungen geliefert, als sie beim Versuchsbeginn innerhalb des Geheges waren, während das Lockmittel außen lag.

Aus diesen und weiteren Versuchen von *Sarris* kann man folgern, daß bei Hunden primäre Aufgabenlösungen selten sind, sekundäre weit häufiger vorkommen. Daß mit dieser Feststellung psychologisch recht wenig gewonnen ist, werden wir sehen. Bis jetzt ist nämlich die Leistung nur beschrieben worden. Sie genau festzulegen ist selbstverständlich die Grundlage psychologischer Forschung. Dadurch erhält man die Tatsachen, auf die es ankommt. Durch welche psychischen Prozesse sie bedingt oder verursacht werden, ist dann die Aufgabe der analytischen Beurteilung des vorliegenden Tatbestandes.

Es ist üblich, den Umwegversuch, wie auch andere Versuche den Tieren als »Aufgaben« zu stellen. Die Aufgabe kann durch ein bestimmtes Verhalten gelöst werden. Gegen diese Art des Forschens ist eingewandt worden, daß in der Natur nichts Entsprechendes vorkomme. Dieser Einwand ist indessen nicht stichhaltig. Auch in der von keiner Menschenhand gestalteten Natur gibt es Hindernisse. Wasserläufe, Felsbrocken, vor allem aber Gesträuch aller Art macht auch dort den geraden Weg zum Ziel unmöglich. Auch in der Natur müssen Umwege gemacht werden.

Wer eine Aufgabe stellt, setzt bei den geprüften Wesen ein Streben voraus, wenigstens ein gewisses Bemühen, das mit der Aufgabe gestellte Ziel auch zu erreichen. Bei Tieren erweist sich die Unterordnung des Handelns unter ein bestimmtes Ziel aber oft als räumlich begrenzt. Man spricht deshalb von einem »Feld«, in dem das Ziel das Verhalten bestimmt. Und es kommt bei Hunden recht häufig vor, daß sie aus

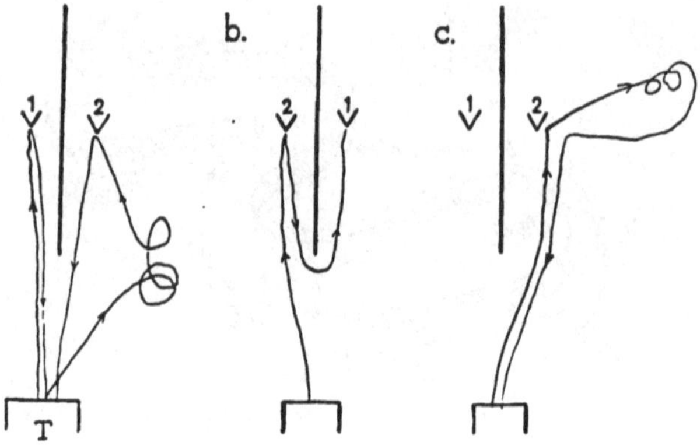

Abb. 73. Verhalten eines Hundes beim Umwegversuch mit 2 Zielen.
T = Tisch, auf dem der Hund vor dem Versuch wartete. 1 zuerst, 2 danach hingelegtes Ziel.
(Nach Buytendijk und Fischel)

dem »Feld« laufen und sich mit anderen Dingen als mit dem Lockmittel befassen.

Buytendiyk (1932) hat eine Anordnung mit zwei Lockmitteln zusammengestellt, bei der ein Hund mit dem Erreichen des einen Zieles in eine Stellung kam, von der aus das zweite nur durch einen Umweg zugänglich war (Abb. 73).

Vor dem Tisch, auf dem der Hund auf den Beginn des Versuches wartete, war eine 3 m lange Scheidewand aufgerichtet. Sie ist in Abb. 73 durch einen starken Strich angedeutet. Um die Wirkung der Lockmittel nicht allzu stark werden zu lassen, wurden sie hinter kleine Papierschirmchen gelegt. Sie sind durch Winkel gekennzeichnet und die bei ihnen stehenden Ziffern geben die Reihenfolge an, in der das Futter hingelegt worden war.

In den drei Teilen der Abbildung ist das Verhalten des Hundes bei den drei ersten Versuchen eingezeichnet. Er sprang auf Zuruf vom Tisch herunter und lief zunächst nach rechts zur Seite — also aus dem »Felde« — wo er einen Augenblick auf dem Boden umherschnüffelte. Dann holte er sich aber das Futter hinter dem Schirmchen, wo der Versuchsleiter zuletzt etwas hingelegt hatte. Von dort lief er geradewegs, ohne im geringsten dazu aufgefordert zu sein, zum Wartetisch zurück, sprang hinauf, drehte sich um, sah das zweite Schirmchen, lief hin und fraß das zweite Biskuit.

Er hat also die beiden Ziele in zwei selbständigen Handlungen erstrebt.

Beim nächsten Versuch lief der Hund unmittelbar nach links und von dort in einem Zuge wieder auf die rechte Seite. Dann folgte aber ein Rückfall. Denn beim dritten Versuch (Abb. 73c) schien er nach dem Verzehren des einen Lockmittels das andere vollständig vergessen zu haben. Er lief unsicher ein paar Schritte ins Zimmer hinein, wobei man sofort an einen »gedankenlos« dahingehenden Menschen erinnert wurde. Bei den weiteren Versuchen ist er dann aber immer in einem Zuge vom jeweils zweiten zum jeweils ersten Schirmchen gelaufen.

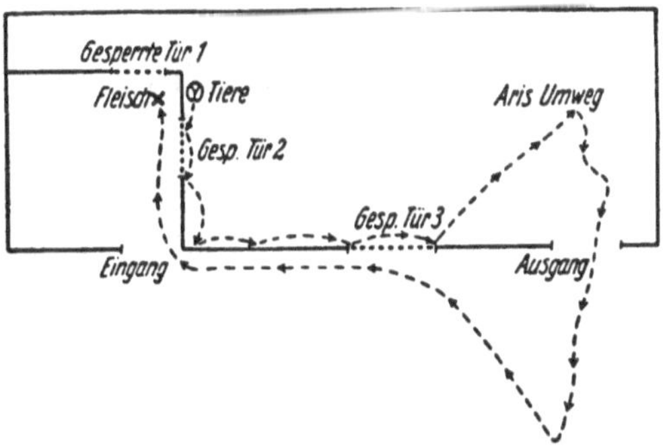

Abb. 74. Verhalten eines Hundes beim Umwegversuch. (Nach Sarris)

Aus mehreren Teilhandlungen kann eine einheitliche größere zielgemäße Handlung werden.

Daß ein Umweg aus Teilreaktionen, die teils zielbedingt, teils Abstecher ins Feld sind, zu einer einheitlichen Aktion werden kann, zeigt ferner ein Versuch von *Sarris* (1937). Aus Abb. 74 sind alle Einzelheiten ersichtlich. Der Hund war in einem Gehege. Außen lag als Lockmittel Fleisch. Als »Aris« schnüffelnd aus dem »Feld« gelaufen war, passierte er endlich die Tür, lief aber nicht sofort, sondern erst nach weiterem Umherschnüffeln zum Ziel.

Es ist wahrscheinlich eine echte primäre Lösung einer Umwegaufgabe, die *D. Müller* (1930) bei einem Marder (*Mustela foina*) beobachtet hat. Das Tier lief um eine offene Tür herum sofort zum

Lockmittel in einem Vorraum des Käfigs, »der bis dahin noch selten von ihm betreten« worden war. Beim zweiten Versuch ist das Tier durch eine äußere Störung abgelenkt worden und deshalb aus dem »Feld« gelaufen.

Ähnlich verhielt sich ein Iltis (*Putorius putorius*). Größere Umwege bewältigte er aber nur sekundär, was in Abb. 75 dargestellt ist. Es ist wichtig und ein Zeichen der guten Leistungsfähigkeit dieser Tiere, daß schon die erste Wiederholung des Versuches eine glatte Aufgabenlösung brachte. Das Tier lief auf kürzestem Weg zum Ziel.

Unter diesen Umständen muß hervorgehoben werden, wie schwierig es ist, beweiskräftige Umwegversuche anzustellen. *Wo die Handlung*

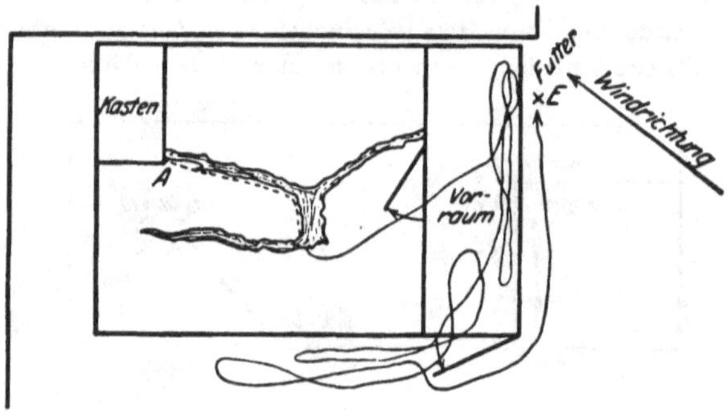

Abb. 75. Verhalten eines Iltis beim Umwegversuch. (Nach D. Müller)

auf Erfahrung beruht, genügt oft eine einzige Gelegenheit, den nötigen Gedächtnisinhalt zu bilden. Wer einen Hund einen Umweg machen sieht, kann darum nicht ohne weiteres sagen, daß das auf Grund eines primären Einfalles geschehen ist. Es besteht ja durchaus die Möglichkeit, daß ein Hund einen noch nicht bekannten Weg gewissermaßen »in Gedanken probierend« ausführt und dann entsprechend der innerlich vorweggenommenen Verhaltensweise handelt. Daneben besteht zunächst durchaus gleichberechtigt die Möglichkeit, daß die Erfolgsgemäßheit einer Handlung zunächst tatsächlich ausprobiert werden muß. Wenn das geschehen ist, unterbleibt der vergebliche Teil der Tätigkeit und nur die ergebnisreichen Bewegungen werden in einem Zuge zielgerecht ausgeführt.

DIE HINDERNISVERSUCHE

Zahlreiche primäre Aufgabenlösungen hat man in einer Gruppe von Versuchen erzielt, bei denen es galt, *ein Hindernis zu beseitigen.* Dazu seien nicht nur die Fälle gerechnet, bei denen ein Stein oder eine Kiste den Weg zum Lockmittel versperrte, sondern auch alle Verhaltensprüfungen, bei denen ein Türchen oder ein Deckel bewegt werden mußte.

Allzu einfach darf indessen ein Versuch, bei dem ein Hindernis fortgeräumt werden muß, nicht sein. An einem Beispiel sei das erläutert. Vor das Gitter des Käfigs mit einem Fuchs wird ein Stück Fleisch gut erreichbar hingelegt. Innen setzt der Versuchsleiter eine Kiste an das Gitter, die das Tier wegschieben muß, um zum Ziel zu kommen. In der Regel drückt das Tier — nicht nur ein Fuchs verhält sich so — den Kopf in die Ecke zwischen Gitter und Kiste, merkt, daß sich diese bewegt, drückt nach, und gelangt zum Futter.

Weder die Erinnerung an früheres Verhalten noch die Voraussicht des Erfolges einer bestimmten Tätigkeit braucht hier im Spiele gewesen zu sein. Nur erregt und angelockt, sonst aber durchaus »gedankenlos«, also ohne das Mitwirken weiterer psychischer Faktoren könnte hier gehandelt worden sein.

Jetzt ist der Einwand möglich, daß sich ein höheres Tier niemals wie ein mechanisch wirkender Keil zwischen Kiste und Gitter zwängt. Man sieht oft sehr geschickte Bewegungen des Kopfes, mit denen das Hemmnis zur Seite gedrückt wird. Ferner gibt es Scharrbewegungen oder ein sachgemäßes Anstemmen der Beine, so daß die Kiste zurückweicht.

Darauf ist zu erwidern, daß ein Glied niemals so steif wie die Kolbenstange einer Maschine ausgestreckt wird. Wahrscheinlich ist »sinnvolles« Drücken reflektorisch so geregelt, daß es sich der Richtung anpaßt, in der das Hindernis ausweicht. Drücken gehört wie das Greifen und vor allem das Springen zu den sinnvoll koordinierten Bewegungen, die von speziellen Mechanismen (Kleinhirn) gesteuert werden. Der Sprung eines Pferdes ist ein sehr verwickelter Vorgang, der aber nicht das Ausführen eines für jede Einzelhandlung vorher erdachten Planes bedeutet. Er kann aber als Teilhandlung von übergeordneten psychischen Faktoren bestimmt sein. Unter diesen Umständen darf das Abrücken eines Hindernisses nicht ohne weiteres auf eine höhere Leistung — womöglich sogar auf »Einsicht« — zurückgeführt werden. Sie kann natürlich vorhanden sein. Zum Nachweis sind aber besondere Methoden erforderlich. Vor allem ist es nötig, daß bei der Zurückführung einer Leistung auf höhere Prozesse mindestens wahrscheinlich gemacht wird, daß einfache Fähigkeiten wie Drücken, Schieben oder Ziehen das Verhalten nicht befriedigend erklären. Da diese Forderung sehr oft nicht genügend erfüllt ist, sei sie anders gefaßt und mit Nachdruck ins Feld geführt:

Eine tierische Leistung kann nur dann zwingend auf eine höhere psychische Fähigkeit zurückgeführt werden, wenn es ausgeschlossen ist, daß sie durch niedere Fähigkeiten zustande gekommen ist.

Nur mit einer gewissen Vorsicht darf man indessen »niedere« Fähigkeiten von »höheren« unterscheiden. Instinkte sind nichts Primitives. Der Trab eines Pferdes im schwierigen Gelände bedeutet ein hoch entwickeltes Integrieren von Reflexen. Primäre und sekundäre Valenzen — also durchaus urtümliche Faktoren — bilden die Grundlage der Kunstentfaltung in der Menschheit. Das schlichte Erlernen von Bewegungsfolgen ist die Voraussetzung jeglicher technischer Leistung. Wer Dressur auf Gedächtnisleistung zurückführt, hat damit die auf Erinnerungen gegründete Tierabrichtung nicht herabgesetzt. Man sollte unter allen Umständen aufhören, bei der Erklärung eines erlernten Verhaltens das Wörtchen »nur« einzufügen. In viele Menschenleistungen, sogar in Kulthandlungen schleicht sich die anerzogene Gewohnheit ein. Wenn in Stunden der Schwäche oder der Niedergeschlagenheit die Einsicht in die Pflicht zur Höflichkeit nachläßt, springt die Gewohnheit helfend ein, so daß die erlernten Formen, die vorübergehend in Gefahr waren, erhalten bleiben. »Niedere« Funktionen erhalten das hohe Leistungsniveau.

Kehren wir nun zum Hindernisversuch zurück und lassen wir die Frage nach den dabei vorkommenden niederen oder höheren Fähigkeiten vorerst offen! Wo ein Deckel oder eine Tür den geraden Weg zum Futter sperrt, genügt das einfache Wegschieben nicht. Unter den vielen mit dem Ding möglichen Bewegungen führt nur eine bestimmte zum Ziel. Typische sekundäre Aufgabenlösungen sieht man in dieser Hinsicht bei Ratten, die ich oft beim ersten Öffnen eines Kästchens mit Klappdeckel und überstehendem Rand beobachtet habe. Man kann dabei deutlich zwei Phasen des Verhaltens unterscheiden.

Wie jedes fremde Ding wird auch ein Kästchen von Ratten eingehend beschnuppert, und zwar besonders stark, wenn ihm Futterduft entströmt. Dieser lockt zu besonders eifrigen Schnüffeln an den Berührungsstellen zwischen Kastenrand und Deckel, wobei dieser schon in der Regel etwas angehoben wird. Nun drückt das Tier nach und erreicht das Lockmittel.

Bei der ersten, zweiten und noch einigen weiteren Wiederholungen des Versuches zwängt das Tier den Kopf einfach zwischen Deckel und Rand, womit ersterer gehoben wird. Die eigentliche zweite Phase, deren genauer Beginn nicht zu erkennen ist, fängt dabei schon an. Das Tier drückt nicht mehr ohne weiteres, sondern hebt den Deckel zunächst am überstehenden Rand empor und führt den Kopf erst dann in die Tiefe, wenn der Kasten offen ist. Jetzt ist also eine eigens zum Deckelaufheben ausgebildete Bewegung vorhanden. Klappen und Futterfassen sind zwei Handlungen geworden, von denen die erstere nach und nach erlernt worden ist.

Wenn es gilt ein Hindernis zu beseitigen, zeigen sich sehr oft Verhaltensweisen, die auf Instinkten beruhen. Hier ist vor allem an den »*Blumentopfversuch*« zu denken. Vor den Augen eines Tieres setzt man über ein Lockmittel einen umgekehrten Blumentopf, so daß es den Blicken des Tieres plötzlich entschwindet. Um das Futter nun doch noch zu erreichen, muß das Tier erstens behalten, daß es unter dem Gefäß verschwunden ist und muß zweitens dieses auf irgendeine Weise umkippen. Ein Marder, den *D. Müller* (1930) in dieser Weise geprüft hat, lief sofort herbei und stieß den Blumentopf um. Das ist eine primäre Aufgabenlösung und es ist nicht möglich zu entscheiden, ob sie auf einem Instinkt beruht oder durch das Anwenden einer erlernten Reaktion zustande gekommen ist. Ein Iltis verhielt sich ganz anders. Während der Marder gleich beim ersten Male den Topf spielend mit der Pfote umwarf, versucht jener anfänglich immer, den Topf durch Unterschieben der Nase — zwischen Boden und Topfrand — zu Fall zu bringen, was meist erst nach langen Bemühungen gelang (Abb. 76). Gleichzeitig und im Zusammenhang damit versuchte er, den Topf durch Graben mit den Vorderpfoten zu unterhöhlen, ein Versuch, der oft vergeblich war. Erst allmählich bildete sich die Gewohnheit heraus, ihn wie der Marder durch eine Pfotenbewegung, die mit einem uns ganz überflüssig erscheinenden Kraftaufwand geschah und viele Töpfe kostete, zur Seite zu werfen. Über 40 Versuche waren nötig, bis der Iltis diese Technik beherrschte.

Daß hier Instinkte im Spiel sind, lehrt ein Vergleich. Der Iltis braucht seine Beine außer zur Fortbewegung vornehmlich zum Graben, der Marder zum Klettern. Daß beim Klettern die Bewegungen vielseitiger sind als bei Fortbewegung auf der Erde, ist oft hervorgehoben worden. Klettertiere (Affen, Eichhörnchen, Kleinbären) neigen dazu, die Pfote nicht nur als Fortbewegungsmittel, sondern auch zum Ergreifen von Gegenständen zu benutzen. Ohne weiteres strecken sie wie ein kleines Kind ihre »Hand« nach Dingen aus, die einen »Aufforderungscharakter«, also primäre Valenzen haben. Darum darf bei Verwendung der Vorderglieder als Greifwerkzeug nicht ohne weiteres auf überlegene Intelligenz geschlossen werden.

Durch das Verbergen von Futter kann der Blumentopf sofort sekundäre Valenzen erhalten. Was nun getan wird, ist aber artlich und oft

Abb. 76. Der Iltis versucht einen Topf durch Unterschieben der Nase umzuwerfen. (Nach D. Müller)

auch individuell recht verschieden. Von zwei Waschbären (*Procyon lotor*), die *Bierens de Haan* (1932) beobachtete, hat das Männchen den Blumentopf primär mit dem Kopf, das Weibchen in gleichfalls primärer Aufgabenlösung ihn mit beiden Händen umgeworfen.

Sehr eigenartig verhielt sich ein Eichhörnchen des gleichen Untersuchers. Der Blumentopf selbst reizte nur kurz seine Neugier; als dann aber vor seinen Augen ein Stück Banane unter den Topf gelegt wurde, kletterte es auf ihn hinauf, faßte mit den Zähnen den Rand des Loches an der Unterseite des Topfes, und warf sich dann den Topf festhaltend, über den Kopf, wodurch das Tier mitsamt dem Topf umrollte. Diesen ließ es nun los, untersuchte ihn und nahm die Frucht. Bei Wiederholung führte es die Handlung insofern eleganter aus, daß es, neben dem Topf stehend, den Rand des Loches faßte und so den Topf umwerfen konnte, ohne selbst mitzufallen.

Von zahlreichen Blumentopfversuchen berichtet *B. Schmid* (1936). Er prüfte an größeren Gruppen von Blumentöpfen einen Fuchs, einen Marder, einen Wolf und zwei Hunde. Vor den Augen des Versuchstieres wurde ein Stück Fleisch unter einem der zahlreichen Gefäße verborgen. Sogleich danach konnte es geholt werden. Die Füchsin warf den Blumentopf mit dem Fuß in offenbar primärer Leistung um. Der Wolf brachte ihn mit der Nasenspitze zum Kippen. »Die beiden auf Jagd eingestellten Hunde blieben hinter diesen Leistungen zurück. Es kam mir vor, als begriffen sie nicht recht, um was es sich handele.« Vielleicht waren sie durch die Geruchsspuren der anderen bei der Versuchsanordnung gewesenen Tiere zu sehr erregt. Einzelheiten von ihrem Verhalten sind nicht beschrieben.

Sarris (1937) hat bei seinen ausgezeichneten Hindernisversuchen eine Blechdose benutzt und diese über ein lockendes Stück Fleisch gestülpt. Von 6 Hunden haben 4 die Aufgabe gelöst, ob primär oder sekundär ist nicht gesagt, wahrscheinlich war ersteres der Fall. Erschwert wurde die Aufgabe nun dadurch, daß die Blechdose eine Belastung durch 5 Backsteine bekam. Nur zwei Hunde verfielen darauf, diese wegzuräumen und dann die Büchse zu kippen. Der eine von ihnen zerrte die Steine mit den Beinen zur Seite.

Die Blumentopfversuche zeigen eine gewisse Mannigfaltigkeit des Verhaltens der Versuchstiere und es ist ohne weiteres klar, daß dabei nicht nur die Intelligenz entscheidet, sondern auch der Körperbau, von vornherein vorhandene Reaktionstendenzen und auch wohl zufällig geradezu auf gut Glück probierte Handlungen. Diese haben beim Topf eine nicht geringe Erfolgsaussicht, weil ihn vielerlei zum Umfallen bringen kann: drücken, stoßen oder ziehen, einseitiges Überlasten, schließlich auch Scharr- und Kratzbewegungen. Es ist oft nicht nötig, daß das Tier, um Erfolg zu erzielen, sein erstes Verhalten wesentlich ändert, so daß man auch Gedächtnisleistungen bei Versuchswiederholungen schwer erkennen kann.

Tür- und Deckelversuche sind in dieser Hinsicht oft leichter zu beurteilen. Das beste Prüfungsmittel ist ein einfacher Holzkasten mit leicht aufklappbarem Deckel, der einen etwas überstehenden Rand haben sollte. Dieser erleichtert das Zugreifen oder das Unterschieben der Nase zum Hochdrücken des Deckels.

Typische sekundäre Aufgabenlösungen haben die Waschbären von *Bierens de Haan* (1932) gezeigt. Er benutzte einfach zwei Zigarrenkisten, eine gewöhnliche (A) und eine, an deren Deckel ein etwas vorstehendes Brettchen befestigt war.

Bei Benutzung des Kistchens A suchte der weibliche Waschbär eifrig das in ihm verborgene Futter, biß in das Kästchen, fand aber den Spalt zwischen Rand und Deckel nicht. Das war auch beim Versuch mit Kistchen B der Fall. Er öffnete es aber »unbeabsichtigt«, als er zufällig mit der Nase gegen das überstehende Brettchen stieß. Von nun an drückte er mit ihm stets den Deckel hoch. Kistchen A hat er aber auch dann nicht zu öffnen verstanden.

Das Männchen fand, als es in seinem Streben nach dem Lockmittel sie einmal kantete, das Futter in der Kiste A. Bei Versuchswiederholung war aber kein echter Lernerfolg bemerkbar. Wieder gab es einen Zufallserfolg. Und mit dem Kistchen B war es nicht besser. Es blieb bei Zufallserfolgen und das Tier wußte mit dem Hilfsbrettchen nichts anzufangen.

Abb. 77. Ein Bär ♀ beim Öffnen einer Kiste. (Nach Kuckuck)

Abb. 78. Dasselbe Verhalten des Männchens

Als schließlich die Kiste B einem Eichhörnchen zunächst ohne Lockmittel geboten wurde, beschäftigte es sich sofort mit ihr und hob durchaus primär den Deckel mit der Pfote hoch.

Sehr eingehend hat vor kurzem *Kuckuck* (1936) das Verhalten von Braunbären beim Kistenversuch beschrieben. Besonders anschaulich zeigte das Verhalten dieser Tiere, daß die Aufgabe teils primär, teils sekundär gelöst werden kann. Wir geben darum die Darstellung des Forschers sowie seine Aufnahmen (Abb. 77, 78) hier unverändert wieder.

»Nach dem Abketten läuft das Weibchen sogleich zum linken Kasten und hebt ohne vorher zu suchen und zu schnuppern, mit der rechten Tatze per primam den etwas überstehenden Deckel an. Beim Versuch, mit der linken Tatze weiterzuarbeiten, um so das Brot aus der Kiste herauszubekommen, gleitet der Deckel ab und fällt. Sie erschrickt, ärgert sich, und beißt in den Deckel; dann greift sie ihn wieder mit der rechten Tatze und hält ihn mit ausgestrecktem Arm gehoben.

Sie versucht, mit dem Maul die Köder aus der Tiefe zu erbeuten, wobei sie mehrmals den Deckel fallen läßt. Jetzt aber hat sie einen glänzenden Einfall. Zum drittenmal hebt sie den Deckel mit der rechten Hand, hält ihn mit ausgestrecktem Arm auf und langt mit der linken Tatze ein Stück nach dem anderen heraus, bis der Kasten leer ist.«

Die erste Teilreaktion, nämlich das Heben des Deckels, geschieht durchaus primär. Die ganze Handlung: Aufklappen und Herausholen wird erst nach vergeblichem Ausstrecken des Kopfes erfolgbringend ausgeführt. Und zum erstenmal begegnet uns ein Begriff, dessen Wichtigkeit schon jetzt hervorgehoben sei: *der Einfall.*

Der Bär hat zum Öffnen des Deckels die Pfoten wie Hände benutzt. Das verschafft ihm zwar eine technische, aber keine psychologische Überlegenheit über Tiere, die ein Hindernis mit dem Kopf wegzudrücken pflegen. Der Kopf eines Vogels oder eines Säugetieres ist keineswegs nur der Träger des Maules als eines Freßwerkzeuges. Dieses dient auch als Greifwerkzeug und als Waffe.

Daß mit dem Kopf ein Deckel in primärer Aufgabenlösung gehoben werden kann, beweist ein Versuch von *B. Schmid* (1936) mit einer Saatkrähe. Er benutzte eine mit Früchten gefüllte Glasdose, die einen glänzenden Messingdeckel hatte. Sofort hat die Krähe diesen angehoben und wie dem Bär gelang es ihr zunächst nicht, das Lockmittel zu bekommen. Denn der Deckel fiel zurück, als sie ihn losließ, um mit dem Schnabel nach einer Frucht zu greifen. Sofort danach faßte sie aber den Deckel wieder und hob ihn so hoch, daß er nicht mehr zurückfallen konnte.

Psychologisch wichtiger sind die zahlreichen Versuche mit Beobachtungen, die *M. Hertz* (1926) mit Krähen und Dohlen gewonnen hat. In ihrem geräumigen Gehege stand ein Kasten mit senkrechter Tür. Diese suchte die Dohle mit demselben Verfahren zu öffnen, durch das sie Ritzen und Spalten aller Art zu verbreitern bestrebt ist (Instinkt!). Die Dohle begann damit an der Seite der Angel, wobei sich die Tür aber als Folge ihres Drehens und Drückens mit dem Schnabel öffnete. Allmählich ging sie dann dazu über, die Tür mit Schnabelstößen zu bearbeiten. Ähnlich verhielt sich die Krähe, die allerdings nicht in allen Einzelheiten des Vorgangs beobachtet werden konnte.

Als die Krähe das Türöffnen sicher beherrschte, wurde ein Kontrollversuch gemacht. Bisher war die Angelseite rechts gewesen. Nun brachte die Untersucherin bei Verwendung der gleichen Tür und des gleichen Riegels die Angeln links an. Als die Krähe sich dieser Tür zum erstenmal gegenüber fand, war ihre Verblüffung sehr groß. Sie starrte mit geöffnetem Schnabel die noch durch das Schraubloch bezeichnete Stelle an, an der sich der Riegel bisher befunden hatte (Valenzwirkung!). Die neuen, noch blanken Angeln veranlaßten sie, diese etwas zu beknabbern, es kam aber zu keinem sinnlosen Versuch, die Tür zu öffnen. Der Vogel wandte sich ab. Als er zurückkam, ergriff er mit dem Schnabel den Riegel, wobei die Tür aufsprang, so daß nicht zu erkennen war, ob er sie sinngemäß zu bewegen die Absicht gehabt hatte. Als nach 8 Tagen der Versuch wiederholt wurde, klemmte er aber den Schnabel nach den Lockern des Riegels richtig in den Spalt zwischen Kiste und Tür und drückte sie nach links — also nicht nach rechts, wie bei der ursprünglichen Anordnung, bei der die Riegel auf der anderen Seite standen.

Einzelheiten des Verhaltens am Riegel sind außerordentlich lehrreich. Ursprünglich diente der Kasten nicht zu Versuchen, sondern zur Aufbewahrung von Vorräten. Eines Tages hatten die Krähen ihn geöffnet und den Inhalt im Käfig verstreut. Da eine spielerische Beschäftigung mit den damals noch blanken Riegeln sehr beliebt war, war nicht daran zu zweifeln, daß der erste Erfolg zufällig gewonnen war. Es war nun leicht festzustellen, daß nicht die Stellung des Riegels den Vogel zu richtigem Einhalten der Bewegungsfolge veranlaßte. Andererseits lag auch keine kinästhetisch eingefahrene Reaktionsfolge vor. War der Riegel offen und lag die Tür fest an, so drehte die Krähe — allerdings zögernd, gestört von der ungewohnten Stellung — an dem schon offenen Riegel, ehe sie die Tür anpackte. Waren andererseits die Riegel sehr locker aufgeschraubt und deshalb ein Spalt zwischen Tür und Rand zu sehen, so versuchte die Krähe stets, die Tür unmittelbar aufzureißen und drehte erst nach dem Mißerfolg den Riegel auf.

Aus diesem Verhalten ist zu schließen, daß die Wirkung des Riegels nicht erfaßt war. Der Vogel hat bestimmte Bewegungen erlernt und behalten, die er mit bestimmten Wahrnehmungen verknüpft hat. Der psychische Inhalt, auf den es ankommt, heißt in Worten ausgedrückt: »Riegel drehen«, aber nicht: »Riegel hindert«. Denn auch der nicht mehr hindernde Riegel löst die Drehungen aus.

Der wichtige Kontrollversuch mit dem lockeren Riegel ist ein schönes Beispiel dafür, daß man nicht mit der Darstellung einer Leistung schlechthin zufrieden sein braucht. Man kann in der Forschung weiter gehen und möglichst genau Wesen und Wirkungsumfang der die Leistung bedingender Faktoren zu erfassen suchen.

Bei allen jetzt besprochenen sekundären Aufgabenlösungen spielt die Form des Handelns eine Rolle und es liegt der Verdacht nahe, daß sie es ist, die sich das Tier einprägt. Der Türversuch mit der Krähe zeigt nun, daß die erlernte Reaktion nicht nur mechanisch in derselben Weise wie das früher erfolgreiche Verhalten ausgeführt, sondern sinnvoll in den Gang der Ereignisse eingefügt wird. Der Vogel, der gelernt hat, die Tür nach rechts aufzumachen, öffnet sie nach Versetzung der Angeln auf die andere Seite auch ohne weiteres durch eine Bewegung nach links. Das tut er offenbar in einer gewissen Vorwegnahme des eignen Tuns. Es ist, als ob er innerlich die hier erforderliche Handlung schon ausgeführt hätte.

Diese Vorwegnahme der *Handlungsform* bedeutet aber keine Vorwegnahme des *Handlungsergebnisses.* An diesem ist zweierlei zu unterscheiden. Erstens der erlebte und vielleicht auch wieder erwartete Affekt und zweitens die durch die Tätigkeit bewirkte Veränderung der Dinge.

Die Krähe, die den Riegel hochgedreht und die Tür aufgerissen hat, freut sich. Das ist Grund genug, sie später das gleiche tun zu lassen.

Wenn die Krähe aber den Riegel hochgedrückt hat, ist auch ein neues »Riegelbild« entstanden. Sobald dieses vorhanden ist, kann die Tür geöffnet werden. Aber das durch die Tätigkeit entstandene »Bild« wird offenbar weder behalten noch bei Handlungsbeginn im voraus entworfen. Trotz der sinnvollen Art der Bewegung der Tür unter den veränderten Umständen ist der Vogel so überrascht, daß er sich, obwohl er Lockmittel von stärkster Wirkung sieht, lange nicht in den Kasten wagt.

Hinsichtlich der Einpassung des Handelns in neu gegebene Umstände, die beim Handlungsbeginn deutlich zu sehen sind (was wichtig ist!), entspricht die Tätigkeit des Vogels der eines Menschen in der gleichen Lage. Dieser bedenkt aber nicht nur den voraussichtlichen Handlungsverlauf, sondern auch die durch seine Tätigkeit entstehenden Änderungen in der Situation. In der Leistung der Krähe offenbart sich ein wichtiger Teil der menschlichen Intelligenz, während ein anderer, nicht minder wichtiger Teil noch fehlt.

Ein weiteres Beispiel für erfolgsgerechtes Einfügen erlernter Handlungen ist die Leistung der Waschbären von *Mc Dougall* (1931) am »Riegelkasten« (»puzzle box«, Abb. 79). Das ist ein Holzkasten, dessen Deckel nur nach Lockerung einer Reihe von Riegeln geöffnet werden kann. Jeder Riegel blockiert einen anderen.

Zunächst, als noch kein Riegel angebracht war, lernten die Waschbären in typischer sekundärer Aufgabenlösung den Deckel mit der Schnauze hochzustoßen und das als Lockmittel im Kasten liegende Fleisch zu holen.

Als das sicher beherrscht wurde, konnte der Kasten mit dem ersten Riegel L 1 geboten werden. Der Waschbär versuchte vergebens, den Deckel aufzustoßen. Er hat also nicht vorausgesehen, daß es jetzt nicht mehr ohne weiteres möglich war. Er mühte sich erfolglos, bewegte aber dann schon wenige Sekunden später den Hebel — ob zufällig oder in Voraussicht des Ergebnisses bleibt fraglich — und hebt nun sofort den Deckel. Beim zweiten Versuch probierte er noch länger, den Deckel zu heben, ehe er darauf verfiel, den Riegel zu lockern. Erst am übernächsten Tage handelte er von vornherein richtig.

Nun wurde der zweite Hebel (L 2) angebracht. Das Tier griff aber sofort den ersten an und dann erst den neuen. In der Folge hat dann *Mc Dougall* immer mehr Riegel hinzugefügt und konnte wiederholt ähnliches Verhalten beobachten. Das Tier versuchte nach jeder Veränderung zunächst den letzten ihm bekannten

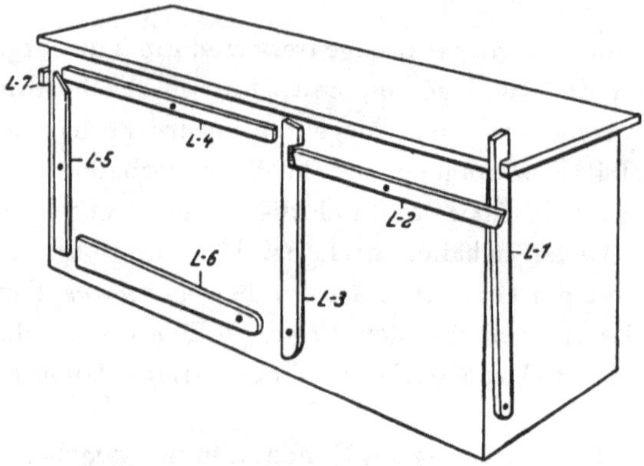

Abb. 79. Riegelkasten für Versuche mit Waschbären. (Nach Mc Dougall)

Riegel zu lockern und hat sich, wenn er blockiert war, nie vergebens bemüht, den Deckel zu heben. Vielmehr hat es sich dann dem neuen Riegel zugewandt, ihn gelockert, und nun in richtiger Weise und in einem Zuge auch die übrigen Riegel verschoben, bis der Deckel frei war.

DIE BINDFADENVERSUCHE

Vor Jahren hat *Joradan* im Anschluß an Versuche von *de Jong* einen Bindfadenversuch mit Hunden beschrieben und sogar das Tier in einer Ausdruckszeichnung dargestellt. Man sieht einen durch Halsband und Leine festgehaltenen Hund, vor dem außerhalb seiner Reichweite ein Knochen liegt. An diesem Knochen, der natürlich als starkes Lockmittel wirkt, ist eine Schnur befestigt, die bis unmittelbar vor den Hund reicht. Er braucht also nur zu ziehen, um den Knochen zu bekommen. Indessen hat das Tier sich ganz und gar vergebens bemüht und ist in seinem heftigen Zerren an der Leine nicht auf die einfache Lösung der Aufgabe, auch nicht auf eine sekundäre Aufgabenlösung verfallen.

Da *Jordan* nun grundsätzlich die Möglichkeit bestreitet, daß ein Hund »Dingbezug erfassen« könne, haben sich viele weitere Untersucher für das Problem interessiert und sowohl sekundäre als auch primäre Aufgabenlösungen beobachtet. Besonders in allerjüngster Zeit ist das heute verfügbare Wissen außerordentlich gewachsen. Eine eingehende Beschreibung aller Bindfadenversuche würde ein kleines Buch füllen.

Da der Unterschied zwischen der primären und der sekundären Aufgabenlösung hinreichend erläutert ist, seien die hierher gehörenden Versuchsergebnisse nach diesem Gesichtspunkt tabellarisch zusammengestellt. Da Affen die Aufgabe ohne weiteres primär lösen, sind sie nicht erwähnt. Dagegen findet man weitere mit Säugetieren angestellte Versuche mit aufgeführt.

Die Ergebnisse von Bindfadenversuchen

Autor	Versuchstier	Anzahl der Tiere	Art der Aufgabenlösung	Verhaltensform
Shepherd (1915)	Hund	3	Versager	
De Jong (1923)	Hund	1	Versager	
Teyrovski (1925)	Katze	4	2 Versager 2 sekundär	 scharren mit Fuß
Drescher und Trendelenburg (1927)	Hund	2	Versager	
	Katze	2	Versager	
Bierens de Haan (1932)	Hund	1	primär	zieht mit dem Maul;
	Nasenbär	2	primär	♂ kratzt den Faden über den Boden, ♀ zieht mit den Fingern;
	Eichhörnchen	1	primär	zieht mit dem Maul
Fischel (1933)	Hund	2	sekundär	scharren mit Fuß
	Meerschweinchen	2	primär	zieht mit Maul
B. Schmid (1936)	Marder	1	primär	?
	Fuchs	2	primär	zieht mit Maul
Kuckuck (1936)	Braunbär	2	primär (zweifelhaft)	scharren mit Fuß
Sarris (1937)	Hund	7	2 primär 5 Versager	ziehen mit Maul

Die Übersicht zeigt eine fast verwirrende Unregelmäßigkeit. Für Hunde sind neben völligem Versagen, das recht häufig ist, sowohl sekundäre als auch primäre Leistungen angegeben. Katzen versagten oder fanden sekundäre Lösungen.

Gegen all diese Versuche kann angeführt werden, daß sie »naturfremd« seien. Nur die Baumtiere kommen vielleicht hier und dort in die Lage, sich eine an einem Zweig hängende Frucht heranziehen zu müssen. Aber welches Raubtier muß in der Freiheit etwas Ähnliches?

Diese Frage bedeutet indessen keinen stichhaltigen Einwand gegen unsere Ergebnisse. Es ist keineswegs selbstverständlich, daß die Intelligenz des Tieres nur über eine beschränkte Anzahl von Bewegungen verfügt, also über Handlungen, die in der Natur vorkommen. Man muß unter allen Umständen damit rechnen, daß der Intelligenz — wenn sie überhaupt vorhanden ist — *alle* Bewegungsmöglichkeiten untergeordnet sind. Also auch Scharrbewegungen mit dem Fuß.

Die Vorderglieder der Wirbeltiere sind den Armen und den Händen der Menschen homolog. Daß die funktionstüchtige Hand eine Voraussetzung für das Entstehen der Menschheit bedeutet, ist anerkannt. Nun ist es eine nicht nur berechtigte, sondern auch unbedingt notwendige Frage der vergleichenden Psychologie, wenn sie sich zu erfahren bemüht, welche Rolle die Vordergliedmaßen auf niederen Entwicklungstufen der Säugetiere spielen.

Bevor wir darauf eingehen, sei noch ein Einwand kurz erwähnt, der gegen die »Laboratoriumsversuche« erhoben worden ist. Im Zimmer oder im Käfig — so wird gesagt — könne ein Fuchs oder ein Eichhörnchen, ein Marder oder ein Bär nicht zur vollen Entfaltung seiner Tätigkeiten kommen. Die nicht naturgemäße Umgebung wirke gewissermaßen lähmend.

Ich kenne keinen Psychologen, der leichtfertig über diesen Einwand hinweggeht. Jeder bemüht sich um möglichst gute Haltung seiner Versuchstiere und jeder strebt danach, sie im Käfig oder Gehege vertraut werden zu lassen. Es geht zu weit, wenn behauptet wurde, daß das höhere Tier dort in den ungewohnten Räumen und vor unbekannten Menschen seine Gaben nicht voll entfalten könne. Unter diesen Umständen ist meines Wissens nie eine ernsthafte Untersuchung durchgeführt worden.

Viel wichtiger für den Wert des Laboratoriumsversuches ist eine andere Frage. Wieweit stimmen denn die Versuchsergebnisse der Einzelprüfungen mit Beobachtungen, die in der freien Natur gewonnen wurden, überein? Sind die Leistungen draußen vielleicht dem Grade oder gar dem Wesen nach höher zu bewerten?

Diese letztere Frage muß nach den heute vorliegenden, allerdings nicht sehr zahlreichen, wissenschaftlich einwandfreien Freiheitsbeobachtungen durchaus verneint werden. Allerdings sind die Leistungen der Tiere in der Natur umfangreicher als im Versuchsraum. Die Umwege, die ein Marder durch Zaunlücken und Mauerlöcher in den Stall führen, sind weit größer als die in der Experimentalprüfung künstlich hergestellten. Es besteht aber, wie wir noch sehen werden, nicht der geringste Grund anzunehmen, daß draußen in der Freiheit psychische Faktoren zur Geltung kommen, die dem Beobachter gefangener Tiere durchaus entgehen müssen. Selbstverständlich ist das Verhalten in Feld und Flur der Prüfstein, an dem sich die im Forschungshaus gewonnenen Erkenntnisse bewähren müssen. Und es gibt wohl keinen vergleichenden Psychologen, der nicht sorgfältig das Experimentalergebnis mit eigenen und fremden, in der Natur gewonnenen Beobachtungstatsachen vergleicht.

Was lehrt nun die eigenartige Buntheit der Ergebnisse der Bindfadenversuche, von denen wir eben gesprochen haben? Offenbar kommt den *Anlagen des Individuums ganz unabhängig von der systematischen Stellung der Art eine entscheidende Bedeutung zu.* Der gut veranlagte Hund löst die Aufgabe primär, der weniger begabte sekundär oder überhaupt nicht.

Mit dieser Feststellung kann sich aber eine kritische Forschung in keiner Weise zufrieden geben. Sie empfindet vor allem den Mangel einer statistischen Bearbeitung des Problems als störend. Diese ist aus äußeren Gründen bis heute noch nicht möglich gewesen. Die wenigen tierpsychologischen Forschungseinrichtungen haben keine Mittel, um 100 Hunde oder gar Füchse zu halten und sie einzeln durch geschulte Bearbeiter mit einem bestimmten Versuch zu prüfen. So bleibt eine peinliche, den Zweifel weckende Frage offen, die gerade die Spitzenleistungen betrifft. Wieweit spielt nämlich bei ihnen der Zufall eine Rolle? Und es handelt sich hier nicht um den blinden und plumpen Zufall, bei dem jeglicher andere Faktor ausgeschlossen ist, sondern um ein Zufallsgeschehen, daß in eine Fülle von anderen Regungen eingeschlossen, eine geringe, aber mitunter eine entscheidende Rolle spielt. Wenn man den Bindfadenversuch am Gitter anstellt, wobei also dieses einen Hund vom Fleischbrocken trennt, während ein Faden vom Lockmittel bis zwischen die Gitterstäbe reicht, so sieht man einige Hunde Scharrversuche machen mit der unverkennbaren Tendenz zu graben. Soll man es nun Zufall nennen, daß der Grabversuch in der Regel gerade vor der Schnur gemacht wird? Hat diese etwa ganz geringe primäre Valenzen? Vielleicht dadurch, daß das Lockmittel mit ihr verbunden ist?

Alle diese Fragen erfordern ein weiteres und tieferes Eindringen in unser Problem. Da ist zunächst eine in der Zusammenstellung gut ersichtliche Tatsache sehr bedeutungsvoll. Der eine Hund scharrt auf dem Faden, wodurch dieser genähert wird. Der andere ergreift ihn mit dem Maul und geht einen Schritt rückwärts, damit das Lockmittel heranbewegt wird.

Nun ist zweierlei möglich. Es könnte sein, daß das Tier »versteht«, ich muß den Faden bewegen. Ob es nun Maul oder Fuß benutzt, ist vielfach Zufall. Zweitens besteht aber auch die Möglichkeit, daß die Entscheidung für eine Benutzung des Kopfes oder des Fußes keineswegs vom Zufall abhängt. Vielleicht wird die eine Verhaltensweise von vornherein für voraussichtlich erfolgbringend, die andere für voraussichtlich ergebnislos gehalten.

Mit dieser Überlegung tauchen neue Fragen auf. Sind vielleicht unkontrollierbare Erfahrungen im Spiel? Hat der eine Hund vielleicht schon irgendwo etwas mit dem Maul zu sich herangezogen und damit eine Erfahrung gemacht, die das andere, anscheinend weniger intelligente Tier zu machen keine Gelegenheit hatte?

Wenn Erfahrungen vorliegen, sind wahrscheinlich mehrere gemacht worden, die beim Versuch in Betracht kommen. Ist es vielleicht Zufall, daß ihm gerade eine erfolgbringende einfällt?

Ohne dem Ergebnis einer statistischen Bearbeitung vorzugreifen, darf vermutet werden, daß die Rolle des Zufalls gering, wahrscheinlich sogar sehr gering ist. Wenn er waltet, müssen wenigstens hier und da gewissermaßen auf gut Glück unternommene Handlungen vorkommen. Man sieht aber nicht selten, daß verschiedene Betätigungsmöglichkeiten einem Ziel untergeordnet sind und nur als Folge beschränkter Erfolgsvoraussicht ergebnislos bleiben. Aus den Versuchsberichten von *Bierens de Haan* (1932) sei hier das Verhalten von Kleinbären angeführt.

»Das Futter wird vor den Augen des Tieres in eine offene Blechbüchse geworfen, welche außerhalb der Reichweite eines Tieres steht, aber mittels eines angebundenen Bindfadens, dessen freies Ende im Bereich des Tieres auf dem Boden liegt, herangezogen werden kann. Die Frage ist nun, ob das Tier es versteht, das versteckte Futter auf diesem Wege heranzuholen.

Die 4 Raubtiere (2 Waschbären und 2 Nasenbären) zogen, wenn die Büchse leer außerhalb des Käfiges auf einen niedrigen Tisch hingesetzt war, diese sofort am Bindfaden heran, bis sie in ihrem Bereiche war. Sie taten dieses aber auf verschiedene Weise. Das Waschbärmännchen kratzte dazu den Bindfaden über die Tischfläche; das Weibchen zog den Bindfaden etwas schwerfällig heran in den umgebogenen Fingern oder auch zwischen zwei Fingern einer Hand. Auch nahmen beide bisweilen den Bindfaden zwischen die zusammengepreßten Hände. Die Nasenbären konnten mit ihren langen Pfoten und beweglicheren Fingern einhändig mehr leisten als die Waschbären mit ihren steifen Fingern und zogen die Büchse einhändig am Bindfaden heran. Der ältere benutzte dabei abwechselnd beide Hände und lief, als einmal ein ziemlich langer Bindfaden angebracht worden, einige Schritte rückwärts und warf dann den Körper zurück, was entschieden eine praktische Lösung war, weil er damit wiederholtes Greifen nach dem Bindfaden überflüssig machte. Der junge Nasenbär zog erst den Bindfaden mit den Zähnen heran und wechselte dann sein Benehmen, indem er abwechselnd beide Pfoten benutzte.«

Die Leistungen der *Vögel* sind nicht weniger mannigfaltig als die der Säugetiere. Bindfadenversuche sind oft mit Vögeln angestellt

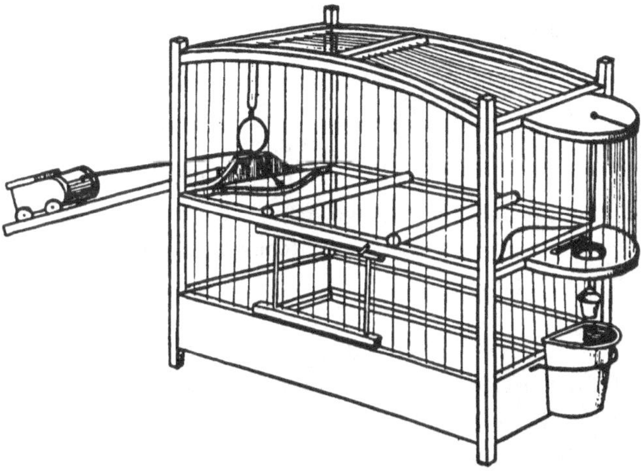

Abb. 80. Ein »Putter-Käfig« für Stieglitze. Links muß das Futter in einem Wägelchen hochgezogen werden. Rechts hängt der Fingerhut zum Hochziehen des Trinkwassers. (Nach Bierens de Haan)

worden und wir gehen bei ihrer Besprechung am besten von den Beobachtungen aus, die *Bierens de Haan* (1933) am holländischen »Putter-Käfig« gesammelt hat.

Bei dieser Untersuchung ging der bekannte und erfolgreiche Tierpsychologe von einem alten niederländischen Volksbrauch aus, der auch andererorts gepflegt worden ist. Man hält nämlich gern Stieglitze (*Carduelis carduelis*) in Käfigen, an denen sie ihr Trinkwasser gewissermaßen aus einem Brunnen hochziehen müssen (Abb. 80). An der Schmalseite des Käfigs ist eine Ausbuchtung mit Holzboden. Darin ist ein Loch, in dem an einem Bindfaden ein Fingerhut wie ein Eimer im Brunnen in einem Wassergefäß hängt.

Gegenüber befindet sich eine schiefe Ebene aus Holz. Hier muß der Vogel sein Futter in einem Wägelchen hochziehen, dessen Räder nach echtem alten Brauch aus Kupfermünzen bestehen.

Da er das Wasser aus dem Brunnen schöpft, hat der Stieglitz in den Niederlanden vielfach den Namen »Putter« = der Schöpfer. Hier soll aber nicht vom Stieglitz als Schöpfer die Rede sein, um eine auch nur entfernte Möglichkeit zum Verwechseln mit schöpferischer Tätigkeit im Sinne des freien Erfindens oder Erschaffens auszuschließen.

Zweierlei muß der Stieglitz sowohl am Futterwägelchen als auch am Wassereimer leisten. Erstens gilt es mit dem Schnabel am Faden zu ziehen und zweitens muß er ihn mit dem Fuß festhalten, um ein Zurückgleiten zu verhindern. Wie kommt diese Leistung zustande?

Keiner der drei Stieglitze hatte schon früher eine ähnliche Aufgabe gelöst. Der erste von ihnen zog indessen primär am Faden, klemmte ihn unter den Fuß, zog wieder, klemmte usw. bis das Wägelchen erreicht war. Der zweite Vogel versagte durchaus, während der dritte Vogel die Hauptsache der Aufgabe, nämlich das Festhalten des Wagens mit dem Fuß »offenbar zufällig« entdeckte, also eine sekundäre Aufgabenlösung lieferte.

Versagt haben bei dem in dieser Weise angestellten Bindfadenversuch ferner: 2 Grünlinge, 2 Buchfinken, 2 Hänflinge und 2 Zeisige.

Von Bindfadenversuchen gewöhnlicher Art berichtet *M. Hertz* (1926). Eine Dohle war beim Hochziehen senkrecht von einer Sitzstange herabhängender Lockmittel einer Krähe, die sich sonst gelehriger erwies, überlegen. Mit Sicherheit glückte der Dohle das Hochziehen aber nur dann, wenn das Lockmittel an einem 9 cm langen Stoffstreifen hing. Dieser kann leichter als ein Faden an der Sitzstange festgehalten werden, was der Dohle keine, der Krähe aber »fast unüberwindliche Schwierigkeiten« machte.

Ich selbst habe (1936) einem jungen, frei im Zimmer fliegenden Zeisig unter seiner Sitzstange ein kleines Eimerchen mit Futter zunächst so aufgehängt, daß er es mit dem Schnabel eben noch erreichen konnte. In unmittelbarer Aufgabenlösung hat er es hochgehoben, mit einem Fuß an der Stange festgehalten und dann daraus gefressen. Als das Eimerchen nicht mehr *unter*, sondern in eben noch erreichbarem Abstand *vor* seiner Sitzstange hingehängt wurde, hat der Vogel es sofort mit dem Schnabel ergriffen, an die Stange gezogen und einen Fuß gehoben, als ob er den Rand des Eimerchens festhalten wollte. Das glückte ihm aber nicht. Der Fuß wurde nicht zielgemäß bewegt, griff daneben und das Eimerchen pendelte. Bei der Wiederholung kam es nun vor, daß der Zeisig das Eimerchen richtig unter die Zehen klemmte; manchmal geschah es aber auch, daß er es mit dem Schnabel einen ganzen Zentimeter neben den Fuß hielt und dann mit diesen erregt auf- und niedertrat. Diese Bewegung war unbestreitbar nicht auf das Eimerchen gerichtet, sondern einfach ziellos und wahrscheinlich unbedingt instinktiv. Mit der Zeit führte der Vogel aber das Eimerchen stets mit dem Schnabel zum Fuß, so daß es gehalten wurde.

Am einfachsten erklärt sich das Verhalten des Zeisigs auf folgende Weise. Zunächst lockt das Futter durch seine Valenzen. Da es nicht direkt erfaßt werden kann, packt der Vogel den Rand des Gefäßes mit dem Schnabel. Die Bewegung des Schnabels zur Sitzstange ist instinktiv.

Warum aber instinktiv? Die Antwort auf diese Frage bringt ein Hinweis auf die Artgebundenheit dieser Verhaltensweise. Es gibt viele Vögel, die Futter unter ein Fuß klemmen, sich manchmal geradezu daraufstellen, und es nun mit dem Schnabel zerkleinern. Jeder Naturfreund hat das schon bei Meisen gesehen. Alle Meisen verhalten sich in dieser Hinsicht gleich. Der Raubwürger (*Lanius excubitor*) macht die Sache aber durchaus in artspezifischer Weise anders. Er hält die Beute mit den Zehen umklammert vor sich hin, während er auf einem Ast sitzt. Dabei ist nicht der das Futter haltende Fuß auf die Sitzstange gestützt, sondern das Bein. Er hält also die Beute nicht auf den Zweig, sondern vor ihn.

Die zweite Bewegung, nämlich das Festhalten der Beute oder der Schnur beim Bindfadenversuch mit dem Fuß ist gleichfalls instinktiv. Dafür spricht, daß sie vom Ziel ausgelöst aber nicht ihrer Form vom Ergebnis bedingt wird. Denn wir haben gesehen, daß der Zeisig mit dem Fuß einfach auf- und niedertrat, ohne das Gefäß zu erreichen, ja ohne überhaupt nach ihm zu zielen. Die Koordination beider Einzelinstinkte kommt nun durch sekundäre Valenzen zustande, die der Fuß beim zufällig erfolgreichen Festhalten des Eimerchens erhält. Wir haben es also mit einer typischen »Instinkt-Dressurverschränkung« zu tun, wie *Lorenz* in solchen Fällen zu sagen pflegt. Der durch die Erfahrung entstandene psychische Inhalt ist die besondere Valenz einer Wahrnehmung, nämlich des eigenen Fußes an der Sitzstange.

Was oben vom Zeisig gesagt wurde, gilt indessen nur für Ziele innerhalb der Reichweite des Schnabels. Ein vollständig außer Reichweite unter der Sitzstange hängendes Lockmittel hat der Zeisig nicht hochgezogen. Er kam nicht darauf, den Faden wiederholt unter den Fuß zu klemmen, wie es Stieglitze tun.

Genau dasselbe Ergebnis hatten Versuche mit zwei Wellensittichen (*Melopsittacus undulatus*). Wie der Zeisig hielten sie ein hochgezogenes, mit dem Schnabel noch eben erreichbares Eimerchen sofort fest (*Fischel* 1936). Zweimal sah ich auch hier, daß die Fußbewegung zum Halten des Eimerchens erfolglos blieb, weil sie ungerichtet war. Als nun das Eimerchen außer Reichweite unter der Sitzstange hing, ließen sich die Vögel vornüber kippen, streckten sich lang aus, ließen sogar einen Fuß los, um das Ziel direkt zu erreichen. Das Hochangeln des am Faden befestigten Futters haben sie weder primär noch sekundär beherrscht.

Unmittelbare und vollständige Aufgabenlösungen ergaben dagegen Versuche mit 3 Papageien (2 *Ara ararauna* und 1 *Chrysotis amazonica*), unter deren Sitzstange an einem 1 m langen Faden eine Erdnuß befestigt war. Ohne weiteres zog der Vogel ein Stück Schnur zu sich herauf, klemmte es zwischen Sitzstange und Fuß fest und umklammerte es mit den Zehen, faßte dann die Schnur weiter unten, zog hoch, hielt fest usw.

Schließlich sei noch einer von den Versuchen erwähnt, die *Teyrovski* (1930) mit einer Grasmücke (*Sylvia borin*) angestellt hat. Der Vogel mußte an einem waagerecht vor dem Käfig auf einem Brett legenden Faden ziehen, an dessen Ende ein toter Mehlwurm angebunden war. Er tat das aber nicht und zeigte wenig Interesse für das sonst sehr gern gefressene Lockmittel.

Beim folgenden Versuch war nun ein lebender Mehlwurm an der Schnur befestigt. Die Grasmücke sprang herbei und blickte nach dem Wurm, durch den auch der Faden leicht bewegt wurde. Dann verfolgte sie mit den Augen auch die Bewegungen des Fadens, griff plötzlich zu und riß den Mehlwurm herbei.

Auf zweierlei Weise kann dieses Verhalten erklärt werden. Erstens ist es möglich, daß dem Vogel plötzlich eine Verhaltensweise einfiel, die er nun sofort ausführt. Zweitens kann es aber auch sein, daß die Handlungsform in keiner Weise durch einen höheren psychischen Inhalt gegeben war. Aber durch die Bewegung bekam der Faden Valenzen, erschien womöglich selbst wie ein lebendes Beutestück, worauf der Vogel ihn ergriff und instinktiv zog.

DAS PROBLEM DER INTELLIGENZ

Der eben gegebene, keineswegs erschöpfende Überblick über das Verhalten von höheren Tieren vor nur mittelbar zugänglichen Zielen zeigt eine anscheinend regellose Mannigfaltigkeit von primären und sekundären Aufgabenlösungen. Diese Unterschiede gibt es sogar zwischen Artgenossen. Was bedingt aber die große Verschiedenheit ihrer Leistungen?

Soweit es nicht auf Instinkten beruht, führt man das Verhalten von Tieren und Menschen, die unter schwierigen Umständen ein Ziel erreichen müssen, auf größere oder geringere Intelligenz zurück.

Diese Begriff müssen wir definieren. Zunächst kann kein Zweifel darüber bestehen, daß es verschiedene Grade der Intelligenz gibt. Es könnte sich nun um einen Faktor handeln, der verschieden weite Räume umfaßt. Hunde bewältigen kurze Umwege leichter »per primam« als lange.

Nun ist aber eine Leistung als primäre Aufgabenlösung nur beschrieben und nicht erklärt. Liegt ihr vielleicht ein schöpferischer Prozeß, gewissermaßen eine Erfindung zugrunde? Entsteht im Tier, das mit dem Bindfadenversuch geprüft wird, als etwas Neues gewissermaßen ein »Plan«, an der Schnur zu ziehen?

Mit dieser Frage taucht eine weitere auf. Ist dieser »Plan«, der eine Verhaltensmöglichkeit betrifft, wirklich etwas ganz Neues? Es könnte doch sein, daß das Tier schon einmal etwas durch Ziehen fortbewegt hat und nun eine frühere Erfahrung anwendet.

Beim Menschen kommt beides vor. Und beides ist schon zum Kernpunkt von Intelligenzdefinitionen gemacht worden. Von diesen in jüngster Zeit gegebenen Umschreibungen dessen, was angeblich unter Intelligenz zu verstehen sein soll, geben wir hier ein paar Proben, die wie ein Schlaglicht die in der allgemeinen Psychologie herrschenden Meinungsverschiedenheiten beleuchten.

Bühler (1921) meint: »Erfindungen machen ist die spezifische Leistung des Intellektes.«

Im Gegensatz dazu definiert *Bierens de Haan* (1931): »Unter Intelligenz im allgemeinen verstehen wir beim Tier das Vermögen, erlebte Eindrücke als Erfahrung aufzubewahren und in späteren Fällen als solche zu verwenden.«

In ähnlicher Weise führen *Ziehen* (1911), *Hobhouse* (1925) und *Mc Dougall* (1931) die Intelligenz auf das Einbeziehen von Erinnerungen in das bevorstehende Handeln zurück.

Eine andere Gruppe von Forschern legt das Hauptgewicht auf das Erkennen der in einem gegenwärtigen Tatbestande liegenden Beziehungsmöglichkeiten.

Stern (1921) definiert im Anschluß an *Höper*: »Intelligenz nenne ich die Fähigkeit des Individuums, Beziehungen aufzufinden und herzustellen.«

Lashley (1929) behauptet: »Eine intelligente Handlung ist eine solche, bei der die Elemente einer Situation zu einer ausgeprägten Konfiguration vereinigt werden.«

Eine wichtige Sonderstellung nehmen die Gedanken von *Ebbinghaus* ein: »Beschränktheit des Gesichtskreises und starres Verlaufen in den gewohnten Bahnen auf der einen Seite, dagegen Umsicht und Beweglichkeit des Denkens bei gleichzeitiger Festhaltung *eines* herrschenden Gedankens auf der anderen, das sind die unterscheidenden Kennzeichen von Dummheit und Intelligenz.«

Diese Umschreibung ist ausschließlich in der Menschenpsychologie verwendbar. Sie deutet an, daß die Intelligenz sich aus dem Zusammenwirken mehrerer Teilfunktionen ergibt. Welche das sind, ist im Einzelfall nicht leicht aufzuzeigen. Darum versteht eine weitere Gruppe von Forschern unter Intelligenz das *Ergebnis* dieses Zusammenwirkens, durch das bestimmte Leistungen ermöglicht werden.

Nach *Heymans* (1932) gehören zur Intelligenz mindestens Interesse, Phantasie und die durch »Sekundärfunktionen« gegebenen Erfahrungen. (Unter Sekundärfunktionen versteht er diejenigen Erfahrungen, die bei einer Handlung formend mitwirken, ohne gerade Bewußtseinsinhalt zu sein.)

Unter dem Eindruck der Vielfalt der Meinungen haben einige Psychologen überhaupt die Einbeziehung bestimmter Funktionen in die Definition verzichtet. Nach *Gruhle* (1934) ist Intelligenz »die allgemeine geistige Anpassungsfähigkeit an neue Aufgaben«.

Am weitesten faßt *Kretschmer* (1926) den Begriff. Nach ihm ist »Intelligenz kein selbständiges Seelenvermögen, sondern lediglich ein praktisches Kennwort, mit dem man gewisse Leistungen und Fähigkeiten der Gesamtpersönlichkeit zusammenfaßt«.

Vergleichend-psychologisch steht der Festlegung einer brauchbaren Intelligenzumschreibung eine große Schwierigkeit entgegen. Wenn nämlich ein Affe, ein leistungsfähiger Hund und eine Krähe die Umwegaufgabe primär lösen, kann nicht ohne weiteres behauptet werden, daß das auf Grund der gleichen psychischen Funktionen geschehe. Wir werden sehen, daß es sogar recht verschiedene sein können, die sich experimentell wohl unterscheiden lassen.

Nun kann man natürlich den Intelligenzbegriff zur Kennzeichnung einer gewissen Leistungshöhe festlegen und etwa sagen, daß primäre Aufgabenlösungen ein Zeichen hoher, sekundärer niederer Intelligenz sind. Versagende Tiere wären dann »dumm« und nicht mit Intelligenz gesegnet.

Da es sich aber eingebürgert hat, mit Intelligenz einen Unterschied vom Instinkt zu betonen, muß auch dieser Gesichtspunkt bei der Definition bedacht werden. Demnach wäre Intelligenz eine Fähigkeit, unter Anwendung von Erfahrungen ein Ziel zu erreichen. Wir haben aber gesehen, daß sekundäre Valenzen auf Erfahrungen beruhen. Sie reichen aber nicht aus, um jegliches Verhalten vor mittelbar zugänglichem Ziel verständlich zu machen. Es könnte sein, daß unabhängig von allen Valenzen die *Form der Handlung* — der Umweg, die Wischbewegung mit Fuß oder Kopf, das Verschieben von Riegeln — einen Gedächtnisinhalt bildet. Und schließlich ist damit zu rechnen, daß echte Erfindungen vorkommen.

Ihrer großen Seltenheit wegen läßt man diese, also die eigentlichen schöpferisch entstandenen psychischen Inhalte, soweit sie nicht auf das Kombinieren von Inhalten zurückzuführen sind, aus der Intelligenzdefinition heraus. Es bleiben also nur zwei Faktoren, die zu berücksichtigen sind: die Zielbedingtheit des Verhaltens und seine Ableitbarkeit aus Erfahrungen verschiedenster Art. Darum definieren wir:

Intelligenz ist eine durch das Zusammenwirken von verschiedenen psychischen Faktoren entstehende Fähigkeit, Ziele unter Anwendung von Erfahrungen zu erreichen.

Damit ist dann nur die Fähigkeit angegeben, also das, was geleistet werden kann. Offen bleibt aber die Art der Erfahrungsbildung.

Ohne weiteres kann jetzt die Richtigkeit dieser Definition durch einen Hinweis auf die zahlreichen primären Aufgabenlösungen angezweifelt werden. Dem darf und muß aber mit Nachdruck die Frage entgegengehalten werden, ob denn primäre Aufgabenlösungen wirklich gegen das Mitspielen von Erfahrungen sprechen. Gibt es nicht auch andere Faktoren — noch außer den eigentlichen Erfindungen —, die primär erfolgreiches Verhalten bedingen können?

Die neueste Forschung hat zu dieser Frage ein recht umfangreiches Material beigebracht, das nunmehr eingehend erörtert werden soll.

DIE REAKTIONSTENDENZEN HÖHERER TIERE

Wiederholt ist behauptet worden, daß höhere Tiere schwierige Aufgaben nur nach dem Prinzip von *Versuch und Irrtum* lösen könnten. Die sekundäre Aufgabenlösung verleitet leicht zu dieser Erklärung, die auch anerkannt werden darf, wenn man die Rolle des Zufalls beim »Versuch« des Tieres richtig einschätzt.

Der »Riegelversuch« erläutert am besten, worauf es hier ankommt. Nehmen wir an, es sei vor den Augen eines beliebigen Wirbeltieres Futter in einen Kasten gelegt worden, der mit einem Deckel verschlossen und durch einen Riegel gesichert wurde. Das Versuchstier muß also diesen zuerst verschieben und dann jenen heben, was es in unserem Beispiel primär nicht tut. Wenn es nun schnüffelt, sich in den Spalt zwischen Deckel und Kasten zu zwängen sucht, dort scharrt, in den Riegel beißt, gegen den Behälter stößt und sich schließlich mit der Pfote am Riegel zu schaffen macht, so sind das gewissermaßen auf gut Glück probierte Handlungsmöglichkeiten und »Versuche«, das Ziel zu erreichen, von denen die meisten den zuschauenden Menschen von vornherein aussichtslos erscheinen. Es ist aber unbedingt falsch zu meinen, daß die Art der »Versuche« des Tieres nun ganz und gar vom Zufall abhänge. Es ist wohl nie der Fall.

Hunde und Krähen, Mäuse und Füchse sowie viele andere Tiere finden eine Ritze von vornherein interessant. Sie besitzt primäre Valenzen, die in unserem Beispiel dadurch sekundär verstärkt sein können, daß das Tier an dieser Stelle das Lockmittel hat verschwinden sehen. So kann bei Kisten mit Deckel ohne weiteres eine primäre Aufgabenlösung durch Valenzwirkung zustande kommen. Wer behauptet, daß noch weitere psychische Faktoren mitwirken, muß das beweisen. Wie das möglich ist, werden wir noch sehen.

Ohne weiteres und ganz unabhängig von Erfahrungen kann ferner eine Tendenz zum Wegreißen von Hindernissen vorhanden sein. Da ist es nicht verwunderlich, wenn das Tier gleich den Hebel angreift und es ist falsch, wenn der Beobachter meint: wie intelligent, es wendet sich gleich der »richtigen« Stelle zu! Selbstverständlich besteht durch das Anfassen des Riegels eine gewisse Erfolgsaussicht. Sie liegt aber in den psychischen Spontantendenzen des Tieres begründet und nicht in einer tatsächlichen bestehenden Voraussicht. Wir müssen also in psychologischer Analyse beides trennen, wenn wir prüfen wollen, ob nicht vielleicht neben der Tendenz zum Wegreißen noch eine weitere Fähigkeit wirksam ist.

Der Angriff am Riegel kann diesen zufällig verschieben. Ein begabtes Tier behält nun diese erfolgbringende Bewegung. Seine Intelligenz besteht nun in dem zielgemäßen Anwenden einer erlernten Reaktionsform. Aber alles, was getan wurde, war von vornherein zielstrebig und nur in recht engen Grenzen hat der Zufall eine Rolle gespielt.

Den sekundären Valenzen kommt auch bei primären Aufgabenlösungen in der Regel eine große Rolle zu. Der Umwegversuch am

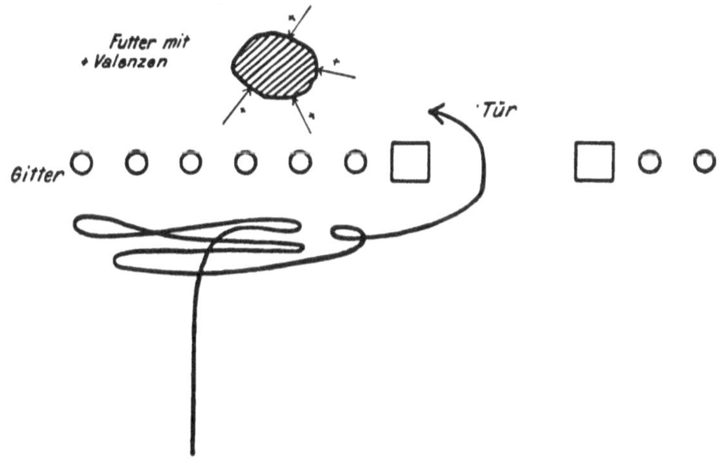

Abb. 81. Schema zur Erläuterung des Umwegversuches und der Bedeutung von Valenzen. Hinter dem Gitter liegt Futter, dessen anlockende Wirkung durch Pfeile angedeutet ist. Nach einigem Hin- und Herlaufen hat das Tier, dessen Verhalten durch den verschlungenen Pfeil bezeichnet ist, den Weg durch die Tür entdeckt.

Gitter soll das erläutern (Abb. 81). Ursprünglich sind die Stäbe am Gitter valenzschwache oder ganz gleichgültige Gebilde. Hindern sie nun ein Tier, das den Umweg nicht sofort findet, so bekommen sie eine negative »Tönung«. Vom Durchgang gilt das Umgekehrte. Er wird zu einer stark lockenden Erscheinung. Wenn nun unser Tier bei einer Wiederholung des Versuches sofort zur Tür läuft, erklärt sich sein Verhalten als ein Ergebnis der anlockenden und abstoßenden Wirkung der Wahrnehmungsinhalte, wie es in Abb. 82 veranschaulicht ist.

Ist irgendwo ein längerer Weg zum Ziel zurückzulegen, der durch viele Hindernisse unterbrochen von vornherein nicht übersehen werden kann, so handeln wohl niemals Tiere wie eine blind durch die Gegend rollende Kugel.

In der Regel bestimmt ein ganzheitliches Zusammenwirken aller psychischen Fähigkeiten jede Einzelleistung. Es gibt indessen auch Umstellungen vom beherrschenden Einfluß der einen Fähigkeit auf eine andere, wie es der Fall ist, wenn ein Spürhund eine bestimmte Witterung plötzlich nicht mehr festhält und mit etwas höher gehaltener Nase an zu »stöbern« fängt.

Umstellungen dieser Art hat *Krechevski* (1933) bei wichtigen Versuchen mit »unlösbarem Problem« gefunden. Der Grundgedanke ist

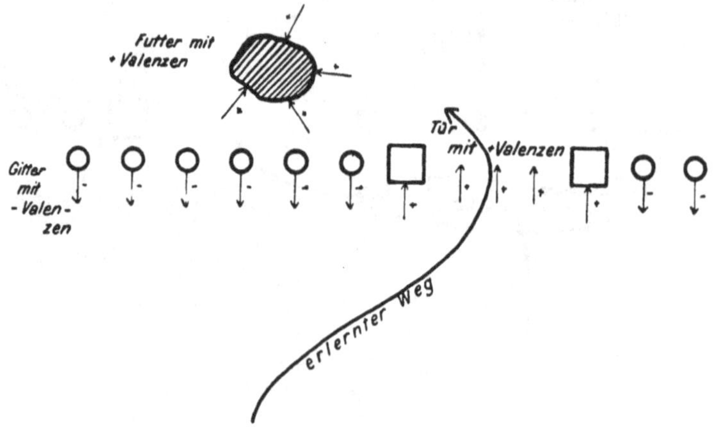

Abb. 82. Umwegleistung als Folge von Valenzwirkungen. Die Gitterstäbe haben negative (—), die Tür hat positive (+) Valenzen erhalten. Ihre lockende oder abstoßende Wirkung formt den Weg des Tieres.

der, daß eine Ratte (nur diese Tierart kann in Massenuntersuchungen geprüft werden), die an einem Merkmal — z. B. Licht — enttäuscht wird, sich einem ähnlichen Merkmal — z. B. schwächerem Licht — zuwendet. Erlebt sie nun hier auch eine Enttäuschung, so ändert sie ihr Verhalten grundsätzlich und versucht im Zick-Zack oder durch ausschließliche Rechtswendungen ein Ziel zu erreichen.

Es ist also, als ob das Tier gewissermaßen probierend eine ganz andere Art des Vorgehens anwende. Diese Art des Vorgehens nennt *Krechevski* eine »*Hypothese*«, was *Bierens de Haan* (1937) mit Recht »einen wenig glücklich gewählten Namen« findet. Hier soll jedoch der Ausdruck beibehalten werden, um eine möglichst getreue Darstellung der Originaluntersuchung zu geben. Kein neuer Fachausdruck soll weitere Verwicklungen schaffen.

Die Versuchsanordnung von *Krechevski* bestand aus 4 hintereinander angeordneten Kammern, von denen jede zwei Zugänge hatte (Abb. 83). Einer von ihnen konnte gesperrt und beide in der bei Wahlapparaten üblichen Weise verschieden hell beleuchtet werden.

Ein »unlösbares Problem« wurde nun insofern gestellt, als die Helligkeit der Zugänge in keiner Beziehung zur Durchgangsmöglichkeit stand. Eine Ratte, die in der ersten Kammer bei der schwächer beleuchteten Seite hatte weitergehen können, erlebte also in der folgenden Kammer bei der gleichen Lichtstärke eine Enttäuschung. Regellos war bald der hellere, bald der dunklere Weg unpassierbar.

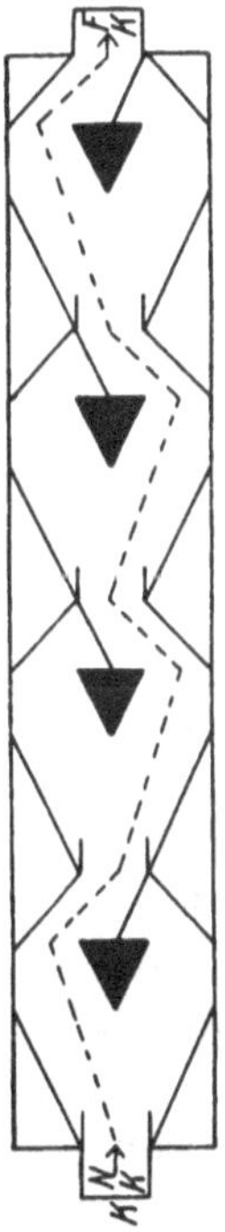

Abb. 83. Grundriß der Versuchsanordnung zur Feststellung tierischer »Hypothesen«. NK = Nestkasten, FK = Futterkasten. Punktiert: der Weg des Tieres. Aus Bierens de Haan (1937) nach Krechevski, etwas verändert.

Je nach dem Verhalten der Ratten unterscheidet *Krechevski* nun »visuelle und räumliche Hypothesen«.

Bei einer »visuellen Hypothese« stellt sich die Ratte in durchaus sinnvoller Weise auf eine bestimmte Beleuchtung ein, d. h. sie läuft von jedem Entscheidungspunkt aus z. B. stets zuerst in den dunklen Gang.

Bei einer »räumlichen Hypothese« schlägt das Tier unabhängig von den jeweiligen Wahrnehmungen eine bestimmte Wegform ein. Es wählt z. B. abwechselnd den rechten und dann den linken Durchgang. Oder es kommt vor, daß sich eine Ratte regelmäßig für den Durchgang auf der rechten Seite entscheidet.

Da eine Assoziation (z. B. Licht bedeutet freien Durchgang) nicht gebildet werden kann, erlebt die Ratte in ihrem Streben nach dem Futterkasten am Ende der Einrichtung sowohl Enttäuschungen als auch freie Durchgangsmöglichkeit. Da sie aber Enttäuschungen ganz zu meiden sucht, ändert sich über kurz oder lang das Verhalten zugunsten einer anderen »Hypothese«.

Nach Feststellung dieser interessanten Ergebnisse in Anordnungen mit »unlösbaren Problemen« hat *Krechevski* noch entdeckt, daß die Neigung zu visuellen oder räumlichen »Hypothesen« erblich bedingt ist. Er hat Rattenstämme finden können, deren Angehörige sich vorzugsweise in der einen oder der anderen Weise verhalten.

Er übernahm von einem anderen Forscher zwei Zuchtstämme von Ratten. Der erste bestand aus Tieren, die in Labyrinthversuchen gut gelernt hatten und die im Anschluß an eine amerikanische Ausdrucksweise hier die »hellen« genannt werden sollen. Die Ratten aus dem zweiten Stamm hatten im Irrgarten schlecht gelernt, schienen dumm und heißen die »stumpfen« Ratten.

Krechevski konnte nun zeigen, daß die Verschiedenheit der Leistung nicht auf größere oder geringere Intelligenz zurückgeführt werden darf, sondern auf verschiedene erbliche Anlagen. Denn die »hellen« Ratten bevorzugten »räumliche Hypothesen«. Sie liefen also gern in einer bestimmten Wegform, z. B. im Zick-Zack oder an der Entscheidungsstelle nach rechts. Ohne weiteres leuchtet ein, daß eine solche Tendenz dem Erlernen bestimmter Wege im merkmalsarmen Irrgarten zugute kommt.

Die »stumpfen« Ratten neigten dagegen zu »visuellen Hypothesen«. Sie entschieden sich also bei einer ganzen Reihe von Wahlstellen z. B. für den jeweils heller beleuchteten Weg. Als dabei Enttäuschungen vorkamen, bevorzugten sie längere Zeit den dunkleren Weg. Ihrer Veranlagung nach waren sie immer geneigt, sich nicht nach dem Raum schlechthin, sondern nach Wahrnehmungen zu richten. Da diese im Irrgarten nur eine sehr untergeordnete Rolle spielen, konnten sie dort nur Schlechtes leisten. Man sieht, wie vorsichtig man sein muß, wenn man zur Erklärung eines Verhaltens nur den Intelligenzgrad heranzieht. Klarheit ist erst dann geschaffen, wenn analysiert ist, wodurch die jeweilige Intelligenz zustande kommt.

Verhaltensweisen, die im Sinne von *Krechevski* als »Hypothesen« zu bewerten sind, kann man bei psychologischen Versuchen oft beobachten und stören den Gang der Versuche. Wo mehrere Futterbehälter in einer Reihe aufgestellt sind und ein besonders markiertes aufgesucht werden soll, kommt es manchmal vor, daß das Versuchstier einfach an der Reihe entlangläuft und einen nach dem anderen absucht. Das Verhalten hat damit ein bestimmtes System bekommen und kann nicht leicht wieder abgewöhnt werden.

KRITIK DER EINFACHEN INTELLIGENZPRÜFUNG

Nach diesen Feststellungen erscheint das scheinbar regellose Durcheinander von primären und sekundären Aufgabenlösungen bei zahlreichen Intelligenzprüfungen nicht mehr überraschend. Eine Fülle von Faktoren wirken bei jeder Leistung zusammen und jeder einzelne Faktor unterliegt der individuellen Schwankungsbreite. Valenzen sind von Tier zu Tier verschieden. Sekundäre Valenzen schwinden beim einen rascher, beim anderen langsamer. Das betrifft den Unterschied zwischen »harten« und »weichen« Hunden. Denn der weiche Hund behält den schmerzhaften Gertenhieb so lange, daß er schreckhaft wird.

Sekundäre Valenzen sind — wahrscheinlich in individuell verschiedenem Grade — übertragbar. Hunde, die eine Tür öffnen können, tun das auch mit anderen Türen. Die an einem Zaun gemachten Erfahrungen werden an anderen Zäunen angewandt und bedingen primäre Umwegleistungen.

Beim Intelligenzversuch kommt es aber in der Regel darauf an, die Erfolgsvoraussicht eines Tieres zu beurteilen. Entscheidet es sich für ein Verhalten, weil es von ihm Erfolg erwartet?

Diese Frage ist ohne weiteres zu bejahen. Das Tier erwartet ein bestimmtes Ergebnis seiner Tätigkeit. Ob es aber durch Valenzen gelockt, oder infolge von Spontantendenzen oder gar rein zufällig um seines Zieles willen die betreffende Tätigkeitsform einsetzt, ist damit noch nicht entschieden.

In der freien Natur sind viel mehr Verhaltensmöglichkeiten vorhanden als bei unseren Versuchen. Es kommt nun darauf an, festzustellen, ob das Tier sich dort für diejenige Handlungsform entscheidet, der tatsächlich die größte Erfolgsaussicht zukommt. Das wird selbstverständlich dort am besten zu beurteilen sein, wo *eine Mehrzahl* von gut überschaubaren Handlungsmöglichkeiten vorhanden ist. Beim Bindfaden-, Kisten- oder Umwegversuch ist das durchweg nicht der Fall. Hier gibt es in der Regel nur *eine* Verhaltensweise, die sinnvoll erscheint. Jede andere hat von vornherein eine so geringe Erfolgsaussicht, daß sie im Zusammenwirken mit Valenzen von vornherein nicht verlockend erscheint. Wie ist es denn, wenn ein Ziel sowohl durch Umweg als auch durch Fadenziehen erreicht werden kann? Und was geschieht, wenn wir das Lockmittel abwechselnd bald durch die eine, bald durch die andere Reaktionsweise zugänglich machen? Wird dann wirklich die erfolgbringende Tätigkeit ohne weiteres angewandt? Welche Rolle spielt denn dabei das jeweils vorhergehende Handlungsergebnis?

So ergibt sich eine Fülle von Fragen, die sich erst nach den modernen Intelligenzprüfungen formulieren ließen und durch sie nicht beantwortet werden können.

Ferner muß der vergleichende Psychologe die Gedächtnisinhalte der Tiere möglichst genau zu erkennen suchen. Wir haben gesehen, daß sekundäre Valenzen auf der Erinnerung beruhen. Wir haben aber auch schon wiederholt vermutet, daß die Form des Handelns ganz unabhängig von den jeweiligen Wahrnehmungen eine Rolle spielen könnte. Wie soll man nun beides trennen?

Um diese Frage beantworten zu können, habe ich in den letzten Jahren eine Reihe von Untersuchungen mit vielfacher Handlungsmöglichkeit durchgeführt, deren wichtigstes Ziel neben der Ausarbeitung von neuen Prüfungsmethoden die genaue Erfassung der *Inhalte der tierischen Psyche* war. Es kam dabei auch auf möglichst umfassenden Vergleich an. Nicht Einzelwesen waren zu vergleichen, sondern systematisch weit auseinanderstehende Tiere. Das hat auch dort, wo der gewöhnliche Intelligenzversuch gleiche Leistungen ergibt, ein recht verschiedenes Spiel der psychischen Inhalte gezeigt. Sowohl die sekundäre als auch die primäre Aufgabenlösung kann auf mannigfache Art zustande kommen. So entstehen Leistungsverschiedenheiten, die auf Sonderbegabungen zurückgeführt werden können. Diese sind nicht ohne weiteres aus dem Verhalten ersichtlich und lassen oft ein systematisch tiefer stehendes Tier »intelligenter« erscheinen als ein höheres.

Bierens de Haan hat zahlreiche Intelligenzversuche angestellt, von denen wir schon einige erwähnt haben. Vor kurzem hat er zusammenfassend darüber berichtet und eine Leistungsliste beigefügt. Acht verschiedene Prüfungen mußte jedes Tier bestehen und wurde mit Ziffern zwischen 0 (Versager) und 4 (primäre Lösung) bewertet. Danach ergibt sich folgende Zusammenstellung:

1. Nemestrinus nemestrinus	32
2. Cebus hypoleucus	30
3. Nasua narica	27
4. Procyon lotor	26
5. „ „	25
6. Nasua narica (jung)	25
7. Lemur catta	24

8.	Lemur cinereiceps	23
9.	Cercocebus fuliginosus	22
10.	Mona mona	19
11.	Nemestrinus nemestrinus	18
12.	Lemur nigrifrons	17
13.	Cercocebus fuliginosus (jung) . .	16
14.	Sciurus vulgaris	14

An dieser Liste fällt die verhältnismäßig hohe Stellung der Kleinbären auf. Ferner sieht man große Leistungsverschiedenheit der Einzeltiere. Der weibliche Schweinsaffe erreichte die beste Bewertung (32), das Männchen war dagegen weit unterlegen (18).

Wie diese Leistungsverschiedenheiten zustandekommen, ist teilweise ein Problem der Spezialforschung, die zeigen muß, in welchen Grenzen hier Anlagen und Erfahrungsreichtum — oder Armut im Spiele sind.

Darüber darf nicht vergessen werden, daß auch verschiedene psychische Faktoren gleiche Leistungen ergeben können. Darum soll jetzt die Betrachtung des Verhaltens abgebrochen werden. Die experimentelle Erschließung der psychischen Faktoren und ihrer gegenseitigen Beeinflussung hat sich aus den Leistungsprüfungen entwickelt und soll nun eingehend behandelt werden.

10. DAS ANWENDEN ERLERNTER BEWEGUNGSFORMEN BEI DEN WIRBELTIEREN

DIE REPTILIEN

Valenzen können nur dann eine Handlungsform bestimmen, wenn unter ihrem Einfluß eine einzige Tätigkeit wiederholt ausgeführt worden ist. Sobald aber in der gleichen Situation mehrere Verhaltensweisen Erfolg gebracht haben, bedingen die Valenzen nur noch den *Impuls* zum Handeln und nicht mehr seine *Form*. Beides darf nicht miteinander verwechselt werden.

Am Hindernisgitter lassen sich diese Überlegungen leicht erläutern. Wir haben oben gesehen, daß vergebliches Bemühen zum Durchzwängen durch die Stäbe eines Gitters diesen sekundäre Valenzen verleihen kann. Diese Bedeutung des Gitters wird aber schwinden, wenn ein Stab sich lockert, das Tier ihn verschieben und hindurchschlüpfen kann. Nun soll der Fall gesetzt werden, daß das ganze Gitter, hinter dem ein Ziel lockt, kein Valenzgefälle mehr enthält. Es bestehen aber zwei Handlungsmöglichkeiten, das Ziel zu erreichen. Nämlich erstens die Möglichkeit, das Hindernis zu umgehen und zweitens die Möglichkeit, in ihm etwas zu verschieben. Zeigt sich jetzt, daß das Versuchstier beides beherrscht, so kann seine Leistung nur darauf beruhen, daß es die Form der beiden Verhaltensmöglichkeiten behalten hat.

Die hier auftauchenden Probleme sind nicht nur eine Angelegenheit der theoretischen Psychologie, sondern spielen auch in der freien Natur eine große Rolle. Welche Erfahrungen macht der Fuchs, der heute eine Maus fängt und morgen einen Fasan überfällt? Behält er vielleicht, daß die eine Beute durch vorsichtiges Schleichen, die andere durch raschen Angriff gefangen wurde?

Wir fragen damit nach zweierlei. Nämlich erstens nach der Art des Verhaltens und zweitens nach der Erinnerung an das Ergebnis einer ganz bestimmten Verhaltensweise. Es ist unter gar keinen Umständen selbstverständlich, daß mit ersterer auch letzteres ohne weiteres gegeben sei.

Beim analytischen Versuch, der die genauen Gedächtnisinhalte offenbaren soll, kommt es also darauf an, die verhaltensformende Wirkung der Valenzen auszuschließen und eine Anordnung zu schaffen, in der zwei Verhaltensweisen möglich sind. Negative Valenzen kann

Abb. 84. Eine Schnappschildkröte beim Versuch mit doppelter Handlungsmöglichkeit. Links ist das Ziel unter, rechts vor einem Zelluloidschirm erreichbar. (Nach Fischel)

man nun bei schlecht sehenden Tieren mit durchsichtigem Material, mit Glas oder Zelluloid ausschließen.

In einer größeren Versuchsreihe mit Schnappschildkröten (*Chelydra serpentina*) haben wir diese Bedingung erfüllt (*Fischel* 1934). Diese Tiere fangen geschickt außerhalb des Wassers am Ufer sitzende Beutetiere, auch Fliegen. Um dieses Verhalten zu Gedächtnisversuchen auszunützen, haben wir Handlungsziele über dem flachen Wasser geboten, in dem die Tiere lebten. An einem Holzklotz hing eine Blechplatte, die einen wagerecht vorstehenden Rahmen trug. An diesem Rahmen wurden zwei Verhaltensweisen möglich gemacht (Abb. 84). Erstens war das Ziel von *unten* her zwischen Rahmen und Blechplatte erreichbar. In diesem Falle sperrte eine Zelluloidplatte das Schnappen von vorn, vor dem Rahmen her.

Zweitens haben die Schildkröten die Beute von *vorn* her erreichen können, wie es in Abb. 84 rechts zu sehen ist. Jetzt ist die erste Handlungsmöglichkeit, nämlich das Hochstoßen des Kopfes von unten her und hinter der Vorderkante des Rahmens entlang, durch ein wagerechtes Stück Zelluloid jeder Erfolgsaussicht beraubt. Streckt die Schildkröte trotzdem den Kopf in dieser Weise hoch, so schiebt sie den ganzen Zelluloidschirm nach oben. Es ist, als ob die Beute fortfliege.

Primäre Aufgabenlösungen sind hier überhaupt nicht möglich. Primär kann auch wohl kein Raubtier voraussehen, ob seine Beute nach oben davonfliegt oder nach unten in einem Erdloch zu verschwinden droht. Die beiden von uns geprüften Schildkröten haben nun ohne weiteres erst die eine und dann die andere Verhaltensweise erlernt.

Nun entstand die Frage, was sie vom Ergebnis ihrer Tätigkeit behalten würden. Mehlwürmer werden von Schnappschildkröten als Delikatesse sehr geschätzt. In einfachen Wahlversuchen haben wir ihnen je ein Stückchen von einem Mehlwurm neben einem Stück Regenwurmfleisch hingelegt. Jede dürfte 20 mal wählen und beide haben 18 mal das Stück des toten Mehlwurmes bevorzugt. Die Lockmittel werden also sicher unterschieden.

Schon bei der Einübung der eben geschilderten Verhaltensweisen waren die Ziele der Schildkröten verschieden. Mehlwurm gab es, als der Kopf durch den Rahmen hindurch hochgestreckt werden mußte. Und ein Stück Regenwurm war das Lockmittel, als die Beute nur von vorn her erreichbar war. Bisher war aber noch nicht regelmäßig gewechselt worden.

Kann der Schildkröte, die einen Mehlwurm sieht, das Verhalten einfallen, mit dem sie ihn früher erreicht hat? Diese Frage muß verneint werden. Als nämlich abwechselnd das eine und dann das andere Lockmittel geboten und dabei die zugehörige Verhaltensform möglich gemacht wurde, haben die Schildkröten versagt. *Sie taten in der Regel das, was unmittelbar vorher Erfolg gebracht hatte, wenn es auch ein anderer Erfolg gewesen war.*

Abgesehen von den sekundären Valenzen betreffen also die Gedächtnisinhalte der Reptilien die Form des Verhaltens. Es kommt aber zu keiner gedächtnismäßigen Zuordnung des Verhaltens zu einem qualitativ bestimmten Ergebnis. Der Erfolg schlechthin wird behalten. Bringt also — wie beim einfachen Intelligenzversuch — eine Handlung Erfolg und jede andere überhaupt keinen, so ist das Tier der Aufgabe mindestens sekundär gewachsen.

Daß tatsächlich die Form des Verhaltens bei Reptilien unabhängig von den jeweiligen Wahrnehmungen behalten wird, hat sich bei Umwegversuchen gezeigt, die wir schon früher (*Fischel*, 1933) mit

Smaragdeidechsen angestellt haben. In ihren Terrarien war aus Stäben ein Zaun gebaut, der mit einem Ende an die Glaswand stieß und rechtwinklig von ihr abstand. Beim Versuch saß auf der einen Seite dieses Zaunes die Eidechse, der gegenüber ein Mehlwurm geboten wurde. Bei ihrem gierigen Hin- und Herrennen kommt die Eidechse auch an das freie Ende des Zaunes, von wo sie meistens — also durchaus nicht immer — geradewegs zur Beute läuft. Dabei kommt nach und nach die sekundäre Aufgabenlösung zustande. Bevor eine Eidechsee den Umweg mit voller Sicherheit beherrschte, geschah es dann und wann, daß sie anfing, in flachem Bogen den Umweg zu machen und diesen Bogen zu kurz ansetzte, so daß sie gegen die letzten Gitterstäbe stieß. Und dann war manchmal der Wurm vergessen. Die zu kurz ausgeführten Umwege, bei denen die Eidechse hart gegen das Hindernis prallte, sind bei 28 Versuchen 4mal vorgekommen. Sie beweisen, daß nicht die Valenzen des Gitters, sondern die Erinnerung an die eigene Verhaltensform das Handeln des Tieres bestimmte. Die erregende Wahrnehmung: »Mehlwurm« ekphorierte aus dem Gedächtnisschatz den Inhalt: »Bogen nach rechts.«

Da weitere Wiederholungen »richtiges« Verhalten ergaben, müssen wir folgern, daß nach und nach das Gitter sekundäre Valenzen bekam, die in ihrer abstoßenden Wirkung das Verhalten weiter modifizierten.

DIE VÖGEL

Bei dem außerordentlich regen Affektleben der Vögel kommt den Valenzen eine besonders große Rolle zu. Jeder, der das Vogelleben in der Natur auch nur ein wenig kennt, wer die Aufgeregtheit von balzenden Kampfläufern auch nur einmal sah und wer von dem reichen sozialen Leben einer Mövenkolonie nur einen kleinen Ausschnitt beobachtet hat, der wird aufs tiefste befremdet, wenn er liest, daß sich Tiere — eben Tiere schlechthin wie der Amphioxus und der Schimpanse, die Ameise und der Kohlrabe, der Seehase (*Aplysia*) und der Tintenfisch (*Octopus*) — nach der Meinung von *Krueger* (1937) »artgemäß sicher in ihrem engen Kreise bewegen. Ein dumpfes, gliedarmes (!), daher unvertieftes Fühlen und Getriebenwerden leistet ihnen Genüge.« Das mag für die malerisch und schön im Ozean treibende Flügelschnecke gelten. Für Vögel ist eine solche Meinung überhaupt nicht zu diskutieren, und wer das Fühlen der Vögel dumpf oder gar gliedarm findet, muß sich die Mühe machen, uns mit seiner Ansicht die zahlreichen Ausdruckslaute, die im Klappern der Störche zu erkennen sind, irgendwie anders zu deuten.

Durch den Valenzreichtum handelt ein Tier oft in einer überraschend intelligent erscheinenden Weise. Das haben wir bei Hebelversuchen mit Wellensittichen gesehen (*Fischel*, 1936). Diese wurden

Abb. 85. Wellensittich beim Hebelversuch. Der Vogel hat mit einem Ruck am Drahthebel gezogen und betrachtet das Ergebnis

vor einer Sitzstange aus einem verschiebbar aufgehängten Eimerchen gefüttert und lernten dabei, daß dieses näher herangezogen werden konnte. Als dann ein 30 cm langer Draht wie ein Hebel an der Sitzstange befestigt war, der hinter das unerreichbar fern hängende Eimerchen (Abb. 85) ragte, hat zunächst keiner der beiden Sittiche an ihm gezogen. Erst nach einiger Zeit trippelte das Männchen plötzlich zur Seite, ergriff den Hebel mit dem Schnabel und zog ihn mit zwei Rucken heran. Sodann begab es sich zum Eimerchen und fraß. Das Weibchen verhielt sich ähnlich [1]).

[1]) Es ist, als ob die Tiere plötzlich einen Einfall gehabt hätten, womit aber nicht ausgeschlossen ist, daß sie vielleicht einmal »versuchsweise« so gehandelt haben.

Diese Leistung sieht aus wie eine primäre Aufgabenlösung, die dem Vogel nach einiger Zeit plötzlich einfiel. Wenn das mit der gleichen Einsicht geschehen sein soll, mit der ein Mensch diese Aufgabe löst, so muß dreierlei als psychischer Inhalt eine Rolle spielen:

1. Der Hebel ist bewegbar.
2. Er reicht hinter das Eimerchen.
3. Dieses kann bewegt werden.

Der zweite Punkt ist der wichtigste und gerade er spielt keine Rolle! Wir haben in einer weiteren Versuchsreihe zwei Hebel an den beiden Enden der Sitzsztange angebracht, einen der zu kurz war und einen anderen, der bis hinter das Eimerchen reichte. Um eine Ortsgewöhnung zu verhindern, wurden sie von Fall zu Fall vertauscht. Es war also die Frage, ob die Wellensittiche sich für den »richtigen« Hebel, nämlich den langen entscheiden würden.

Sie taten das nicht, sondern zogen »auf gut Glück« bald am rechten, bald am linken Hebel. Erst nach rund 200 Übungsversuchen häuften sich die Entscheidungen für den langen Hebel.

Mit diesem Ergebnis einer längeren Übung war aber nur bewiesen, daß die freie Stelle zwischen dem Eimerchen und dem zu kurzem Hebel eine negative Sekundärvalenz bekommen hatte. Wahrscheinlich ist auch der längere Draht zu einem lockenden Gebilde geworden.

Offen blieb also die Hauptfrage. Kann der Vogel also Verhaltensformen behalten und diese in besonderen Situationen erfolgsgerecht anwenden?

Versuche mit einem Eichelhäher und einer Krähe haben die Antwort gebracht. Beides sind sehr wählerische Vögel und wir boten ihnen zwei Ziele und ließen sie mit zwei Handlungsmöglichkeiten bekannt werden. Es galt nun festzustellen, ob sie bei wechselnder Anordnung der Ziele die jeweils zum bevorzugten Lockmittel führende Verhaltensweise anwenden würden.

Abb. 86 zeigt die Einzelheiten der Versuchsanordnung. Zwei lange Bretter (B 1 und B 2) waren durch Latten senkrecht nebeneinander befestigt. Sie trugen je drei senkrecht stehende Latten, auf denen Sitzstangen mit natürlicher Rinde angebracht waren. Die Vögel konnten bequem von einer zur anderen hüpfen. An der rechten Schmalseite der Anordnung befand sich eine Sitzstange gleicher Art (A). Sie stand aber etwas tiefer als die übrigen. Auf ihr mußte der Vogel, der zum Versuch aus einem rechts neben der Anordnung stehenden Käfig herauskam, sich entscheiden, entweder auf eine rechts oder auf eine links von ihm stehende Sitzstange weiterzuspringen.

An der dem Käfig gegenüberliegenden Seite waren als Zielstellen senkrecht übereinander zwei Sitzstangen befestigt. Hier wurden die Lockmittel, zunächst nur eine Erdnuß, angebracht. Es gab entweder ein oberes Ziel (o. Z. in Abb. 86) oder ein unteres (u. Z.).

Die ganze Anordnung stellte den Vogel vor die Wahl: Soll ich über die rechte oder die linke Sitzstangenreihe hüpfen? Rechts konnte er nach unten, links konnte er nach oben gelangen.

Weder der Eichelhäher noch die Krähe konnte dazu gebracht werden, bei wechselnd bald oben, bald unten liegendem Ziel von vornherein erfolgsgerecht zu handeln. Die der Lage des Zieles entsprechende Verhaltensweisen bleiben sogar unter der als wahrscheinlich zu erwartenden Anzahl.

Im Laufe der Zeit wurde Eichelhäher links seitenstetig. Er hüpfte auf die erste, die zweite, die dritte Stange links und nun zur oberen Zielstelle, wenn dort

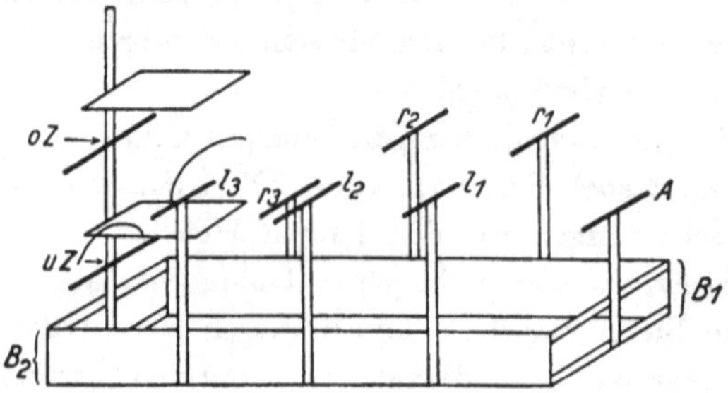

Abb. 86. Die Versuchsanordnung mit zwei Zielstellen und doppelter Handlungsmöglichkeit zur Prüfung von Vögeln. A = Ausgangsstange, $l_1\ l_2\ l_3$ und $r_1\ r_2\ r_3$ = Sitzstangen, u. Z. untere, o. Z. obere Zielstelle. (Nach Fischel)

etwas lag. Anderenfalls kehrte er um, hüpfte sofort auf die mittlere Stange rechts, dann auf die letzte rechts und von hier zum unten liegenden Ziel. Dieses Verhalten herrschte bald bei 80% aller Fälle (Abb. 87).

Man kann nicht einwenden, daß der Vogel nicht in der Lage sei, einen bestimmten Weg zu erlernen. Denn er hat es sehr rasch getan, als das Lockmittel *nur* noch unten lag (Abb. 87). Und er hat schnell umgelernt, als wir es eine zeitlang *nur* oben boten.

Wie bei den Reptilien war also das Verhalten erfolgsgerecht, solange das Ziel unverändert an gleicher Stelle lag. Wechselndes Ziel machte den Vogel unsicher.

In all diesen Fällen war zwischen bekannten Verhaltensweisen zu wählen. Nach welchem Grundsatz wählt nun der Vogel? Offenbar nach der Erfolgshäufigkeit. Lege ich das Lockmittel bald oben, bald unten hin, so bringt jede Handlungsmöglichkeit gleich oft Erfolg und Enttäuschung. Die das Verhalten betreffenden Gedächtnisinhalte sind mit den gleichen Affekten verbunden. Und mehr wird offenbar nicht behalten. Es fehlt ein Prozeß, der das erlernte Handeln an eine Wahrnehmung heftet. Die Beziehung zwischen der früheren Handlung und der bei ihrem Erfolge erlebten Wahrnehmungen wird kein Gedächtnisinhalt.

Einem Vogel kann also zweierlei einfallen und es ist der *Einfall*, der beim Handeln wirkende oder ekphorierte Gedächtnisinhalt, der uns jetzt beschäftigen muß. Dieser betrifft erstens bestimmte Handlungsziele: es war eine Nuß, die ich damals gefressen habe. Ihm können

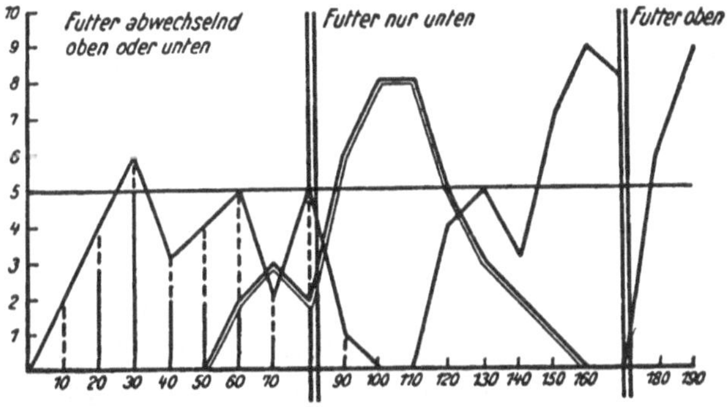

Abb. 87. Leistungen eines Eichelhähers bei wechselnder Zielsetzung. Ordinate der einfachen Kurven: Anzahl der Bestleistungen bei je 10 Versuchen. Ordinate der doppelten Kurve: Anzahl der probierenden Entscheidungen für die linke Seite der Anordnung. Ausgezogene senkrechte Linien: Anzahl der Bestleistungen bei unten liegendem Futter. Gestrichelte senkrechte Linien: Anzahl der Bestleistungen bei oben liegendem Futter. (Nach Fischel)

ferner alle in einer Lage früher erfolgbringende Handlungsmöglichkeiten einfallen. Was ihm aber nicht einfallen kann, das ist die Beziehung zwischen der früheren Wahrnehmung und einer bestimmten von mehreren Handlungsmöglichkeiten.

Damit ist aber noch nicht alles hier Erforderliche gesagt. Bei weiter Umschreibung des Begriffes kann man das Aufleben und Zurücktreten von Erinnerungsinhalten als »Denken« anführen. Eine deduktive Überlegung und die vielleicht mögliche Rechtfertigung der Anwendung dieses Begriffes auf das Spiel der psychischen Inhalte beim Vogel soll hier indessen nicht durchgeführt werden. Entscheidend ist die eigentümliche Reihenfolge, in der die Inhalte bei ihm ekphoriert werden. Denn *der Vogel geht vom Handeln aus*, dieses ist es, das ihm zuerst einfällt. Erst dann tritt, oft zögernd und unsicher der Inhalt der Psyche auf, der das Ergebnis betrifft.

Menschen gehen vom Ziel aus und ordnen ihm eine Verhaltensmöglichkeit unter. Im »Denken« der Vögel ist es umgekehrt. Da kann es vorkommen, daß die Verhaltensmöglichkeit das Ziel bestimmt. Wenn er nicht gejagd wird oder keine starke Valenz ihn lockt, sieht man Vögel oft in der Freiheit und manchmal auch in Gefangenschaft recht deutlich zwischen zwei Handlungsweisen schwanken. Klar ist zu erkennen, wie die Form des Einfluges ins Gebüsch schon vorweggenommen wird. Das Tier stellt sich ein und kann sich doch nicht zum Abflug entschließen. Und es blickt nach einer anderen Stelle, zeigt auch deutlich eine Tendenz zum Abflug in dieser Richtung, streckt sich vor, schwankt wieder und entscheidet sich schließlich mit einem Ruck.

Bei der Beurteilung kommt es also nicht nur auf die wirkenden psychischen Inhalte, sondern auch auf die Art ihres Einsatzes an. Daß dieser Einsatz von Gedächtnisinhalten mit der Art des Einsatzes von Instinkten übereinstimmt, ist nun von größtem Interesse. Die Instinkthandlung kann schon ausgeführt werden, ehe sie zielgemäß angewandt wird, wie wir es am Beispiel des Neuntöters gesehen haben. Der endgültige Einsatz dieser Fähigkeit wird durch die Sekundärvalenzen von Dornen, also einer Wahrnehmung bestimmt. Wenn nun eine Reaktion als Handlungsform erlernt wurde und danach im Gedächtnisschatz als nicht ekphorierter Inhalt schlummert, ist es genau so. Wie beim Instinkt gibt zunächst eine erregende Situation den Anlaß zur Tätigkeit. Durch die Erregtheit kommt es nun zur Ekphorierung eines Gedächtnisinhaltes. Sind nun mehrere verfügbar, wie es beim Versuch der Fall war und in der Freiheit wohl die Regel ist, dann findet keine Auswahl nach der Art des zu erwartenden Erfolges statt. Das geschieht vielmehr erst nach dem Erleben des Erfolges oder der Enttäuschung, das die Gedächtnisinhalte affektiv verschieden macht.

Zunächst kommt es zum Einsatz der bekannten Reaktionsform und erst danach zu einer Unterordnung unter ein bestimmtes Ziel.

Um das anschaulich zu machen, kann man die Erregtheit des Vogels und des Reptils mit einem Wind vergleichen, der auf die Gedächtnisinhalte drückt und unabhängig vom Ziel denjenigen hochbläst, der am leichtesten ekphoriert werden kann.

In dieser Hinsicht gibt es keinen wesentlichen Unterschied zwischen Reptilien und Vögeln. In einer anderen Hinsicht sind diese aber jenen durchaus überlegen. Die Schildkröte, die mit einer erlernten Handlung keinen Erfolg gehabt hat, geht fort und probiert erst nach einiger Zeit ein anderes Verhalten. Der Vogel tut dagegen letzteres ohne weiteres. Und ein leistungsfähiger Vogel wie Krähe oder Kolkrabe steckt voller Einfälle, die er in einer sehr reich gegliederten Umwelt beständig einsetzt, den Beobachter immer wieder überraschend.

Ob wir nun annehmen müssen, daß die Leichtigkeit des Ekphorierens von Einfällen bei Vögeln und Reptilien verschieden ist oder ob das Kommen und Gehen der Einfälle bei den Vögeln noch durch einen psychischen Prozeß bedingt wird, der den Reptilien fehlt, ist eine offene Frage.

Zum Schluß müssen wir uns kurz die praktische Bedeutung dieser eigentümlichen Wesensart der Psyche von Sauropsiden für das Leben in der freien Natur vorstellen. Ist die hier vorgetragene Auffassung richtig, dann muß es besonders bei Reptilien durchweg zu bestimmten Gewohnheiten kommen, die ausschließlich auf der Erinnerung an eigenes Verhalten beruhen. Wieweit das in der Freiheit zutrifft, ist heute kaum zu beurteilen. Wir brauchen erweiterte Kenntnis des Lebens der Reptilien. Dazu ist nicht nur Feldbeobachtung nötig, sondern auch eine zuverlässige Analyse der Faktoren, die das Verhalten des Tieres in der Freiheit bedingen.

DIE LEISTUNGEN DER SÄUGETIERE (MIT AUSNAHME DER AFFEN)

Wenn ein Hund ein Gitter umgeht, um ein dahinter lockendes Stück Fleisch zu erlangen, liegt die Vermutung nahe, daß er das Ergebnis seines Handelns vorausgesehen habe und andere Handlungen unterläßt, weil er vermutet, daß diese kein Ergebnis haben werden.

Diese Auffassung kann man leicht einer Kontrolle unterziehen. Die Rolle des zukünftigen Handlungserfolges zeigt sich nämlich recht klar, wenn zwei als Ziele des tierischen Strebens in Betracht kommende Lockmittel in einer Situation vorliegen, von denen das eine vor dem anderen bevorzugt wird.

Unter Verwendung von zwei Zielen haben wir sowohl Umweg-, als auch Bindfadenversuche angestellt (*Fischel*, 1933). Versuchstiere waren ein Terrier und ein Pinscher. Als Lockmittel diente ein Biskuit und ein Fleischbrocken.

Beide lagen zunächst mit Bindfäden versehen, 25 cm hinter einem Gitter. Die Hunde hatten schon vorher gelernt, durch Scharren auf dem Faden ein Lockmittel in Reichweite zu bringen. Um so überraschender war es, daß beide Hunde, deren Ziel das Fleisch war, wiederholt am Faden mit dem Biskuit zogen. Dieses ließen sie dann aber am Gitter liegen, scharrten am anderen Faden, verzehrten das damit erreichte Fleisch und nun auch noch das Biskuit, das an und für sich keineswegs unbeliebt war.

Bei Umwegversuchen kam etwas Entsprechendes vor. Wir hatten ein kurzes Gitter 1 m vor die Zimmerwand gestellt und zwischen dieser und der Mitte des Gitters senkrecht ein Brett aufgestellt (Abb. 88). Dadurch waren gewissermaßen zwei Sackgassen entstanden. In die eine konnte der Hund um das rechte, in die andere durch das linke Ende des Gitters gelangen. Am Ende jeder Sackgasse lag eines der beiden Lockmittel.

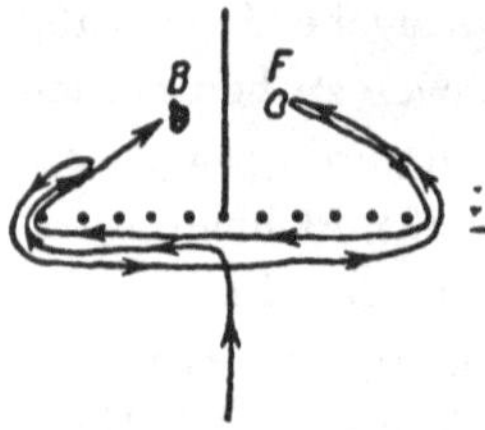

Abb. 88. Verhalten eines Hundes beim Umwegversuch mit 2 Zielen. Der primär nach links genommene Umweg wird angesichts des minder beliebten Futters plötzlich abgebrochen. (Nach Fischel)

Beide Hunde haben die hier erforderlichen kurzen Umwege primär beherrscht. Die Verhaltensform brauchte nicht erlernt zu werden. Bei 4 von 12 Versuchen kam es aber vor, daß ein Hund den Umweg zu einem Futterstück hin einschlug, das er gar nicht haben »wollte«, wie es in Abb. 88 dargestellt ist. Das Tier lief um das freie Gitterende, stutzte dort, schien überrascht, kehrte um, lief in einem Zuge zum Fleisch, fraß es und ging dann zum Biskuit zurück, um auch dieses zu fressen.

Nach dem 12. Versuch ist das nicht mehr geschehen und nach mehreren Bindfadenversuchen haben die Hunde nur noch an der Schnur gezogen, die am Fleisch befestigt war. Erst im Besitz einer gewissen Erfahrung konnten sie ihre Fähigkeit in jeder Hinsicht erfolgsgemäß anwenden und das auch dann, wenn das Fleisch von Fall zu Fall an einer anderen Stelle lag.

Das Mitwirken von Valenzen ist durch diese Versuchsanordnung aber keineswegs sicher ausgeschlossen. Es könnte sein, daß rechts liegendes

Fleisch auch das rechte Gitterende ein wenig anlockend gemacht hat. Darum war es nötig, strengere Versuchsbedingungen zu schaffen.

Valenzen können nur anlocken oder abstoßen. Wenn nun in *einer* Situation *zwei* auf Erfahrung beruhende Handlungen vorkommen, können es keine Valenzen sein, die die Form des Verhaltens bedingen. Sie muß als solche ein Gedächtnisinhalt geworden sein.

Aus dieser Überlegung heraus wurde eine Gittertüre eingerichtet, die auf zweierlei Weise bewegt werden konnte (Abb. 89 und 90). An jeder Seite hielten sie Ringe an großen Stativen fest, wodurch es möglich

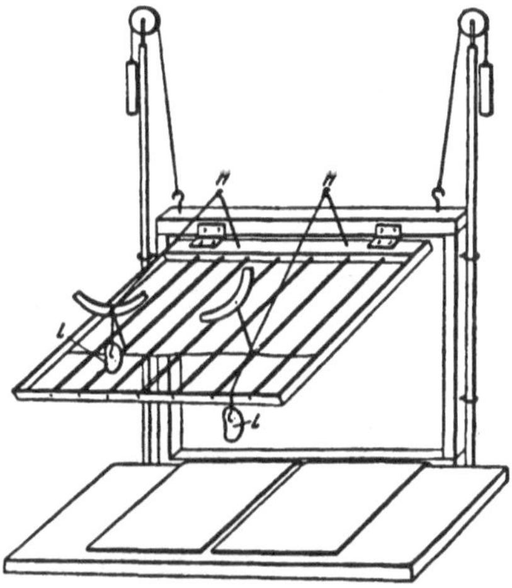

Abb. 89. Eine Versuchseinrichtung mit doppelter Zielsetzung und doppelter Handlungsmöglichkeit. Die Tür kann vorgestoßen werden (hier dargestellt) oder hochgehoben werden (Abb. 90). Jedesmal ist für den von jenseits kommenden Hund nur eines der beiden Lockmittel (L) erreichbar. Er ist an einer Leine so befestigt, daß er nur den Kopf unter der von ihm auf die eine oder die andere Weise bewegten Tür vorstrecken kann. Hier ist das rechts hängende Lockmittel erreichbar. Das andere weicht infolge der Querstellung der Gabelzinken nach oben hin aus. (Nach Fischel)

war, sie hochzuschieben. Um das dem Hunde zu erleichtern, haben wir rechts und links Gegengewichte aufgehängt, die durch Schnüre, welche über Rollen liefen, mit der Tür verbunden waren. So brauchten die Versuchstiere nur rund 30 g zu heben.

Innerhalb des Holzrahmens der Schiebetür war mit Scharnieren ein zweiter Rahmen angebracht, in dem sich die Gitterstäbe befanden. Er konnte vorgeklappt werden, was die Hunde durch Stoßen mit dem Kopf sehr geschickt ausgeführt haben.

Je eines der beiden Lockmittel mußte beim Hochschieben oder Vorklappen dem Tier entzogen werden. Darum hingen sie an 20 cm langen Haken, die am Holzrahmen festgeschraubt waren. Nehmen wir an, der Hund klappt das Gitter vor und soll das an einem Haken hängende Fleisch nicht erreichen. Zu dem Zweck war unten an einem Gitterstab eine Gabel mit gebogenen Zinken angebracht, so daß das Fleisch beim Stoßen gegen das Gitter vor diesem hergeschoben wird. Der Hund hätte vollständig unter ihm durchkriechen und sich umkehren müssen, um das Lockmittel unter diesen Umständen zu erreichen. Die Leine, mit der er an einem 3 m weit entfernten Tisch angebunden war, erlaubte ihm aber nur bis zur halben Körperlänge unter das vorgeklappte Gitter zu kriechen. Ließ er

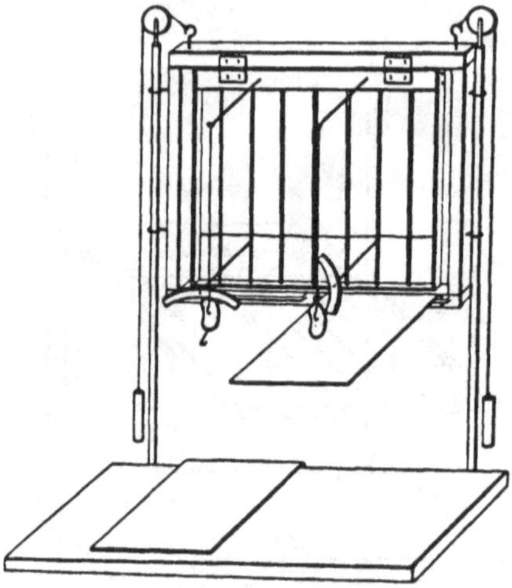

Abb. 90. Die ganze Tür ist hochgehoben und das linke hängende Lockmittel L ist erreichbar. Das andere kann der Hund nicht erlangen, weil ein »Sperrblech« eingehängt ist.

es aber zurückfallen und schob es dann hoch, so hing das Fleisch frei vor seiner Nase (Abb. 90).

Unter diesen Umständen — also bei hochgeschobener Tür — war ihm aber das zweite Futterstück unzugänglich. In der Ausgangsstellung lagen unten auf dem Grundbrett zwei braun gefärbte Bleche, von denen jeweils eines an einer besonderen Vorrichtung eingehakt werden konnte. Dann ging es beim Hochschieben des Gitters mit nach oben, so daß der Hund beim Vorstrecken des Kopfes gewissermaßen ein Dach über sich hatte, das ihm den Bissen, der darüber hing, unerreichbar machte. Zog er den Kopf zurück, so sank das Gitter langsam wieder herab und er konnte durch Vorstoßen sein Ziel erreichen.

Die Versuchseinrichtung arbeitete sicher und einfach. Vor den Augen des Hundes lagen zwei Lockmittel und er brauchte sich nur zu entscheiden: hochschieben oder vorstoßen?

Jede Beeinflussung der Hunde ist sorgfältig vermieden worden und von einer Dressur kann keine Rede sein. Die Tiere konnten sich ganz nach Belieben entscheiden.

Den Wert der Versuche macht man sich am besten klar, wenn man an die freie Natur denkt. Es kann vorkommen, daß ein Fuchs gleichzeitig Mäuse und Kaninchen wittert. Wirken jetzt nur Valenzen? Das, was außer ihnen noch sein Verhalten beeinflussen könnte, wären Erinnerungen an früher erfolgreiches Verhalten. Ob diese überhaupt nachweisbar sind, muß der Versuch mit doppelter Handlungsmöglichkeit ergeben.

Selbstverständlich haben wir die Ziele in der Versuchseinrichtung von Fall zu Fall vertauscht. Das Fleisch hing bald rechts bald links. Aber es war zunächst stets auf die gleiche Weise, nämlich durch Vorklappen des Gitters erreichbar.

Primäre Aufgabenlösungen sind unter den hier beschriebenen Umständen nicht möglich, wie sie auch in der Freiheit beim Verfolgen lebender Beute nicht vorkommen können.

Beide Hunde haben aber nach einer nur kurzen Zeit des Probierens behalten, was sie tun mußten, um das bevorzugte Fleisch zu erhalten. Sie drückten gegen das Gitter, so daß es nach vorn klappte und bissen den am Faden hängenden Brocken ab. Dann ließen sie das Gitter zurückfallen, brachten die Nase unter seinen vorderen Rand, stemmten es hoch und nahmen sich das Biskuit.

Um das Ergebnis zu sichern, haben wir beide Hunde umlernen lassen. Nun erreichten sie das Fleisch nur durch Hochschieben und das Biskuit durch Vorklappen des Gitters.

Die hochgeschobene Gittertür hatte ein geringes Übergewicht über die Gegengewichte und sank deshalb nur langsam in die Ausgangsstellung zurück. Es ist nun sehr bezeichnend für die Leistungsfähigkeit der Hunde, daß sie mit der Zeit beide darauf verfielen, das Absinken der Tür durch Aufstemmen der Vorderpfoten zu beschleunigen. Auch das ist eine erlernte Verhaltensform, die sich nicht aus den Valenzen ableiten läßt, und darum einen Gedächtnisinhalt gebildet haben muß.

Das Ergebnis der Versuche zeigt also einen deutlichen Gegensatz zur Leistung der Vögel und der Reptilien. Auch diese erlernen Handlungsformen. Über den Einsatz entscheidet nur der situationsbedingte primäre und sekundäre Affekt, nicht aber die Erinnerung an Wahrnehmungen.

Unter dem Einfluß einer erregenden Wahrnehmung erinnern sich Hunde an früheres bei der gleichen Wahrnehmung als erfolgreich erlebtes Verhalten.

Schon wiederholt haben ältere Forscher darauf hingewiesen, daß die Erinnerung an das Verhalten von der Erinnerung an Umweltgebilde und Valenzen unterschieden werden müsse. *Piéron* spricht von einem »mémoire sensorielle« im Gegensatz zu einem »mémoire motrice«. Ferner erwähnt *Spatz* im Handbuch der normalen und pathologischen Physiologie eine in der Psychiatrie gelegentlich herangezogene Ansicht von *Anton*, nach der die Bewegungen des Menschen von zwei Systemen abhängen, »von welchen das eine die Bewegungen anregt, während die andere die Anregung verteilt und hemmt« (Bd. 10, S. 372). Ersteres könnte es bei den Reptilien geben, letzteres nur bei den Säugetieren.

Bei den Versuchen am Gitter mit doppelter Zielsetzung und doppelter Handlungsmöglichkeit lagen die Lockmittel unmittelbar im Sinnesbereich der Hunde. Sie konnten sie ungehindert riechen und sehen. Um sie durch den Mechanismus zur Aufhängung der Lockmittel nicht zu verwirren, waren die oberen zwei Drittel des Gitters mit kräftigem Papier verdeckt. Dieses haben wir nun durch einen großen Bogen ersetzt, der sich über das ganze Gitter erstreckte.

Die Hunde konnten also die Lockmittel jetzt nicht mehr einzeln erblicken. Es war nun sehr überraschend, daß sie nicht mehr dazu gekommen sind, zuerst das zu tun, was ihnen Fleisch einbringen würde. Ohne Zusammenhang mit dem Ergebnis schoben oder drückten die Hunde am Gitter, schauten auf die andere Seite, fraßen aber nur dann, wenn dort Fleisch hing. War dort Biskuit, so ließen sie das Gitter zurückgleiten und handelten dann auf die andere Weise.

Wahrscheinlich haben die Hunde das Fleisch hinter dem mit Papier verkleideten Gitter riechen können. Diese Witterung hat aber offenbar nur den Impuls zum Handeln gegeben. Seine Form hängt aber von der Erinnerung an die Verhaltensweise unter dem unmittelbaren Eindruck einer Wahrnehmung ab. Ursprünglich waren das die Lockmittel. Als sie hinter der vollständig verkleideten Tür verborgen waren, trat diese in die Funktion der ekphorierenden Wahrnehmung.

Um die Leistungen und den Erfahrungseinsatz von Tieren richtig zu verstehen, muß man sich über die *Verteilung der Ereignisse in der Zeit* klar werden. Der Hund erwartet von seiner Tätigkeit am Gitter, bei Umweg- oder Bindfadenversuchen ein bestimmtes Ergebnis. Nämlich das Erreichen des Zieles, das er deutlich wahrnehmen kann. Primär ist er aber nicht imstande, von den ihm bekannten Verhaltensmöglichkeiten diejenige auszusuchen, die in neuer Situation den Erfolg bringen wird. Er probiert also ein Verhalten. Bringt es Erfolg, so wird der Hund später entsprechend handeln.

Er tut also, was Erfolg bringen *wird*, wenn die Tätigkeit schon einmal Erfolg gehabt *hat*. Von der Zukunft wird der gleiche Erfolg erwartet wie von der Vergangenheit. Das gilt wahrscheinlich für alle Säugetiere mit Ausnahme der Affen, die mehr leisten.

Nach *B. Schmid* (1938) hat der Hund »die Gabe der Voraussicht«. Wir können die Fähigkeit nunmehr genauer umschreiben. Vergangenes wird gewissermaßen in die Zukunft projiziert, ohne dabei verändert zu werden.

Die Fähigkeit, Erfahrungen unter voraussichtlich veränderten zukünftigen Verhältnissen richtig einzusetzen, ist eine wichtige Eigenschaft der menschlichen Intelligenz. Wir wissen aber alle, wie schwer es ist, bevorstehende Ereignisse richtig abzuschätzen und entsprechend zu handeln. Darum ist der müde oder der sehr wenig intelligente Mensch leicht geneigt, früheres Handeln einfach zu wiederholen. Steigende Leistungsfähigkeit einer Person steigert auch den Umfang der jeweils berücksichtigten Zukunft. Dieses Können klar zu erfassen, ist eine wichtige Aufgabe bei der Beurteilung von Menschen, die aus allgemeiner und vergleichender Seelenkunde heraus betrieben die besten Erfolgsaussichten hat. Jede Charakterkunde bedarf der allgemeinen und vergleichend-psychologischen Fundierung.

Nun darf man nicht glauben, daß ein Hund in einer neuen Lage vor nur indirekt erreichbarem Futter rein nach dem Zufall angeborenes oder erlerntes Handeln einsetze. Sehr oft sind irgendwelche Valenzen vorhanden, die ihn von vornherein locken und eine primäre Aufgabenlösung ohne weiteres wahrscheinlich machen. Hat er jetzt Erfolg — einen Erfolg, den er erwartet hat — so kann man nicht ohne jedes Bedenken folgern, daß er wirklich alle anderen Verhaltensmöglichkeiten für aussichtslos und die angewandte Tätigkeit für die günstigste gehalten hat. Denn nicht die Erfolgsvoraussicht, sondern auch andere Faktoren, vor allem Vergangenheitserfolge entscheiden hier. Welche Wahrscheinlichkeit sie für primäre Aufgabenlösungen bedeuten, muß bei jeder Intelligenzprüfung geschätzt und angegeben werden. Das wird eine klare Leistungsanalyse vertiefen.

In der Zielstrebigkeit einer Handlung sehen einige Forscher ein wichtiges Kriterium für die Intelligenz. Dabei ist aber zu beachten, daß auch Verhaltensweisen, die keinem Ziel zugeordnet sind, auf Gedächtnisleistungen beruhen können. Der Hund, der den Befehl: »Setz dich!« befolgt, erreicht damit jedenfalls kein biologisch bedeutsames Ziel. Die erregende, das Handeln auslösende Wahrnehmung war das Wort des Menschen. Und diesem »Hörzeichen« ist die Erinnerung an ein bestimmtes Verhalten zugeordnet. Psychologisch ist also die Leistung von zielstrebigem Handeln nicht wesentlich verschieden.

Der Abrichter eines Hundes muß sich über die Art der Gedächtnisinhalte der Hunde möglichst klar zu werden suchen. An einem Beispiel sei das erläutert.

Nehmen wir an, ein Hund befolge den Befehl: »Geh in den Keller!« An was erinnert sich nun das Tier, wenn es die Aufforderung hört? Zweierlei ist möglich.

Erstens könnte es sein, daß dem Hund nun eine Folge von früheren Wahrnehmungen einfällt: der Flur, die Türen, die Treppe und der Raum mit seiner Schlafkiste. Das sind alles Gebilde mit positiven Valenzen neben anderen Umwelterscheinungen, die negativ getönt sind und die der Hund deshalb meidet. Es könnte sein, daß er sich an diese Einzelheiten schon im Zimmer seines Herrn, also vor Beginn des Handelns deutlich erinnert.

Zweitens besteht daneben die Möglichkeit, daß der Hund sich unter dem Eindruck des Befehls an eine Verhaltensform erinnert. Ihm fällt nun ein, daß er erst im Bogen, dann geradeaus, dann abwärts usw. gelaufen ist.

Daß tatsächlich Verhaltensformen und nicht frühere Wahrnehmungen die wichtigsten Gedächtnisinhalte der Hunde bilden, läßt sich vor allem aus der Praxis des Gebrauchshundewesens begründen. *Most* und *Böttger* (1933) empfehlen in ihrem bekannten Abrichtungsbuch nur Tätigkeitswörter als Befehlszeichen für Hunde. Diese werden phonetisch einfach geschrieben, z. B. »siz«, »hols« usw.

Ob eine gegenwärtig erregende und ekphorierende Wahrnehmung ausschließlich Erinnerungen wachruft, die Verhaltensformen betreffen, ist eine Frage, die erst nach genauerer Erörterung der Ziele tierischer Handlungen beantwortet werden kann.

Das Wesentliche, das unsere Überlegungen und die Versuche der verschiedenen Forscher ergeben haben, kann nun knapp zusammengefaßt werden:

Vor wahrnehmbarem, bekannten Ziel bewirkt die Erregtheit das Aufleben der Erinnerung an dasjenige Verhalten, das früher vor diesem Ziel zum Erfolg geführt hat.

Es ist die Verhaltensform, die dem Tier einfällt, wenn primäre oder sekundäre Valenzen wirken. Im Gegensatz zu den Reptilien und den Vögeln ist aber nicht nur die bekannte Erregtheit — sie bildet auch einen Gedächtnisinhalt — sondern außerdem noch die Wahrnehmung die Ursache des Einfalls.

Es ist also möglich, gewissermaßen Stufen der Intelligenz zu unterscheiden. An dieser ist das Mitwirken von Erfahrungen die Hauptsache. Die neuere Forschung hat gezeigt, daß Erfahrungen auf recht verschiedene Weise verwertet sein können, wodurch verschiedene Arten der Intelligenz erkennbar werden.

Nur mit Vorsicht darf die Intelligenz der Säugetiere »höher« als die der Vögel eingeschätzt werden. Es gibt in jeder Tiergruppe primitive und hochstehende Arten. Huhn und Krähe haben beide eine echte Vogelpsyche. Bei letzterer ist sie aber viel leistungsfähiger als bei ersterem. Wer nur Leistungen vergleicht, muß das Huhn mit einem Beuteltier, die Krähe oder den Papagei aber mit den Schimpansen auf dieselbe Höhe stellen. Was aber phänomenologisch gleich ist, kann kausal betrachtet durchaus verschieden sein.

URSACHEN DER INDIVIDUELLEN LEISTUNGSVERSCHIEDENHEIT

An dieser Stelle ist es notwendig zurückzuschauen und an die Menge der psychischen Faktoren zu denken, die in der Einzelseele des Wirbeltieres wirken können. Aus ihrem Zusammenwirken ergibt sich eine Leistungsganzheit, die bei jedem Einzelwesen verschieden ist. Denn in derselben Weise wie der Körper variiert auch die Psyche. Das eine Tier ist etwas größer, das andere kleiner, dieses ist lang, jenes ist kurz behaart. Eine große Menge von Einzelfaktoren können als variabel aufgezählt werden und wir wissen, daß sich ihre Eigenart oft vererbt.

Weicht nun die Anlage eines Tieres in irgend einem Faktor vom Durchschnitt ab, so wird das seine Leistungsfähigkeit ändern. Und es ist nützlich, sich die Folgen solcher Abweichungen recht deutlich vorzustellen.

1. Das Tier spricht besonders stark auf primäre Valenzen an. Es wird darum oft primäre Aufgabenlösungen zeigen.

2. Sekundäre Valenzen werden ungewöhnlich schnell gebildet. Laien reden dann gern von rascher Auffassungsgabe.

3. Bei starkem Affektleben kommt es schwer zu Gewöhnungen. Ob letzteres die Folge von ersterem ist, sei hier dahin gestellt gelassen. Auch bei hoher Intelligenz erscheint ein solches Tier im Versuch leicht verwirrt.

4. Ein Tier von großer Regsamkeit hat ein schlechtes Gedächtnis, dessen Inhalte rasch verblassen. Trotzdem hat es in schwierigen Lagen gute Erfolgsaussichten, weil es infolge seiner Lebhaftigkeit den Erfahrungsschatz beständig erneuert.

5. Man muß damit rechnen, daß es Begabungsvarianten gibt, bei denen Gedächtnisinhalte schwer gebildet, aber gut behalten werden. In engem Milieu und unter häufig unverändert wiederkehrenden Schwierigkeiten kann das ausgezeichnete Leistungen ergeben.

6. Die Erinnerung an die Beziehung zwischen Wahrnehmung und der früher bei ihr ausgeführten Handlung kann besonders gut sein. Das verringert die Wahrscheinlichkeit primärer Aufgabenlösungen in veränderten Lagen und läßt das Tier wenig intelligent erscheinen, obwohl es in der Art seiner psychischen Organisation ausgezeichnet befähigt ist.

Weiter braucht diese Liste der Variationsmöglichkeiten der tierischen Psyche nicht entwickelt zu werden. Worauf es ankommt ist klar und man wird ohne weiteres sehr verschiedene Leistungen bei der wissenschaftlichen Einzelprüfung erwarten. Ihre Beurteilung wird noch dadurch erschwert, daß ein höheres Tier, ein Hund, ein Pferd, oder ein Affe, durchaus nicht immer mit dem vollen Einsatz seiner Fähigkeiten handelt. Müdigkeit oder Verstimmung erschwert das Auftauchen von Einfällen.

Da sich Begabungsverschiedenheiten bis zu einem gewissen Grade gegenseitig ausgleichen — Regsamkeit kommt dem Gedächtnisschatz zugute — hat der Praktiker, dem es ausschließlich auf die Leistung ankommt, aus ihnen nur geringe Schwierigkeiten zu befürchten. Je besser er aber die psychischen Faktoren erfaßt, auf denen die Leistung beruht, umso bessere Ergebnisse wird er bei seiner Arbeit erzielen.

In diesem Zusammenhang sei noch eine Frage von größter allgemeinpsychologischer Bedeutung erörtert. *Kann die psychische Leistungsfähigkeit eines Lebewesens vorausberechnet werden?*

Die Antwort auf diese Frage setzt die Lösung eines anderen noch wichtigeren Problems voraus. Wenn ich bei einem Hund in analytischer Arbeit den Regsamkeitsgrad x, einen Valenzreichtum y und die zur Bildung von Gedächtnisinhalten nötige Durchschnittszeit z festgestellt habe, ist noch nicht gesagt, wie diese Faktoren nun zusammenwirken. Man spricht von einer Wirkungsganzheit, die sich beim Einsatz aller Fähigkeiten ergibt. *Kann aus den Einzelfaktoren die Wirkungsganzheit der Gesamtpsyche abgeleitet werden?*

In wissenschaftlich befriedigender Weise läßt sich diese Frage nicht beantworten. Die Gesamtpsyche ist keine Summe von Einzelfaktoren, sondern eine echte Ganzheit. Forscher des 19. Jahrhunderts würden das Harmonieren der Teilfunktionen betont haben. Es ist nun durchaus möglich, daß die Veränderung einer Teilfunktion die Gesamtpsyche zu etwas Neuem werden läßt, für das kein Gesetz und keine Regel gilt.

Das ist eine Vermutung, eine echte Hypothese, deren Richtigkeit beim gegenwärtigen Stand unseres Wissens nicht nachzuprüfen ist. Erst dann, wenn eine große Zahl von gut vergleichbaren Einzelanalysen vorliegen werden, ist das Problem, um das es sich hier handelt, spruchreif.

Aber es sei betont, daß dieses Problem das Fundament jeder Berufsberatung und Auslese betrifft. Daß es seelische Eigenschaften gibt, die die Berufsausübung des Schlossers oder des Tischlers erleichtern, unterliegt keinem Zweifel. Aus ihnen kann aber nicht abgeleitet werden, wie weit der Mensch nun als Tischler schöpferisch sein oder ausschließlich an Hand bewährter Vorbilder arbeiten wird.

Mit diesen Hinweisen finden wir ein weites, noch brach liegendes Forschungsfeld, nämlich das einer nicht nur kausalanalytisch, sondern auch synthetisch arbeitenden und vergleichenden Psychologie. Weit schärfer als bisher wird dazu die reine Phänomenologie, also das Studium der Leistung schlechthin, von der Ursachenforschung zu scheiden sein, eine Unterscheidung, die vor allem der Tierpsychologie große Bereicherung verspricht. Vorläufig sind wir allerdings noch mit der Erfassung psychischer Einzelfunktionen vollauf beschäftigt und dieses Buch dient ihrer Darstellung. Aber das Ende der Analysen ist abzusehen und die genauere Erfassung des Entstehens psychischer Ganzheiten ist die Aufgabe, die dann in Angriff zu nehmen sein wird.

DIE LEISTUNGEN DER AFFEN

In den letzten Jahren hat man oft und eingehend das Verhalten von Affen aller Art geprüft. Als *Wolfgang Köhler* nach den Kriegsjahren seine bekannten Untersuchungen der Schimpansen veröffentlichte, folgte eine lebhafte Diskussion der Ergebnisse. Man mußte nämlich damit rechnen, daß den Menschenaffen eine Fähigkeit zukomme, die keinem anderen Tier gegeben zu sein schien. Aber es ist zunächst nur eine Hypothese, wenn behauptet wird, daß ein Schimpanse imstande sei, in schöpferischer Weise Verhaltensformen zielbedingt zu erfinden. Daß auch der Menschenaffe Handlungen erlernt, kann nicht bestritten werden. Ob er aber außerdem noch psychische Inhalte unabhängig von den Erfahrungen als etwas ganz Neues zu bilden vermag, ist die Frage, die uns nun zu beschäftigen hat.

Der »Werkzeuggebrauch« der Affen hat der Forschung die meisten Probleme gestellt. Davon zunächst ein Beispiel aus den Berichten von *Köhler*!

Der »Stockversuch« mit dem wenig begabten Weibchen »Tschego« begann etwas enttäuschend. Draußen außer Reichweite ihrer Arme liegt vor dem Gitter eine Banane, drinnen in der Nähe des Gitters mehrere Stöcke. Tschego versucht, die Frucht mit der Hand zu erreichen, wendet sich ab, versucht es wieder und wird gleichgültig. Sie kümmert sich nicht um die Stöcke. Nach einer halben Stunde erscheinen draußen jüngere Schimpansen. Nun springt Tschego mit einem Male auf, ergreift einen Stock und kratzt, nicht ungeschickt, die Banane damit heran, bis sie in die Reichweite der Hand kommt. Dabei setzt sie den Stock sofort richtig hinter dem Ziel auf; sie braucht zuerst den linken, dann den rechten Arm.

Es ist nun die Frage, ob dem Affen, als er durch die anderen Tiere leicht erregt wurde, eine frühere Erfahrung eingefallen ist. Es könnte auch sein, daß er innerlich den Gebrauch des Stockes als noch nie geübte Tätigkeit probiert und für aussichtsreich befunden hat.

Gegen letzteres ist eingewandt worden, daß dem Schimpansen der Stockgebrauch aus der frühesten Kindheit bekannt sein könnte. Demnach hätten wir es mit primärem Anwenden einer Erfahrung zu tun.

Da der Affe aber ein Baumtier ist, muß auch damit gerechnet werden, daß ihm gewisse spontane Reaktionstendenzen im Sinne der »Hypothesen« von *Krechevski* angeboren sind. Sie können ihm den Stockgebrauch erleichtern. Und der Gedanke an solche Tendenzen ergibt sich ohne weiteres daraus, daß der Stock beim Kampf wohl als Wurfgeschoß, aber nicht als Waffe benutzt wird. Wenn ein Gegner in die

Nähe kommt, läßt der Schimpanse den Stock fallen und kämpft mit den Zähnen.

Das Ergebnis der bekannten »Kistenversuche« kann man nicht ohne weiteres mit angeborenen Neigungen erklären. Im Käfig hängt unerreichbar hoch eine Banane und seitwärts steht eine Kiste. Dabei ist es durchweg zu primären Aufgabenlösungen gekommen, in der Regel aber erst nach einer Zeit des Zögerns. Es ist, als ob in diesen Fällen dem Tier plötzlich ein Einfall oder ein Gedanke komme.

W. Köhler hat seinerzeit mit besonderem Nachdruck auf die Bedeutung der Überschaubarkeit der Dinge hingewiesen. Die Lösung einer Aufgabe hängt seiner Ansicht nach von der »Struktur« des Wahrnehmungsfeldes ab. Man hat sogar von der optischen Konstellation der Erscheinungen im Blickfelde gesprochen. Anfangs gelingt ein Stockversuch nur, wenn der Affe das Lockmittel und das Werkzeug gleichzeitig sehen kann. Offenbar ist er imstande, die Einzelgebilde im Felde sich innerlich — vielleicht als echte Vorstellung zu verändern. Er projiziert den Stock an eine andere Stelle, verändert ihn wieder und merkt, daß in dieser Lage das Lockmittel folgt.

Indessen ist nur im Anfang einer längeren Versuchsreihe das »optische Zueinander« die Voraussetzung für ein erfolgreiches Handeln des Affen. Wenn er die Sache kennt, holt der Schimpanse auch aus dem Nebenzimmer einen Stock, um sich eine Frucht durch ein Gitter heranzuscharren.

Es könnte nun sein, daß ursprünglich Stock und Frucht durch Valenzwirkung sich im Wahrnehmungsbild des Affen gewissermaßen gegenseitig angezogen haben. Dadurch bekommt der Stock (vielleicht im Phantasiebild des Tieres) eine andere Lage und damit neue Valenzen, aus denen sich das Handeln ohne weiteres und vor allem ohne das Mitspielen eines die Handlungsform bedingenden psychischen Inhalts ergibt.

Die eben entwickelte Ansicht hat *Koffka* vertreten. Er meint, daß der Stock in die Situation mit dem Lockmittel geradezu hineinspringe und betont, »daß ein isoliertes Ding in einem Komplex, mit dem es gleichzeitig überschaut wird, leichter hineinspringt als in einen räumlich entfernteren und von ihm getrennten Komplex«.

Das ist die gestalttheoretische Erklärung der primären Aufgabenlösungen. Nach dieser Auffassung solle es allein auf das Erleben der Zusammengehörigkeit, auf die optische Strukturierung ankommen, also auf ein Erkennen der Zusammengehörigkeit. Ist die Strukturierung geschehen, so ergibt sich das Handeln gewissermaßen von selbst.

Gegen diese geradezu sensualistische Erklärung hat *Claparède* (1934) einen gewichtigen Einwand erhoben. Er fragt mit Recht, ob das Geschehen im Wahrnehmungskomplex Ursache oder Folge sei. »La bonne structure n'est pas une cause, mais une conséquence« behauptet er im Gegensatz zu der Auffassung von *W. Köhler* und *Koffka*.

Nach den Untersuchungen der letzten Jahre kann es keinem Zweifel mehr unterliegen, daß nicht das »optische Zueinander« der Dinge, sondern die mit ihnen möglichen Handlungsweisen das Verhalten der Affen bedingen. Dabei sind angeborene Reaktionstendenzen nur in sehr engen Grenzen wesentlich, so daß unser Problem auf schlichte

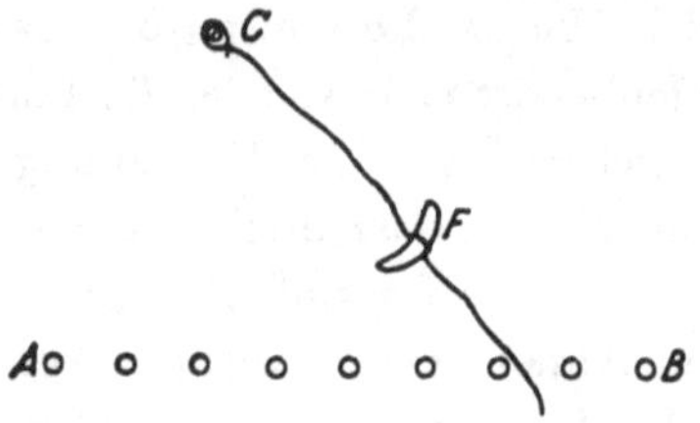

Abb. 91. Schema des Bindfadenversuches nach Guillaume und Meyerson. Die schräg liegende Schnur ist gegenüber dem Gitter AB bei C festgebunden. Sie muß vom Affen so weit nach links gebracht werden, daß die Frucht F (verhältnismäßig zu groß gezeichnet) näher zum Gitter und in Reichweite kommt.

Gegensätze eingeengt werden kann: Erfahrung oder Erfindung? Ob die Erfahrung allein im Hinblick auf die gegen die Vergangenheit veränderte Zukunft eingesetzt wird, muß weiterhin gefragt werden.

Erfahrung und Erfindung sind indessen keine klaren Gegensätze. Hier sollen unter ersterem nur erlernte Verhaltensformen im Gegensatz zu solchen Handlungen verstanden werden, deren Form in der Vergangenheit noch nicht erlebt worden ist. Der Schimpanse, der einen Stock gegen einen Balken hält, um Ameisen auf jenen zu locken, wendet eine aus dem Stockgebrauch schon bekannte Verhaltensform an. Wenn er aber den Stock zum Graben benutzt, beobachten wir damit eine neue Handlungsweise, die nicht auf eine erlernte Tätigkeit zurückgeführt werden kann.

Nunmehr sei die Annahme gemacht, daß eine primäre Aufgabenlösung auf eine erlernte Verhaltensform zurückgeführt werden könne.

Wenn die Fähigkeit zum Behalten von Tätigkeitsformen überhaupt vorhanden ist, werden auch mehrere psychische Inhalte dieser Form gebildet. Darum muß der Aufgabenlösung eine Entscheidung vorausgehen, und in Worten ausgedrückt, muß das Tier sich fragen: welche der mir bekannten Handlungsweisen wird hier Erfolg bringen?

In dieser Hinsicht ist die groß angelegte Untersuchungsreihe von *Guillaume* und *Meyerson* (1931–1937) wichtig. Sie haben unter anderem eine Reihe von Affen mit einer schräg liegenden Schnur (Abb. 91) geprüft, deren freies Ende in den Käfig zwischen die Gitterstäbe reichte. Das andere Ende war an einen Nagel auf einem Brett vor dem Käfig festgebunden. Ungefähr in der Mitte der Schnur war außerhalb der Reichweite des Tieres eine Banane eingeknotet. Der Affe mußte nun,

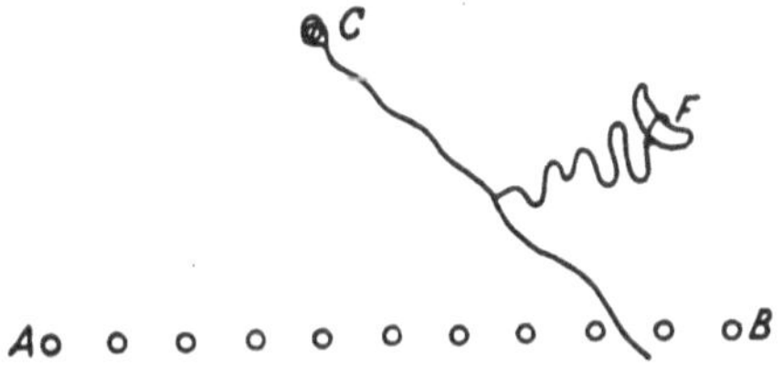

Abb. 92. Die Versuchsanordnung mit Schnur und Hilfsschnur. Die bei C festgebundene Schnur muß so weit nach links gebracht werden, daß die Hilfsschnur in Reichweite kommt. An ihr kann die Frucht F durch die Gitterstäbe AB herangezogen werden.

um das Ziel zu erreichen, die schräg gegen das Gitter laufende Schnur seitwärts ziehen, wobei sich die Frucht dem Gitter näherte. Gefragt wurde nur nach primären Lösungen und Affen, die die Aufgabe nicht in kurzer Zeit bewältigten, wurden als Versager betrachtet. Die Ergebnisse teile ich hier zusammengefaßt in einer Tabelle mit.

Ergebnisse
bei Versuchen mit einfacher Schnur von *Guillaume* und *Meyerson*

Pavian	Cercocebus	Cercopithecus	Gibbon	Orang	7 Schimpansen						
					1	2	3	4	5	6	7
—	?	+	—	?	+	+	+	+	+	+	—
—	?			+							
+	+										

Ein — bedeutet Fehlschlag und ein + Erreichen des Zieles. Durch Fragezeichen sind zweifelhafte Ergebnisse vermerkt. Durchaus versagt hat, außer einem Schimpansen, der sich vor dem Faden zu fürchten schien, nur der Gibbon.

Anders ist es aber bei der Verwendung einer »Hilfsschnur« (Abb. 92). Bei diesen Versuchen hat sich ein deutlicher Unterschied zwischen den Menschenaffen und den übrigen Primaten herausgestellt, wie die nachstehende Tabelle zeigt.

Ergebnisse von *Guillaume* und *Meyerson*
bei Versuchen mit Schnur und Hilfsschnur

Chrysogaster	Mandrill	Pavian	Ateles	2 Mangaben, 2 Cercopithecus	Gorilla	3 Schimpansen			Orang
						1	2	3	
—	—	—	?	—	+	+	+	+	+
+	—	—	?	—		—			
—		—	?	—					
—		—							

Beim Ziehen an einer Hilfsschnur wird zunächst nur diese bewegt und die unmittelbar am Lockmittel befestigte Schnur dadurch gestrafft. Erst jetzt kann sich das Lockmittel bei weiteren Hantieren an den Fäden bewegen. Das warten niedere Affen nicht ab. Sie geben auf, sobald sie bemerken, daß ihre Bemühungen keine unmittelbare Bewegung der Frucht zur Folge haben.

Mit diesem Ergebnis drängt sich der Verdacht auf, daß hier die Vorwegnahme bevorstehender Ereignisse eine Rolle spielt. Beim einfachen Schnurversuch sieht der Affe voraus: Bewegung der Schnur bewegt auch die Frucht. Der Menschenaffe hat nun eine umfassendere Fähigkeit zur Berücksichtigung der Zukunft. Er reiht eine Kette von Handlungen innerlich probierend aneinander und handelt dann nach dem voraussichtlichen Ergebnis. Der niedere Affe »denkt« dagegen nur an eine einzelne Handlung und ist verwirrt, wenn sie ergebnislos bleibt und keine Valenzen ihm helfen.

Wir haben gesehen, daß bei Hunden die Vergangenheit für die Auswahl zwischen Verhaltensmöglichkeiten entscheidend ist. Soweit der zukünftige mit dem früheren Erfolg übereinstimmt, erreichen sie ihre Ziele glatt und in einem Zuge. In wesentlich veränderten Lagen müssen erst Erfahrungen gesammelt werden, sofern es nur auf die bekannte Verhaltensform als solche und nicht auf Valenzen ankommt.

Bei Affen könnte es anders sein. Vielleicht liefert bei ihnen das Erreichen des Zieles nicht nur einen Impuls zu Handeln, sondern beeinflußt auch die Entscheidung zwischen Verhaltensmöglichkeiten im Hinblick auf den zukünftigen Erfolg unter veränderten Umständen.

Das wird sich zeigen, wenn in einer Versuchsanordnung das Ziel in wechselnder Lage so geboten werden kann, daß Valenzen die Richtung des Handelns nicht bestimmen können. Dabei müssen zwei Verhaltensweisen möglich sein, unter denen das Tier zu wählen hat. Wir brauchen also wie schon früher eine Prüfungseinrichtung mit *doppelter Handlungsmöglichkeit und doppelter Zielsetzung.*

Die eben umschriebenen Erfordernisse haben wir für Versuche mit

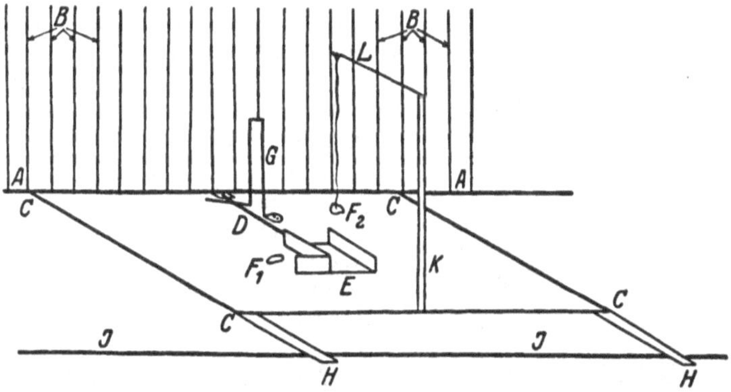

Abb. 93. Die Versuchseinrichtung mit dem auf doppelte Weise bewegbaren Hebel. AA = Käfig, BB = Gitterstäbe, C = Ecken des Brettes vor dem Käfig, D = Hebel, E = Schaufel am Hebel, F_1 und F_2 die beiden Lockmittel, G = Führungsschiene, die nur seitwärts oder nach oben gerichtete Bewegungen des Hebels zuläßt, HH = Latten zum Auflegen des Brettes, JJ = Geländer vor dem Käfig, K = senkrechte Latte, L = waagerechter Draht, an dem das eine Lockmittel (F_2) hängt.

Affen durch einen Hebel erfüllt, der sich entweder nach oben oder zur Seite klappen läßt (*Fischel* 1936).

Abb. 93 ist ein Schema der Anordnung mit dem Hebel, der eine besonders geformte Schaufel trägt. Außerhalb der Reichweite des Affen im Käfig kann vor dem Gitter *über* der Schaufel Futter aufgehängt oder *neben* ihr hingelegt werden. Eine Führungsschiene gestattet nur nach oben oder zur Seite gerichtete Bewegung mit dem Hebel. Je nach der Lage des Zieles muß sich das Tier also für die eine oder andere der beiden Handlungsmöglichkeiten entscheiden und nach einmal getroffener Entscheidung kann die Bewegungsrichtung nicht mehr geändert werden.

Zu den Versuchen standen drei Affen zur Verfügung (2 *Cercopithecus sabaeus* und 1 *Macacus rhesus*). Wir prüften sie in täglich 10 Versuchen, bei denen zunächst zwei gleiche Ziele geboten wurden: eine Erdnuß neben der Schaufel und eine über ihr hängend (F 1 und F 2 in Abb. 93).

Alle Affen griffen sofort zum Hebel und entdeckten zufällig eine der beiden Handlungsmöglichkeiten, durch die sie das Lockmittel in Reichweite bringen konnten. Bald darauf entdeckten sie auch die andere Weise, auf die der Hebel bewegt werden konnte. Beide Verhaltensmöglichkeiten wurden rein zufallsmäßig angewandt. Das änderte sich aber mit der Zeit. Es entstand nämlich eine Gewohnheit, zunächst den Hebel hochzuklappen und ihn dann zur Seite zu schieben (bei einem Affen war es umgekehrt), was den Eindruck einer als Ganzheit erfaßten Handlungsfolge machte, durch die ein Lockmittel nach dem anderen herbeigeholt wurde. Die Affen waren jetzt offenbar mit beiden Verhaltensmöglichkeiten gut vertraut.

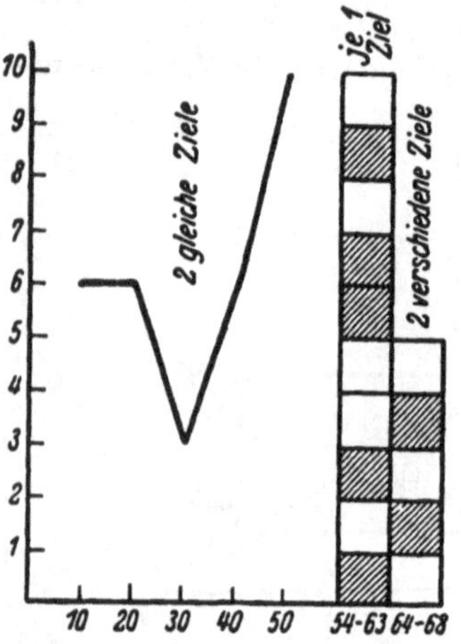

Abb. 94. Die Leistungen des Rhesus-Affen. Ordinaten der Kurve: Anzahl der vollständig zielgemäßen Entscheidungen des Affen. Abszissen der Kurve: Gruppen von je 10 Versuchen. Gestrichelte Quadrate: das Ziel ist durch Klappen richtig erreicht worden. Weiße Quadrate: das Ziel ist durch Schieben richtig erreicht worden.

In einer nun anschließenden mit zwei Affen durchgeführten zweiten Versuchsreihe wurde nur *ein* Lockmittel geboten, das entweder neben der Schaufel lag oder über ihr hing. In dieser Hinsicht haben wir regelmäßig gewechselt. Die Affen mußten sich also für die bei der jeweiligen Lage des Zieles erfolgbringende Handlung entscheiden.

Der *Rhesus* tat das bei den 10 Versuchen dieser Art ausnahmslos, dem *Cercopithecus* I unterliefen zwei »Fehler« (Abb. 94—96).

Indessen sind mit dieser Versuchsanordnung die Valenzen noch nicht unbedingt ausgeschlossen. Liegt die lockende Nuß rechts vom Hebel, so liegt es nahe, daß der Affe ihn in dieser Richtung weiterschiebt.

Darum haben wir bei der letzten Versuchsreihe zwei Ziele geboten: eine Erdnuß und eine Kirsche. Letztere wurde unbedingt bevorzugt. Bald hing sie über der Schaufel und bald lag sie neben ihr. Die drei Affen haben bei den 35 Versuchen 31mal sofort das getan, was die Kirsche ans Gitter brachte. Also entschied der *bevorstehende Erfolg* und zwar im Gegensatz zu dem Verhalten von Hunden auch dann, wenn unmittelbar vorher ein erheblich anderes Verhalten diesen Erfolg gehabt hatte.

Mit diesen Ergebnissen ist ein Einblick in die Art des Einsatzes der psychischen Inhalte bei Affen gewonnen. Der Grad der Intelligenz der

Einzeltiere kann daraus aber nicht ohne weiteres erschlossen werden. Die hier wiedergegebenen graphischen Darstellungen des Verhaltens der drei Tiere zeigen eine deutliche individuelle Verschiedenheit (Abb. 94/96). Eine mit kräftigem Strich gezeichnete Kurve gibt die Anzahl der jeweils günstigsten Verhaltensweisen bei 10 Versuchen an. Während der Einübung mit zwei gleichen Zielen sind das die Fälle, in denen der Hebel in einem Zuge rasch hintereinander hochgeklappt und zur Seite geschoben wurde. Es ist vorgekommen, daß ein Affe, der sich das

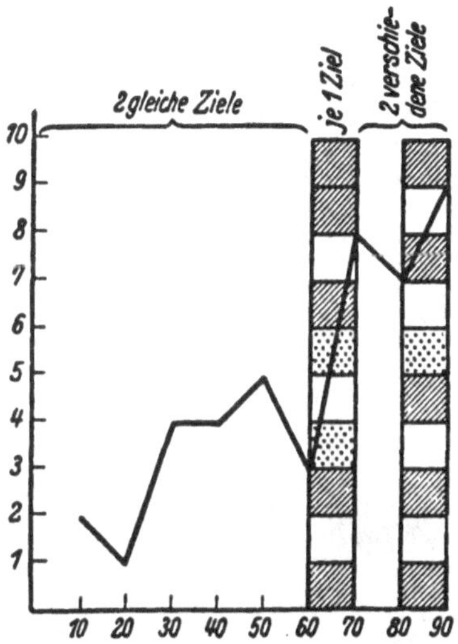

Abb. 95. Die Leistungen des Cercopithecus I. Koordinaten der Kurve und Quadrate wie in Abb. 94. Außerdem punktierte Felder: falsche Entscheidungen. In der 1. Zehnergruppe der Versuche mit 2 verschiedenen Zielen kamen 3 Fehler vor. Sie wurde wiederholt. Nur das Ergebnis dieser Wiederholung (Versuche 80—90) ist durch Quadrate angegeben. Die Kurve zeigt die Gesamtzahl der erfolgsgemäßen Entscheidungen an

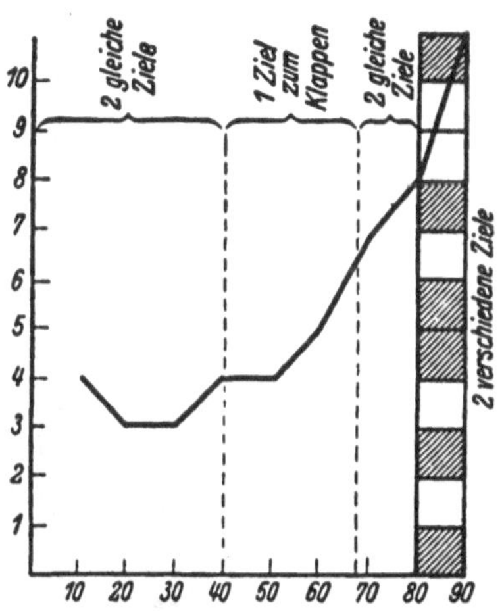

Abb. 96. Die Leistungen des Cercopithecus II. Koordinaten und Quadrate wie in Abb. 94 und 95. Da das Erlernen der Klappbewegung diesem Affen Schwierigkeiten machte, ist es durch Versuche (Nr. 40—67) mit nur einem (hängenden) Ziel besonders geübt. Der 2. Versuchsabschnitt mit nur einem Ziel in wechselnder Stellung ist zur Zeitersparnis überschlagen

hängende Ziel durch Hochklappen verschafft hatte, diese Handlung wiederholte, obwohl jetzt nur noch eine Erdnuß neben der Schaufel lag.

Am schnellsten kam der *Rhesus* dazu, vergebliches Handeln zu unterlassen. Nach dem 53. Versuch ist ihm überhaupt kein »Fehler« oder »Versehen« mehr unterlaufen. Etwas längere Übung brauchte der

Cercopithecus I, dessen Erfolgsberücksichtigung auch weiterhin nicht zuverlässig war. Interessant ist vor allem, daß der *Cercopithecus II* Schwierigkeiten hatte, das Hochklappen des Hebels zu erlernen. Würden wir nur die Leistungsfähigkeit beim Hebelversuch festgestellt haben, so hätte er sehr schlecht bewertet werden müssen. Ob eine schlechte Begabung zum Behalten von Reaktionsformen vorliegt oder ob das Heranziehen des Hebels in der Horizontalen dem Affen geradezu Spaß machte (gelegentlich hatten wir diesen Eindruck) muß eine offene Frage bleiben,

Abb. 97. Schimpanse beim »Versuch mit 2 Gängen«. Das Lockmittel lag ursprünglich im hinteren Quergang. Der Affe muß es mit dem Stock in den freien Seitengang und in Reichweite bringen. (Nach Guillaume und Meyerson, 1937)

die Spezialforschungen nötig macht und die Grenzen der allgemeinen Tierpsychologie überschreitet.

Auch *Guillaume* und sein Mitarbeiter haben Versuche angestellt, bei denen es auf klare Entscheidungen des Tieres für die eine oder die andere Verhaltensmöglichkeit ankommt. Sie haben eine »Anordnung mit zwei Gängen« hergestellt, die aus zwei ineinander gesetzten Kisten bestand (Abb. 97). Der innere war beträchtlich kleiner als der äußere, so daß zwischen beiden ein freier Raum war. In das Querstück zwischen den hinteren Schmalseiten der Kästen kam ein Lockmittel, das der

Affe mit einem Stock bewegen und an das Käfiggitter heranbringen mußte.

Das Tier hatte sich nun zu entscheiden, ob es die Banane rechts oder links um den kleinen Kasten herum befördern sollte. Einer der beiden Laufgänge war durch ein Drahtgitterchen gesperrt, so daß der Affe es nicht nah genug an den Käfig scharren und ergreifen konnte.

Geprüft wurde nur der Pariser Schimpanse »Nikol«. Bei 11 Versuchen hat er 9mal primär den »richtigen« Weg gewählt und die Frucht von vornherein in den freien Gang geschoben. Seine Blicke zeigten deutlich, daß er an den bevorstehenden Gang der Ereignisse »dachte«.

Indessen können echte und unmittelbare Valenzwirkungen das Berücksichtigen der bevorstehenden Handlung einschränken oder gar aufheben. Als nämlich das Lockmittel nicht mehr in der Mitte des Quergangs, sondern am Anfang des gesperrten Seitenganges lag, hat der Schimpanse sich zweimal »verführen« lassen und zog die Frucht geradewegs heran, bis sie vor dem Sperrgitter ankam und dort unerreichbar liegen blieb.

Später kam es dann vor, daß der Schimpanse bei dieser Lage des Zieles falsch an zu arbeiten fing, bald aber sein Verhalten erfolgsgemäß korrigierte. Der Beginn dieser Korrektion kann nur als Einsetzen einer Berücksichtigung des bevorstehenden Ganges der Ereignisse, also der Zukunft, gedeutet werden.

Zukunftsbedingte Korrektionen dieser Art sind typisch für Menschenaffen und kommen bei niederen Affen nur selten vor [1]). Diese Tatsache kann neben den anderen Ergebnissen zur Begründung der Ansicht ins Feld geführt werden, daß tatsächlich der Schimpanse in der Lage ist, bevorstehende und noch nicht erlebte Handlungsergebnisse in größerem Rahmen zu berücksichtigen als der niedere Affe. So kommt es auch, daß dieser in schwierigen Lagen leicht Mißerfolge erlebt und

[1]) Auch Hunde brechen eine Handlung ab, wenn ihre Aussichtslosigkeit klar wird, was in der Regel eine Folge neu auftauchender Wahrnehmungen und ihrer Valenzen ist. Für die psychologische Beurteilung ist nun wesentlich, nach welchem Gesichtspunkt sie sich für ein anderes Verhalten entscheiden. Bei ihnen spielt indessen die Vergangenheit, bei Affen die Zukunft eine größere Rolle. Es sei aber daran erinnert, daß es sich um Fälle handelt, wo die Valenzen nur den Impuls zum Handeln liefern und nicht seine Form bestimmen, also um Bedingungen, die nur experimentell hergestellt werden können, weil in der Natur stets eine Fülle von Faktoren zusammenwirken.

dann an Werkzeugen einfach zerrt, mit ihnen schlägt oder sie nach dem Lockmittel in fast sinnloser Weise wirft. *Guillaume* behauptet: »Der niedere Affe kämpft mit dem Werkzeug, während der höhere es sich unterwirft.«

Wenn nun der Menschenaffe in der Lage ist, mehrere Handlungen einem Ziel unterzuordnen, so ist damit nicht gesagt, daß er es auch wirklich tut. Bei ihm wie auch beim Menschen erfordert die Höchstleistung eine gewisse Anstrengung. Wo es möglich ist, wird mit niederen Fähigkeiten gearbeitet, man bildet Gewohnheiten aus, in denen möglichst ausschließlich nach vergangenen Erlebnissen gearbeitet werden kann und der träge Mensch ist geneigt, Situationen zu meiden, in der oft wechselnde Umstände besondere Rücksicht auf zukünftige Veränderungen erfordern.

Vergessen wir nicht, daß es sich bei all diesen Überlegungen um zweierlei handelt! Erstens muß eine bevorstehende Verhaltensform in die Situation gewissermaßen hineinprojiziert werden. Zweitens muß vorausgesehen werden, was sich durch das Verhalten ändert oder geschehen wird.

Wenn nun bei einem Affen die erstere Fähigkeit besonders gut ausgebildet ist, wie es bei den Kapuzinern Südamerikas der Fall zu sein scheint, so hat ihr Handeln schon damit eine große Erfolgsaussicht. Eine Fülle von Handlungsmöglichkeiten fällt diesen regsamen Tieren ein. Sie sehen einen Hebel, ein Gitter und eine Kiste und sie erinnern sich rasch an das, was sie an Gebilden gleicher Art schon einmal getan haben. Und nun locken Valenzen, die über die Auswahl zwischen den in Betracht kommenden Verhaltensweisen entscheiden, womit sehr oft das »richtige« Handeln gegeben ist, auch wenn ein zukunftbedingtes Abwägen des Handlungserfolges nur in engen Grenzen und flüchtig stattgefunden hat. Trifft das zu, so wäre damit erklärt, warum niedere Affen nicht ganz selten höheren überlegen sind. Große Regsamkeit und umfangreicher Gedächtnisschatz ergeben offenbar eine größere Leistungsfähigkeit als ein geringer Vorsprung in den höheren Graden der Intelligenz.

Von diesem Gedanken ausgehend soll auch kurz das Menschenleben betrachtet werden. Man sieht oft, daß Regsamkeit und Schwung in der Lebensführung größeren Erfolg beschert als bedachtsame Klugheit. Wer bei leistungsfähiger Intelligenz umfangreiche Gedächtnisketten folgerichtig zusammenzufügen weiß, zeigt damit einen hohen Grad des Könnens. Trotzdem kann im Augenblick der Gefahr ein junger Mensch, den nichts als eine besondere Schnelligkeit der Einfälle auszeichnet, dem klugen Denker weit überlegen sein.

Wie außerordentlich groß die Anzahl der Faktoren ist, die bei den Handlungen eines Affen mitspielen, hat soeben *Klüver* (1933, 1937) in zwei Arbeiten gezeigt. In mehreren hundert Versuchen in verschiedenster Anordnung hat er einen Cebus-Affen geprüft und zwar in zwei großen Versuchsreihen, zwischen denen drei Jahre Pause lagen. Seine 1937 veröffentlichten Versuche sind im Wesentlichen eine Wiederholung der 1933 beschriebenen.

In der langen Pause hat der Affe nichts hinzugelernt. Seine Leistungen waren kaum verschieden. Nur war er vorsichtiger und ängstlicher geworden, was auch *Guillaume* und *Meyerson* sowie *Yerkes* von den älteren Affen berichten. Diese Feststellung kann als gesichert gelten. Sie betrifft aber nur Tiere in der Gefangenschaft und es ist eine offene Frage, ob in der freien Natur dasselbe der Fall ist. Wenn es zutreffen sollte, so erwerben die Tiere ihre besonderen auf Gedächtnisleistung beruhenden Verhaltensformen in der frühesten Jugend. Weitere Handlungsformen werden dann nicht mehr erlernt. Die Valenzwirkung steigt aber. Der Jäger spricht von »erfahrenen« Hasen oder Füchsen, die weit »mißtrauischer« als Jungtiere leiseste Geräusche oder feinste Tönungen im »Riechbild« beachten.

Dem Cebus-Affen von *Klüver* war der Gebrauch des Stockes und einer Harke (»T-stick«) als Mittel zum Heranziehen einer unerreichbaren Frucht bekannt. Diese mußte nicht, wie bei anderen Untersuchungen an ein Gitter gebracht werden. Der Affe war vielmehr an der Leine und Halsband so gefesselt, daß er nur im Umkreis von 2,65 m umhergehen konnte. Auch mit Hilfe eines Sackes, den er in primärer Aufgabenlösung auf eine nicht erreichbare Frucht geworfen und wieder herangezogen hatte, war er schon wiederholt zum Ziel gelangt.

Dieser begabte Affe versagte aber zunächst durchaus, als das Lockmittel nicht mehr auf dem Boden lag, sondern an einem Balken hing, von wo es mit einem Stock oder mit einer Harke, die in der Nähe lagen, leicht herabgeschlagen werden konnte.

Als sich das Tier eine Stunde lang bemüht hatte, wurde der Versuch abgebrochen. Unmittelbar danach folgte nun ein Versuch mit etwas anderer Anordnung (*Klüver* 1937, Exp. 16), der in allen Einzelheiten geschildert sei.

Die Banane hängt unerreichbar hoch über dem Boden. Ein Sack und ein 40 cm langer Stock liegen unmittelbar darunter. Ein 65 cm langer Stock liegt 2 m abseits und ein weißer Tisch steht in der Nähe der Frucht. Sie kann aber nur vom Boden aus und nur durch Benutzung des längeren Stockes herabgeschlagen werden.

Der Affe schaut im Zimmer umher, geht im Bogen am langen Stock vorbei, steigt auf den Tisch und blickt um sich. Geht im Raum hin und her, seine Bewegungen werden lebhafter und er sieht wiederholt zur Banane hin. Nimmt den kurzen Stock, hebt ihn zum Ziel, schlägt aber nicht, schaut umher, geht zur Wand, kommt zurück, nimmt den Stock wieder, läßt ihn sofort fallen, wiederholt das, steigt auf den Tisch und wieder hinunter, läuft zum Radiator, stößt den langen Stock auf dem Boden hin und her, blickt und geht durchs Zimmer, sammelt ein paar herumliegende Brocken, setzt sich zum Sack und beschnüffelt ihn, stößt wieder den langen Stock über den Boden, nimmt den kurzen in die Hand, ohne ihn aber zu erheben, läuft durchs Zimmer und beschaut verschiedene Dinge, ergreift plötzlich jäh den langen Stock, hebt ihn aber nicht hoch, läßt ihn fallen, zieht am Sack, dann am Tisch, bringt den kurzen Stock zu diesem und läßt ihn fallen. Legt sich — intensiv umherblickend — auf den Boden, setzt sich, spaziert umher, erfaßt den langen Stock, als ob er ihn gebrauchen wolle, geht dann wieder umher, streicht aufgeregt mit der Hand mehrmals über den Boden, ergreift dann plötzlich den langen Stock, richtet sich auf und schlägt die Frucht herunter. Das geschah 56 Min. nach Beginn des Versuches.

Als nun unmittelbar danach unter den gleichen Umständen wieder eine Banane aufgehängt wurde, hat der Affe sie schon nach 8 Sek. später herabgeschlagen.

Durch die Untersuchungen von *Köhler* auf Teneriffa hat der *Kistenversuch* eine gewisse Volkstümlichkeit und Berühmtheit erlangt. Für die damit geprüften Schimpansen hängt unerreichbar hoch an der Decke des Käfigs ein Lockmittel. In der Nähe steht eine Kiste. Wird der Affe sie unter die Frucht schieben, hinaufsteigen und das jetzt erreichbare Ziel ergreifen?

Zunächst bemühten sich die Schimpansen die lockende Banane im Sprung zu erreichen. »Sultan, das begabteste Tier, gibt jedoch bald auf, geht unruhig im Raume umher, bleibt plötzlich vor der Kiste stehen, ergreift sie, kantet sie hastig in gerader Linie auf das Ziel zu, steigt aber schon hinauf, als sie noch einen halben Meter entfernt ist und reißt sofort, mit aller Kraft springend, das Ziel herunter« (*Köhler*).

Wie bei der Verwendung eines Stockes so wird hier die Kiste als Mittel zur Vergrößerung der Reichweite benutzt und man spricht geradezu vom *Werkzeuggebrauch* der Tiere. Ob das Bewegen und Einschalten des Mittels eine besondere psychische Fähigkeit erfordert, ist eine noch offene Frage. Ich selbst möchte sie verneinen und nehme an, daß die Fähigkeit zur erfolgsgemäßen Durchführung von Handlungsformen den Werkzeuggebrauch ohne weiteres ergibt. *Sarris* (1937) hat gezeigt, daß auch Hunde eine Kiste zielbedingt verschieben, wenn an ihr ein zum Anfassen geeigneter Faden befestigt ist. Der Besitz von Händen bedeutet für die Affen also eine Erleichterung des Werkzeuggebrauches. Unbedingte Voraussetzung ist er aber nicht.

Die Hauptsache bleibt also das Problem der Ergebnisbedingtheit des Handelns. Immer wieder muß betont werden, daß wir es hier mit der Frage zu tun haben, ob das Ergebnis des voraussichtlichen Verlaufes der Handlung die Auswahl unter verschiedenen Betätigungsmöglichkeiten bestimmt. *Bierens de Haan* (1931) hat einen Kistenversuch mit einem Kapuzineraffen *Cebus hypoleucus* angestellt, der bei der Beurteilung des in Rede stehenden Problems berücksichtigt werden muß.

Ein Lockmittel hängt 1 m über dem Boden des Käfigs und eine Kiste steht in etwa 60 cm Entfernung von der Stelle unter der Frucht. Das Tier läuft umher, immer nach der Frucht sehend, klettert auf einen Sitzstock, schaut von dort zum Ziel, geht wieder hinunter bis unter das Lockmittel, stellt sich auf die Hinterbeine und erreicht es plötzlich hochspringend.

Beim zweiten Versuch gibt der Affe nach längerem Hin und Her der Kiste plötzlich einen Ruck in der Richtung zum Ziel. Sie war aber zu schwer und bewegte sich kaum. Deshalb bekam der Affe am nächsten Tage ein leichteres Kistchen. Dieses kantet er beim 7. Versuch zur Frucht hin, allerdings nicht weit genug. Als er hinaufgestiegen war, konnte er das Ziel nicht erreichen.

Der 8. Versuch brachte insofern einen Fehlschlag, als das Tier die Kiste in der falschen Richtung kantete, so daß sie sich von der Frucht entfernte. Enttäuscht hat der Affe sich nicht weiter bemüht.

Der 9. Versuch hat den ersten Erfolg ergeben. Der Affe kantete das Kistchen mehrmals, bis es gerade unter der Frucht stand, stieg hinauf und nahm sie.

Offenbar hat bei diesen Handlungen eine gewisse von vornherein vorhandene Voraussicht des Ergebnisses mit Erfahrungen zusammengewirkt.

Eingehender als *Bierens de Haan* hat *Klüver* (1937) das Verhalten eines Cebus-Affen beim Kistenversuch beschrieben. Dessen erster Versuch verlief ergebnislos. 45 Minuten lang ging das Tier hin und her, ohne von der Kiste Notiz zu nehmen.

Danach wurden leichtere Versuche eingeschaltet und am folgenden Tag wurde der Kistenversuch unter etwas veränderten Bedingungen wiederholt.

Ein Stück Banane hängt außer Reichweite von der Decke herunter. Ein Sack liegt außer Sicht auf einem Wandbrett. An jenem ist ein Faden befestigt, der herabhängt und am Ende eine Schlinge hat. Seitwärts steht gut zugänglich eine Kiste. Außer Reichweite liegt ein Stock. (Der Affe kann die Kiste direkt unter das Ziel schieben und es von ihr erreichen. Das hat er noch nicht getan. Er kann sie aber auch unter die Schlinge schieben, den Sack auf den Stock werfen — was er früher einmal schon ausgeführt hat — diesen damit heranziehen und die Frucht herunterschlagen.)

Ergebnis: Affe steht zwischen Futter und Strick, schaut umher, beachtet den Stock, geht ans Fenster an der Kiste vorbei, blickt von der Wand zum Futter, bewegt den Kasten ein wenig in der Richtung zum Ziel (vgl. *Bierens de Haan*!), schaut den Strick an und dann nach allen Seiten, geht zum Stock, ohne ihn erfassen zu können, steht eine Weile in einer Zimmerecke, geht zur Kiste, beschäftigt sich mit Streu, sitzt in der Sonne, steht auf und blickt vom Ziel zum Stock und zu anderen Dingen im Zimmer, geht nahe ans Ziel und im Raum umher, streckt den Arm nach dem Stock aus, setzt sich, betrachtet die Decke, kommt wieder unter das Ziel, betrachtet es wieder und wieder, geht zum Kasten, stößt ihn ein Stück, dann aber zum Ziel, geht zur Wand, stößt plötzlich die Kiste wieder zum Stock hin, ist wieder abgelenkt, zieht die Kiste etwas zurück, geht ans Fenster, betrachtet den herabhängenden Faden und das Ziel, geht wieder zur Kiste und bewegt sie noch weiter vom Stock fort. Beschäftigt sich mit Streu usw. 37 Min. sind verflossen und das Verhalten ändert sich nicht. Nach 93 Min. stößt der Affe aber plötzlich die Kiste unter das Ziel, steigt hinauf und ergreift die Frucht.

Dieses Verhalten bedeutet eine echte primäre Aufgabenlösung, wenn sie auch dem Tiere erst spät eingefallen ist. Es unterscheidet sich von der sekundären Aufgabenlösung durch deutlich erkennbare einzelne Handlungsphasen, denen man eine gewisse Erfolgsbedingtheit nicht absprechen kann. Bei sekundärer Aufgabenlösung wird in der Erregtheit alles mögliche ohne Rücksicht auf die Erfolgssicherheit probiert, soweit keine Valenzen eingreifen. Darum hätte man erwarten können, daß der Affe den Sack herunterreißt, was ihm bei umfassenderer Zukunftsbedingtheit des Handelns auch den Stock und damit Erfolg gebracht haben würde. Obwohl er den Strick genau betrachtet, hält er das Herunterziehen aber für aussichtslos.

Es ist nun sehr charakteristisch für niedere Affen, daß der Cebus bei beiden Untersuchern die Kiste bei der ersten Berührung wohl in der Richtung zum Ziel verschiebt, dann aber, als das nicht ausreicht, etwas anderes tut und die »richtige« Handlung nicht fortsetzt. Die Tiere sind primär nicht imstande, der erfolgbedingten Reaktion, die nicht weit genug führt, eine zweite anzufügen, um das Ziel vollständig zu erreichen.

Klüver hat 120 Werkzeugversuche verschiedener Art durchgeführt und sehr eingehend geschildert. Sein wichtigstes Ergebnis ist eine Übersicht über die Faktoren, die beim Handeln des Cebus-Affen eine Rolle spielen und von denen wir nur die bedeutsamsten hier anführen können.

1. Affekt und Regsamkeit schwanken sehr stark.
2. Die Zuordnung des Handelns zum Ziel ist nur vorübergehend zu erkennen. Manchmal ist sie schwach, manchmal sogar ganz verloren.
3. Gelegentlich wird das Verhalten »by only a few objects or a few distinctive features of the situation« bedingt. Zu anderen Zeiten spielt praktisch alles überhaupt Wahrnehmbare eine Rolle.
4. Es besteht eine spontane Tendenz, Dinge wie Stöcke, Kisten, Lappen usw. miteinander in Kontakt zu bringen. Das geschieht mitunter nur durch Blicke, die von einem Gebilde zum anderen gleiten, dann aber auch durch Hin- und Hergehen, Verschieben, Reißen oder Stoßen.
5. Der Affe war geneigt, die Werkzeuge nicht nur als Mittel zur Erreichung des Zieles, sondern auch zu anderen Zwecken zu brauchen, z. B. zum Zerreißen, zur Erzeugung von Geräusch usw. Dabei herrscht der »Funktionswert«, also die Erinnerung an Tätigkeiten vor. Man kann das Ding brechen, biegen, zerbeißen usw.

Entscheidend für die Beurteilung ist zweierlei: *Eine Fülle von Valenzen und großer Reichtum an unmittelbar zukunftsbedingten Einfällen.* Ergänzend tritt dazu eine Beeinflussung der Handlungen von der Vergangenheit her, wie wir es bei den Hunden gesehen haben. Daß Affen größere oder kleinere Erfahrungen außerordentlich schnell machen, betonen die meisten Untersucher mit großem Nachdruck.

Der Erfolg eines Affen hängt in weitem Maßstabe von dem ab, was die Franzosen das »*Savoir initial*« nennen, also von einem Ausgangswissen, das eine mehr oder minder große Zahl von Verhaltensmöglichkeiten betrifft. Es ist bezeichnend für Affen und unterscheidet sie von den Hunden, daß bei ihnen die Einfälle zeitlich recht weit auseinanderliegend kommen, wie es die Schilderungen von *Klüver* bestens erläutern. Es ist als ob das Tier überlegt hätte: so könnte es gehen.

Die Verschiedenheit im Umfang der Zukunftsbedingtheit des Handelns von niederen Affen und Menschenaffen sei durch Gegenüberstellungen noch weiter hervorgehoben.

Erinnern wir uns an die »Versuchsanordnung mit zwei Gängen« der französischen Forscher! Der Schimpanse Nilkol mußte das Lockmittel mit dem Stock erst um ein Hindernis herumschieben und dann an das Käfiggitter ziehen. Das hat er in primärer Aufgabenlösung getan.

Zweimal hat *Klüver* mit seinem *Cebus* denselben Versuch angestellt. Der Affe war an einer langen Leine gefesselt und außerhalb seiner Reichweite lag ein kurzer Balken, hinter ihm die Furcht. In beiden Fällen hat das Tier wohl den verfügbaren Stock ergriffen und das Lockmittel hin und her gestoßen. Aber einen Erfolg hat es nicht erreicht. Dieser Affe war nicht imstande, primär mehrere Handlungen ergebnisgerecht zusammenzufügen.

Das war auch bei dem schon erwähnten Kistenbauversuch von *Bierens de Haan* der Fall. Zuerst galt es, *eine* Kiste unter die hochgehängte Frucht setzen. Als das beherrscht wurde, waren 12 Versuche (Nr. 21 bis 32) nötig, bis der Affe eine zweite Kiste auf die erste setzen konnte.

Das Verhalten von *Köhlers* Schimpansen »Sultan« war etwas anders. Als das Lockmittel von einer Kiste nicht mehr erreicht werden konnte, hob der Affe auch tatsächlich die zweite Kiste hoch, als er die erste unter das Ziel geschafft hatte. Es gelang ihm aber nicht, jene auf diese zu setzen. Darum folgte ein Wutanfall.

Beim nächsten Versuch hat er wieder die zweite Kiste ergriffen, nachdem er vergebens von der ersten aus hochgesprungen war. Die zweite benutzte er aber zunächst nur, um seine Verstimmung mit viel Lärm auszutoben. Dann wurde er plötzlich ruhig, stellte die zweite Kiste auf die erste, stieg hinauf und holte die Frucht.

Der Kistenbau zeigt die Grenzen der Zukunftsberücksichtigung bei allen Affen. Bekanntlich stellen sie Kisten durchweg ungenau übereinander, so daß der Turm wackelig wird und oft zusammenstürzt. Daran »denken« sie nicht. Man sieht aus der Haltung des Cebus-Affen (Abb. 98) sehr gut, daß das Erlangen des Zieles ihn vollauf beschäftigt. Auch Schimpansen setzen Kisten ungünstig aufeinander. Nun zu behaupten, daß sie die Gesetze der Statik nicht beherrschten, geht zu weit. Es ist einfach die Begrenztheit in der Berücksichtigung bevorstehender Ereignisse, die hier die Erklärung liefert.

Nun bleibt noch die Frage nach der Beurteilung der verschiedenen Verhaltensformen der Affen. Oft ist behauptet worden, sie könnten

Abb. 98. Kistenbau eines Kapuzineraffen. (Nach Bierens de Haan)

»Erfindungen« machen. Das braucht indessen keineswegs ein schöpferisches Erdenken vollständig neuer, also noch nicht ausgeführter Verhaltensformen zu sein. Alles, was *Köhler* und die anderen Untersucher als Erfindungen anführen, läßt sich als Einsatz einer bekannten Handlungsform in neuer Lage für ein neues Ziel auffassen. Man bedenke, wie außerordentlich groß der Erfahrungsschatz des Schimpansen sein kann. Und man bedenke seine Regsamkeit! Es ist geradezu selbstverständlich, daß er auch einmal spielerisch einen eisernen Stock in ein Loch der Bretterwand des Käfigs steckt und nun ganz ohne Absicht drückt. Wenn jetzt das Brett zerspringt und der Käfig ein Loch bekommt, wird der Schimpanse das behalten. Den Beobachter kann nun niemand daran hindern zu behaupten, daß der Affe das Brecheisen erfunden hat. Das klingt bedeutsam und ist ausschließlich psychologisch beurteilt doch nicht höher zu bewerten als die Leistung eines Hundes, der beim Schnüffeln am Zaun eine lockere Latte entdeckt, sie verschiebt und das behält.

Zur Frage nach dem Vorkommen von Erfindungen bei Tieren soll hier ein sehr gewichtiger Satz des größten Kenners angeführt werden. *Yerkes* (1934) schreibt:

»Hitherto, in my comparative studies of animal behavior, I have not happened upon forms and characteristics of behavior which obviously presage those expressions of human curiosity and originality which we call invention and discovery« (S. 107).

Der in allen Fällen entstehende psychische Inhalt ist die Erinnerung an Verhaltensformen. Die Überlegenheit des Affen über die anderen Wirbeltiere kommt vom Besitz der Hände, wodurch die Verhaltensmöglichkeiten ungeheuer vermehrt wurden.

Auf weitere Einzelheiten wollen wir nicht eingehen. Ein Rückblick ist erforderlich, der den Vergleich erleichtert und die Eigenart der Entstehung der psychischen Mannigfaltigkeit bei den Wirbeltieren recht deutlich werden läßt.

RÜCKBLICK

Bei den wirbellosen Tieren haben wir die Bedeutung der Valenzen kennen gelernt. Die Form des Verhaltens ergab sich — von der gelegentlich vorkommenden Kinästhetik abgesehen — aus Valenzwirkungen im Zusammenspiel mit Reflexen, Taxien und Instinkten.

Die Erörterung der Wirbeltiere wurde mit den Reptilien begonnen. Damit haben wir die Erinnerung an Verhaltensformen als urtümlich und wichtige Gedächtnisleistung besonders hervorgehoben.

Wahrnehmungsinhalte gehen bei den Reptilien noch nicht in den Gedächtnisschatz ein.

Der Gedächtnisinhalt dieser Tiere betrifft mehrere Verhaltensweisen. Sie sind affektiv verschieden getönt und zwar unabhängig von vergangenen Wahrnehmungen.

Die jeweils zuletzt erfolgbringenden Inhalte werden am leichtesten ekphoriert und damit zu wirkenden Einfällen.

Mit der Entstehung der Säugetiere bildete sich eine neue Möglichkeit zum Einsatz des Könnens — also der erlernten Handlungsformen — heraus. Der die Tätigkeitsweisen betreffende Gedächtnisinhalt kann eine bestimmte Beziehung zu einer früheren Wahrnehmung bekommen.

Die gegenwärtige Wahrnehmung erregt. Sie ist bekannt. Unter ihrem Einfluß ist früher schon erfolgreich gehandelt worden. Infolge der Beziehung zwischen der Wahrnehmung und der früheren Handlungsform wird jetzt derjenige Gedächtnisinhalt ekphoriert, der eben dieses Verhalten betrifft.

Das bevorstehende, noch in naher Zukunft liegende Ergebnis der Tätigkeit gibt den *Impuls* zum Handeln, während die Vergangenheit seine *Form* bestimmt.

Überall da, wo früherer und zukünftiger Erfolg wesensgleich gewesen sind, wird mit diesen Fähigkeiten ohne weiteres erfolgsgemäß gehandelt.

Es sei noch gesagt, daß die ekphorierbaren Gedächtnisinhalte dehn- und anpaßbar sind. Kein Umweg wird automatisch abgeleiert.

In der Morphologie spricht man von den Bauplänen, ja geradezu von »Leistungsplänen« der Organismen. Wir können auch von einem psychischen »Leistungsplan« der Säugetiere reden. Dieser Leistungsplan ist in seinen Einzelheiten je nach Tiergruppe verschieden. Es gibt regsame und behäbige Wesen und solche mit reich und mit arm gegliederter Umwelt. Die Natur paßt ferner den Leistungsplan ökologischen Sonderbedingungen an. Diese Anpassung betrifft vor allem die primären Valenzen, die für Wald- und Steppentiere sehr verschieden sind. Dadurch erklärt sich die phänomenale Verschiedenheit in den Leistungen der Säugetiere.

Das Leben entwickelt sich offensichtlich nicht nur in die Höhe, sondern auch in die Breite. Und die Breitenentwicklung bietet der Forschung noch eine Menge von Problemen, die kaum gestellt und in keiner Weise angegriffen sind. Untersuchungsziel hätte dabei z. B. eine statistisch gesicherte Feststellung der durchschnittlichen Aktivitätszahlen bei Füchsen und Wölfen zu sein. Dabei ist auch eine Weiterführung der Hamburger Umweltforschung erforderlich. Sind die primären Valenzen eines Strauches für Füchse anders als für Wölfe?

Bei den Affen erreicht der Einsatz des Könnens die überhaupt günstigste Weise. Die Entscheidung darüber, welche Verhaltensform im Einzelfall anzuwenden ist, hängt nun nicht nur von der Vergangenheit, sondern auch von der Zukunft ab. Den Tieren fallen mehrere Verhaltensmöglichkeiten ein und es ist wahrscheinlich, daß sie diese in das Handlungsfeld gewissermaßen hineinprojizieren und sich dann für diejenige entscheiden, die die günstigste Erfolgsaussicht haben *wird*, während sich die übrigen Säugetiere für das Handeln entscheiden, das die beste Erfolgsaussicht gehabt *hat*.

Damit ist eine grundsätzliche Übereinstimmung mit einer Seite der menschlichen Psyche erreicht. Auch wir schätzen Handlungsmöglichkeiten nach ihrer Erfolgsaussicht ab. Gegenüber den Anthropoiden und den niederen Affen bedeutet das einen *Fortschritt im Umfang der berücksichtigten Ereignisse*, der sowohl räumlich als auch zeitlich gilt. Und auch wir machen dabei Fehler und spüren die Anstrengung, die nötig ist, wenn einem fernem Ziel eine umfangreiche Tätigkeit untergeordnet werden soll.

In ihrer Gesamtheit verglichen ist aber die Seele des Menschen von der des Schimpansen etwas grundsätzlich Verschiedenes. *Der psychische Unterschied zwischen Mensch und Tier ist aber aus den Zielen des Lebens herzuleiten und nicht aus den Mitteln zum Erreichen dieser Ziele.* Davon wird noch eingehend zu reden sein.

Hier sei noch das wichtigste Ergebnis der vergleichenden Psychologie mit Nachdruck hervorgehoben, das kein Beurteilen der Menschenseele und kein Psychiater übersehen darf. Die Erinnerung an Verhaltensformen ist urtümlich und sitzt gewissermaßen tief in der Seele. Im menschlichen Denken gibt es nun einen ständigen Wechsel zwischen hoher und niederer Leistung. Wer müde ist, handelt einfach gewohnheitsgemäß. Es kann ferner geradezu ein Zeichen von Bequemlichkeit und von Mangel an Kraft sein, wenn der Erfolg des Handelns zu sehr und womöglich ausschließlich an der Vergangenheit abgeschätzt wird. »Es ging damals gut, also wird es auch wohl heute gut gehen.« Es ist als ob die Leistung der Psyche des Menschen bald auf höherer, bald auf niederer Stufe ablaufe.

Selbstverständlich kann der Ablauf auf niederer Stufe ein Gewinn sein. Niemand denkt beim Anschlag der Taste einer Schreibmaschine an die Hebelgesetze. Das Einspielen von bestimmten Bewegungsfolgen beschleunigt das Handeln und schafft Zeitgewinn für höhere Leistungen.

11. DAS PROBLEM DES VERSTÄNDNISSES UND DER EINSICHT

BEGRIFFLICHE SCHWIERIGKEITEN

Der Mensch, der sich mit einer Aufgabe abmüht, erlebt einen deutlichen Unterschied zwischen der Zeit vor und nach der Lösung des gestellten Problems. In dem Augenblick, wo ihm alle Einzelheiten klar werden, hat er die Aufgabe »verstanden«. Dabei kann es vorkommen, daß die erforderlichen Handgriffe — z. B. beim Schreiben mit der Schreibmaschine — an sich keine Schwierigkeit bereiten. Mit dem »Verständnis« ist aber erst die Folge der einzelnen Hebelbewegungen erkannt worden.

Solange keine Erfahrungen verfügbar sind, muß die Folge einer Einzelbewegung gesehen werden, wenn sie verstanden werden soll. Sonst kann man den Gang der Ereignisse nicht »erfassen«. Und in einem verwickelten Mechanismus ist ein Einblick erforderlich. Wenn nun jemand so handelt, als sähe er alle Teile eines Apparates offen vor sich liegen und wenn er mit jeder seiner Bewegungen Rücksicht auf Ursache und Wirkung verrät, so sagt man auch, daß sein Verhalten auf *Einsicht* beruht.

Ohne Einsicht würde dann derjenige handeln, der einfach angelernte Bewegungen ausführt, was keineswegs mit mechanischer Starrheit zu geschehen braucht.

Die Untersucher von Tieren haben nun oft das Bedürfnis empfunden, das Verhalten wenigstens der höheren Lebewesen auf ein gewisses »Verständnis« für die Erfordernisse der Lage zurückführen. Und das psychische Geschehen vor allem bei primärer Aufgabenlösung ist unter dem Einfluß von *W. Köhler* oft als Einsicht umschrieben worden, womit die Aufgabe der Analyse erschöpft schien.

Hierzu muß vor allem bemerkt werden, daß Verständnis und Einsicht keinen klaren Gegensatz betreffen. Zweitens ist mit beiden Begriffen nichts über die Art der dabei mitwirkenden psychischen Inhalte ausgesagt.

Schon lange hat man erkannt, daß höhere Tiere Erfahrungen machen, die weder Valenzen, noch das Einprägen von »Bildern«, noch die Verhaltensform betreffen, z. B. dann, wenn in einer Reihe von Körnern stets das jeweils zweite gefressen werden soll.

Menschen verwenden in solchen Fällen einen Begriff, der das, was erfahren wurde, repräsentiert. Im Falle der Körnerreihe tritt der Begriff: »das Zweite« in den Vordergrund. Da nun bei Tieren von Begriffsbildung nichts zu merken ist, hat *Hobhouse* (1915) vorgeschlagen, von konkreter Erfahrung zu reden. Sie besteht »in the perception of surrounding objects in their changes and relations«.

Das, was ein Tier sieht, wird nun mit den Beziehungen innerhalb des Wahrnehmungsfeldes dem Gedächtnis eingeprägt und kann (nach der Meinung von *Hobhouse*) später wiederaufleben. »Such a revival in relation to a present perception constitutes the *Practical Judgement.*« Die anderen Stellen seines Buches, an denen *Hobhouse* den viel zitierten Begriff des »praktischen Urteils« erklärt, lauten ähnlich. Eindeutig ist seine Auffassung vor allem deshalb nicht, weil der Begriff des Urteils psychische Prozesse umfaßt, die selbst noch der Analyse bedürfen und nicht ohne weiteres Tieren zuerkannt werden dürfen.

Unter diesen Umständen hält *Bierens de Haan* es für richtig, von *konkretem Verständnis* zusprechen. Dieses betrifft das »Erfassen oder Erfassenlernen von nicht in der direkten Wahrnehmung gegebenen Beziehungen und zwar Beziehungen von Raum, Zeit und Wirkung«. Das Erfassen der Wirkung haben wir bei der Besprechung des Anwendens erlernter Verhaltensformen schon erörtert. Raumbeziehungen werden sogleich zur Diskussion kommen.

Vorher muß noch etwas über den Begriff der *Einsicht* gesagt werden, der aus der modernen Tierpsychologie nicht wegzudenken ist und außerordentlich große Schwierigkeiten bereitet. *W. Köhler* hat ihn eingeführt und will damit einen Gegensatz gegen die ältere Assoziationspsychologie hervorheben, nach der jede Leistung einfach auf die Verknüpfung von Gedächtnisinhalten zurückgeführt werden soll. Intelligenz und Einsicht unterscheidet er nicht besonders und läßt — wohl mit Absicht — den letzteren Begriff unscharf umgrenzt: »Nicht, ob die Anthropoiden bestimmt Definiertes aufweisen, soll untersucht werden, sondern ob ihr Verhalten bis zu einem recht ungefähr aus der Erfahrung bekannten Typus aufsteigt, der uns als »einsichtig« im Gegensatz zu sonstigem Verhalten, besonders von Tieren, vorschwebt« (*Köhler*, 1917, S. 5).

Wir haben nun — 20 Jahre nach den klassischen Schimpansenforschungen — gesehen, daß höhere Leistungen, die mehr als ein plumpes Probieren beliebiger Handlungen sind, auf sehr mannigfache Weise zustande kommen können. Demgemäß brauchen die einzelnen Autoren auch den Begriff der Einsicht auf sehr verschiedene Weise, ohne in der Regel zu begründen, warum sie die Definition eines anderen Forschers nicht benutzen oder gar für falsch halten. *Köhler* selbst hebt die Bedeutung der »Feldstruktur« hervor, ohne indessen andere psychische Erscheinungen scharf und klar aus dem Begriff herauszutrennen: »Danach ist das Entstehen der Gesamtlösung in Rücksicht auf die Feldstruktur als Kriterium der Einsicht anzusetzen« (1917, S. 150).

Entsprechend hat *Petermann* (1929) definiert, daß Einsicht eine direkte Koppelung von Reizstruktur und Reaktion bedeute. Auch *Lashley* (1929) meint, daß nach der Gestaltlehre Einsicht »responsiveness to configurations« sei.

Das hat *Claparède* kritisiert und gefragt, warum denn eigentlich die Teile im Wahrnehmungsfeld eine Beziehung zueinander bekommen. Frucht und Harke bilden beim Werkzeugversuch für den Affen ein ganzheitliches Gebilde, wie bei uns Menschen etwa die einzelnen Sterne im Sternenbild des Orion. Erfaßt also der Affe nach der Gestaltlehre Stock und Frucht als »optische Ganzheit« so handelt er erfolgsgemäß = einsichtig. Sieht er sie isoliert, so muß er »sinnlos« probieren. *Claparède* betont nun, daß die Möglichkeit zum Bewegen des Stockes die Ursache und nicht Folge der »Strukturierung des Feldes« sein könnte. Der Stock wird nicht bemerkt, weil das Feld strukturiert ist, sondern es ist strukturiert, weil die Stockwirkung vorausgesehen wird.

Die Bedeutung der unmittelbar bevorstehenden Zukunft, die *Köhler* wohl kennt, aber nicht in die Definition der Einsicht hereinzieht, schreibt *Mc Dougall* (1931) eine Hauptrolle zu und sagt einfach: »*Insight is foresight.*«

Bei dieser Mannigfaltigkeit von Meinungen bin ich selbst geneigt, den Begriff der Einsicht in der Tierpsychologie nicht mehr zu verwenden, zumal er in der französischen Sprache nicht wiederzugeben ist. Bei einer ins Französische übertragenen Arbeit von *Yerkes* und *Spragg* (1937) findet sich eine Fußnote, in der gesagt wird, daß »insight« im Sinne von *Köhlers* »Einsicht« mit »discernement« wiedergegeben sei. »On sait les discussions auxquelles a conduit l'interprétation de ce terme.« Mit dem französischem Wort »discernement« ist aber zu wenig gesagt, eine befriedigende Übersetzung ist nicht möglich.

Wer nun fragt, ob ein Tier in einer bestimmten Lebenslage einsichtig gehandelt hat oder nicht, der kann nur antworten, wenn er sich in die Ansichten bestimmter Forscher hineindenkt und dementsprechend sehr verschiedene psychische Prozesse anerkennt oder ablehnt. Ist man der Ansicht, daß das Anwenden erlernter Verhaltensformen entsprechend den früheren Handlungsergebnissen und unter Anpassung an die Gegenwart auf Einsicht zurückzuführen sei, so muß sie auch dem Hunde zuerkannt werden. Glaubt dagegen ein anderer Forscher, daß nur das erfolgsgerechte Einsetzen von Verhaltensformen unter neuen, vom früheren Erfolg grundsätzlich abweichenden Bedingungen ein beweisendes Zeichen von Einsicht sei, dann meint er ausschließlich eine Fähigkeit der Affen.

Das ganze Problem ist eine Angelegenheit des Definierens und ist ohne weiteres gelöst, wenn die bei den betreffenden Leistungen wirkenden psychischen Faktoren erkannt sind und wenn ein Übereinkommen der Forscher erzielt ist, welche von den betreffenden Faktoren in dem strittigen Begriff zusammengefaßt werden sollen.

VORSTUFEN DER ABSTRAKTION

In der wechselnden Welt der Erscheinungen gibt es Tatsachen, die unverändert bleiben, aber durch unmittelbare Wahrnehmung nicht »erfaßt« werden können. Das ist z. B. eine gleiche Anzahl verschiedener Gegenstände, die Stellung eines Punktes im Verhältnis zu einem anderen usw.

Schon früh hat *Yerkes* eine Aufgabe der Tierpsychologie darin gesehen, das Verhalten verschiedener Lebewesen in wechselnden Situationen mit einer gleichbleibenden Besonderheit zu studieren und dafür das Verfahren mit *»vielfacher Wahl«* (multiple choice method) eingeführt.

Bei diesem Prüfungsverfahren steht vor dem zu untersuchenden Tier eine Reihe von Kammern (oder Kisten), die halbkreisförmig angeordnet sind. Bei den älteren Versuchen waren 12 vorhanden. Neuerdings werden 9 genommen (Abb. 99).

Bei jedem Versuch wird nur eine bestimmte, von Fall zu Fall wechselnde Anzahl von Kammern benutzt, deren Türen offen bleiben, so daß sie deutlich als Gruppe von Eingängen im Gesamtbild zu erkennen sind. Das ist in Abb. 99 durch Strichelung der Vorderwände angedeutet.

Jede Kammer hat auch eine nach hinten führende Ausgangstür, hinter der Futter liegt. Durch ein sinnreiches System von Schnüren kann nun der Beobachter eine Ausgangstür öffnen und das Tier zum Futter lassen. In der Gruppe der jeweils offenen Eingänge ist es immer nur einer der Ausgänge, durch den das Tier zum Lockmittel gelassen

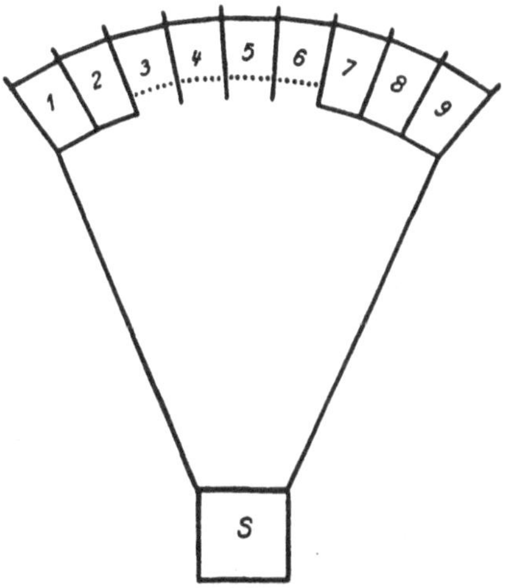

Abb. 99. Schema einer Versuchsanordnung für »vielfache Wahl«. S = Startkammer. Die zur Wahl gestellten offenen Kämmerchen sind durch Punktierung hervorgehoben.

wird. Und dieser Ausgang ist durch seine relative Lage im Ganzen bestimmt. Es kann z. B. jeweils der zweite von rechts sein.

Yerkes pflegt sich an eine gewisse Regelmäßigkeit der Versuche zu halten, worin ihm *Bierens de Haan* (1937) gefolgt ist. Der zu wählende Eingang ist nämlich

bei Problem 1 bei wechselnder Anzahl von offenen Kammern der jeweils linke,

bei Problem 2 der jeweils zweite von rechts in der Gruppe,

bei Problem 4 der jeweils mittlere,

bei Problem 5 abwechselnd der äußere links und der äußerste rechts,

bei Problem 7 der jeweils linke neben dem mittleren,

bei Problem 8 abwechselnd der zweite von links und der dritte von rechts usw.

Welche Türen jeweils offen stehen, wird durch ein einfaches Schema angedeutet, das wir hier für Problem 2 (jeweils zweite Kammer von rechts) angeben.

```
                    7 8 9
  1 2 3 4
    2 3 4 5 6 7
  1 2 3 4 5 6
        4 5 6 7 8
```

Die jeweils fett gedruckte Ziffer gibt die »richtige« Kammer an, hinter der es Futter gibt und die als jeweils zweite von rechts sowohl an stets anderer Stelle als auch in stets anderer Zusammenstellung zu suchen ist.

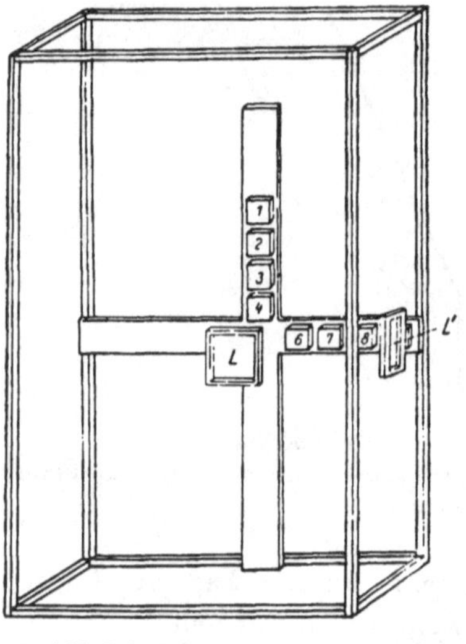

Abb. 100. Schema einer Versuchseinrichtung für »vielfache Wahl«. 1, 2, 3, 4 senkrechte, 6, 7, 8, 9 waagerechte Kästchenreihe. L und L_1 Zugangsluken in den Versuchskäfig, dessen Gitter nicht mitgezeichnet ist. (Nach Bierens de Haan, 1937)

Bierens de Haan (1937) hat soeben eine etwas vereinfachte Anordnung beschrieben, bei der eine wechselnde Anzahl von Holzkästen mit einklappbarer Vorderseite an einer waagerechten oder einer senkrechten Latte übereinander oder nebeneinander aufgehängt waren (Abb. 100). Er prüfte Affen mit Ergebnissen, die von denen, die *Yerkes* erhielt, nicht wesentlich verschieden sind.

Die in mancher Hinsicht enttäuschenden Ergebnisse der Versuche seien nun ganz kurz zusammengestellt, wobei ich mich darauf beschränke, anzugeben, ob die Aufgabe wenigstens von einem Tier der geprüften Art gelöst wurde, oder nur Versager ergab.

Der beweisende Wert der Versuchsergebnisse ist sehr gering. Alle Tiere konnten dazu gebracht werden, regelmäßig dieselbe Randkammer zu wählen (Problem 1), was ohne weiteres auf Valenzwirkung zurückgeführt werden kann. Das Ende der Reihe lockt stärker als ihre Mitte und es ist bei anderen Untersuchungen wiederholt festgestellt worden, daß Randwahltendenzen auch ohne Dressur oder Lernen vorkommen.

Übersicht
über die Ergebnisse der Versuche mit »vielfacher Wahl«

Tierart	Problem 1: erste Kammer von links	Problem 2: zweite Kammer von rechts	Problem 4: jeweils mittlere Kammer	Problem 5: abwechselnd Randkammer rechts oder links
Krähe (1915)	+	—	—	—
Schwein (1915)	+	+	—	+
Ratte (1916)	+	—	—	—
Zeisig (1923)	+	+	+	
Macacus cynomolg. (1916)	+	+		
Macacus cynomolg. (1937)	+	+		
Macacus rhesus (1916)	+	+	— (?)	+
Macacus rhesus (1937)	+	+		
Cercocebus fuliginosus (1937)	+	+	—	
Orang (1916)	+	—		
Schimpanse (1934)	+	+	—	+

Untersucher: 1915 *Yerkes* und *Coburn*, 1916 *Burtt* (Ratte) 1916 *Yerkes* (Affen), 1923 *Sadovinkowa*, 1937 *Bierens de Haan.*

Schwieriger ist es schon, die Beherrschung des zweiten Problems, also die Entscheidung für die jeweils zweite Kammer von rechts zu erklären. Es ist denkbar, daß auch bei der üblichen Verschiebung der offenen Kammern eine Stelle mit gewissem Abstand vom Rande Valenzwert erhält. Diesen Abstand könnte das Tier bemerken und behalten. Nur durch Versuche mit stets wechselnder Kammergröße kann die Zurückführung des Verhaltens auf einen »Valenzpunkt mit festem Abstand vom Rand« ausgeschlossen werden. Selbstverständlich ist aber auch das Erfassen der Tatsache: es ist das zweite Türchen, nicht ohne weiteres von der Hand zu weisen. Wir hätten es dann mit einem psychischen Inhalt zu tun, der von jeder Wahrnehmung unabhängig die *Menge der Teilinhalte* betrifft und wir werden sehen, daß solche Inhalte tatsächlich nachweisbar sind. Die Fähigkeit zum Zählen setzt das nicht voraus. Auch ein Mensch kann ohne Rücksicht auf die gesehene Anzahl die Menge von Gegenständen bemerken, so daß ihm spätere Abweichungen auch dann auffallen, wenn er die Anzahl der Gebilde vergessen hat. Man merkt: es sind mehr geworden.

In der Zusammenstellung muß der Zeisig am höchsten gewertet werden. Er beherrscht drei Probleme nach sehr kurzer Übung. Das Schwein übertrifft die meisten Affen. Daraus darf aber nicht auf die Gesamtintelligenz der Tiere geschlossen werden. Denn die Leistungen der Einzeltiere sind sehr verschieden und wir wissen nicht, inwiefern der Zufall den Untersucher hoch oder gering begabte Prüflinge beschert hat. Wenn nun den höheren Wirbeltieren tatsächlich eine Fähigkeit zur Bildung abstrakter, die Menge betreffender Inhalte gegeben ist, so muß man damit rechnen, daß diese Anlage nach Tiergruppen und Individuen verschieden entwickelt ist. Wo das Leben sich in die Breite entfaltet, kann es durchaus zu verstärkter Bedeutung von Einzelfähigkeiten kommen, die bei höheren Wesen — obwohl grundsätzlich vorhanden — in der Gesamtheit der psychischen Erscheinungen eine untergeordnete Rolle spielen.

Der große Vorstoß von *Yerkes* hat keine Lösung des Problems gebracht. Es steht nach wie vor zur Bearbeitung und wir dürfen mit methodischen Verbesserungen rechnen. Die Klarlegung des Problems, die Ausarbeitung einer ersten Methode, deren Schwierigkeit nicht überschätzt werden kann, bleibt indessen eine hohe Leistung des Amerikaners.

* *

Einen weit größeren Erfolg als die Versuche mit vielfacher Wahl hat *O. Koehler* (1935—37) und seine Schule in einer groß angelegten experimentellen Untersuchung des *Zählproblems* gehabt. Er ging von der Frage aus, ob die Anzahl von beliebigen Erlebnissen im Leben des Tieres eine Rolle spielen kann. Sie wurde der Anlaß zur Dressur von Vögeln auf verschiedene Mengen von Merkmalen. Ich selbst erhielt damit die Anregung zu meiner Doktorarbeit, die den Beginn meiner wissenschaftlichen Laufbahn bedeutet (*Fischel*, 1926).

Versuche mit einem Stieglitz hatten das beste Ergebnis. Ihm wurden an seinem Futterplatz ein einzelnes, festgeklebtes Hanfkorn neben einer Gruppe von drei lose liegenden Körnern geboten und er hat sehr rasch gelernt (21 Versuche), nur diese zu fressen und jenes zu verschmähen.

Als das Tier unmittelbar danach 2 Körner neben der Dreiergruppe erhielt, wählte es spontan diese. Ohne weiteres hat sich der Vogel auch für die größere Körnermenge entschieden, als ihm 4 neben 2 und 5 neben 3 geboten wurden.

Mit 5 neben 4 Körnern war in 321 Versuchen kein Erfolg zu erzielen. Die Grenze der Unterscheidungsfähigkeit war erreicht.

Danach mußte nun die Unterscheidung von 5 neben 3 wieder neu erlernt werden und auch bei 6 neben 3 sowie bei 8 neben 4 Körnern war für jedes Gruppenpaar neue Übung nötig.

Aus diesem Erfordernis nach besonderer Dressur bei veränderter Körneranzahl muß gefolgert werden, daß der Vogel tatsächlich eine bestimmte Körnermenge von einer bestimmten anderen unterschieden hat. Da ihre Anordnung von Fall zu Fall verschieden war, kann kein besonderes Körnerbild Valenzen bekommen und das Verhalten bestimmt haben.

Mit 7 neben 5 Körnern war wieder eine Unterscheidungsgrenze erreicht. Als dann 12 neben 6 nach neuer Übung wieder »richtig«

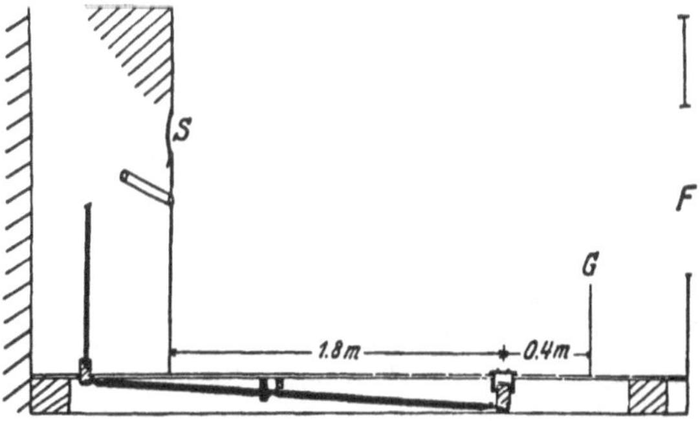

Abb. 101. Schema der Scheuchwippe. F Fenster des Zimmers. G Gitter mit Türchen, durch das die Taube zur 0,4 m entfernten Futterstelle kommt. S Schirm mit Beobachtungsfenster. Hinter ihm der senkrechte Teil der Scheucheinrichtung (starke schwarze Striche). (Nach Koehler und Mitarbeitern)

gewählt wurden, hat der Stieglitz weiterhin einfach vom jeweils größeren Haufen gefressen (20 : 10, — 18 : 9, — 14 : 7), was auf dessen stärkere Valenzen zurückgeführt werden muß. Es ist bekannt, daß Hühner vor einem größeren neben einem kleineren Futterhaufen spontan den ersteren auffressen.

Versuche mit Tauben hatten damals ein weniger günstiges Ergebnis und *O. Koehler* hat zusammen mit *Müller* und *Wachholtz* (1935, 36, 37) diese Vögel nochmals geprüft.

Es erwies sich als nötig, die Tauben energisch zu scheuchen (»Strafreiz«), wenn sie im Begriff waren, sich der »verbotenen« Körnergruppe zuzuwenden. Darum wurde eine »Scheuchwippe« konstruiert (Abb. 101). Die als Lockmittel benutzten Gruppen von Weizenkörnern lagen auf einem Pappstreifen. Unter ihm hatte der Fußboden ein Loch, in das ein Hebel eingriff, den der hinter einem Schirm stehende Beobachter hochdrücken konnte. Er tat dies mit einem kräftigen Ruck, wodurch der Pappstreifen mit den Körnern in die Luft flog und die Taube heftig erschreckt wurde.

Bietet man die zu unterscheidenden Körnergruppen in bestimmten Figuren — etwa ein Dreieck neben zwei Einzelkörnern, so wird die Figur und nicht die Körnerzahl das orientierende Merkmal der Taube. Werden indessen zwei Körnergruppen in ständig wechselnder Anordnung vorgelegt, so bleiben nur zwei Möglichkeiten übrig, ein positives Übungsergebnis zu erklären. Erstens könnte sich das Tier tatsächlich die Menge der jeweils zu wählenden Körner gemerkt haben. Zweitens ist damit zu rechnen, daß die Taube sich einen bestimmten Pickrhythmus beim größeren Körnerhaufen angewöhnt hatte.

Wie beim Stieglitz war nach Wechsel bestimmter Körnergruppen Neudressur nötig (5 : 4, — 6 : 4, — 6 : 5). Die Tauben haben also nicht einfach größere Körnerhaufen neben kleineren gefressen. 6 Weizenkörner werden von 5 noch eben unterschieden. Dabei kamen gelegentlich aber bis zu 41 % Fehler vor.

Die Beweiskraft der Versuche wurde noch wesentlich stärker, als bei der Unterscheidung von zwei Körnern neben einem Einzelkorn die ersteren nicht mehr als Einzelgruppe geboten wurden. Alle drei lagen schließlich mit gleichem Abstand in einer Reihe. Und die Taube kam, fraß zwei und ließ eines liegen.

Sie fraß auch zwei Körner, als plötzlich vier auf dem Pappstreifen lagen. Und wenn sie noch ein drittes Korn aufpickte, so tat sie das — wie Filmaufnahmen sehr anschaulich zeigten — mit sichtlich »schlechtem Gewissen«. Sie erwartet offenbar das Hochfliegen der Scheuchklappe und versuchte nach kurzem Zögern noch schnell ein Korn zu »stehlen«.

Im weiteren Verlauf der Arbeit wurde nun die begabte Taube »Nichtweiß« darauf dressiert, aus nur einer Gruppe von Körnern eine bestimmte Anzahl herauszupicken. Die Grenze lag bei 5 Körnern. Auch 6 wurden richtig aufgenommen, doch kamen bei dieser Aufgabe schon recht viele Fehler vor.

Das ist die gleiche Grenze, die sich bei der Unterscheidung von zwei Gruppen mit verschiedener Körnerzahl herausgestellt hat. Den Einwand, daß es sich hier um die Anwendung eines bestimmten Handlungsrhythmus handele, konnte ein weiterer Königsberger Untersucher

(*W. Arndt*) dadurch widerlegen, daß er die Pickbewegungen der Taube durch Einschalten einer Glasscheibe unterbrach. Auch dann wurde, falls die Unterbrechung nicht zu lang war, immer noch die »richtige« Menge gefressen (1937).

O. Koehler (1937) betont: »Was eigentlich der Taube sagt, wann sie aufhören muß, das erlebt sie nur selbst.« Daß ein Gedächtnisinhalt gebildet wurde, der unabhängig von den Wahrnehmungen nur die Menge der früher bemerkten Einzelfaktoren betrifft, unterliegt keinem Zweifel. Es ist ein »Urvermögen« der Psyche, wenn man damit Fähigkeiten meint, die schon vor der Menschwerdung vorhanden waren. *Koehler* spricht sogar von einer Handelnsintention, einem Vorhaben der Taube, Körner zu fressen. Damit ist vermutet, daß der abstrakte Gedächtnisinhalt schon vor Beginn des Handelns zu Wirken kommt. *Volkelt* (1937) meint sogar, daß der Anblick der Körnergruppe ein Vorgefühl der zugehörigen Pickreihe bringe.

Daneben besteht nun noch die Möglichkeit, daß der fragliche Gedächtnisinhalt erst gegen Ende der Freßbewegungen zur Wirkung kommt. Das Tier empfindet: die Menge ist erreicht. Es ist bei der Abstraktheit des Gedächtnisfaktors wahrscheinlich gleichgültig, ob sich dieses Erlebnis auf 5 Freßbewegungen oder auf 5 verzehrte Körner bezieht.

Grundsätzlich ist die Möglichkeit zur Bildung eines abstrakten Inhaltes im Gedächtnis von Tieren nachgewiesen. Darüber darf indessen nicht vergessen werden, daß eine sehr strenge Übung nötig war, und es ist nicht wahrscheinlich, daß die Abstraktionsfähigkeit in der freien Natur eine wesentliche Rolle spielt[1]).

[1]) *Lorenz* (1935) berichtet, daß Entenkücken auf das Fehlen von mehr als zwei Geschwistern durch Zurückbleiben und das »Pfeifen des Verlassenseins« reagieren. Es muß hier ein Erinnerungsfaktor im Spiele sein, der die Quantität der Geschwister betrifft, obwohl sich die Kücken auch untereinander persönlich kennen. Das ist insofern beachtenswert, als die Mutter auf die Verminderung der Kinderzahl überhaupt nicht reagiert, wenn ihr Jungtiere unbemerkt abhanden kommen.

12. *DIE ZIELE DER HANDLUNGEN HÖHERER TIERE*

LOCKENDE FAKTOREN IM SINNESBEREICH

Die Intelligenz eines Menschen oder eines Tieres betrifft die Mittel zum Erreichen eines Zieles, aber nicht dieses selbst. Und es ist ein Zeichen ungesunder Lebensauffassung, daß sich die gesamte Psychologie in den letzten Jahrzehnten übermäßig mit den Problemen des Intellektes befaßt hat und sogar in der Willensforschung praktisch bedeutungslose Handlungziele studiert hat. Was hilft die beste Schulbildung, wenn der junge Ingenieur, der seinem Fleiß den Besitz eines Automobils verdankt, nun jedes weitere berufliche Streben aufgibt, weil er zu jeder irgend verfügbaren Zeit Ausflüge macht. Ist nun dabei ein reiner Genuß am Fahren die einzige Ursache seiner Neigung oder gar Leidenschaft, so kommt es nicht selten zu Schädigungen des Gesamtcharakters. Primitive und blendende Schaustellungen müssen jetzt das Bedürfnis nach Kunst befriedigen.

Starke Persönlichkeiten ordnen die Mittel der Technik hohen Daseinszielen unter. Diese müssen, wenn eine volle Lebensentfaltung erstrebt wird, mit vielen untergeordneten Alltagszielen in Einklang gebracht werden. Frische Luft und gesunde Kost sollen die Voraussetzung zu tüchtiger Leistung sein, nicht aber die Zigarette und das Übermaß des Kaffees oder des Alkohols.

Darum erfordert das Leben von jedem einzelnen Menschen ständig Entscheidungen. Diese hängen in erster Linie von den Anlagen der Persönlichkeit ab. Aber es ist falsch, eine einfache und direkte Beziehung zwischen den Anlagen und dem »Aufforderungscharakter« einzelner Umwelterscheinungen anzunehmen. In diesem Problem eröffnet vergleichend-psychologische Betrachtung ganz neue Gesichtspunkte.

Höheren Lebewesen bietet die Natur durchweg eine Mehrzahl von Möglichkeiten, um Bedürfnisse zu befriedigen, was vor allem von der Nahrung gilt. Vielfach wird im Anschluß an eine alte Beobachtung von *Loyd Morgan* angenommen, daß das Wissen von der Genießbarkeit der Nahrung eine Sache der Erfahrung sei. Das Kücken pickt nach allen möglichen Gebilden und lernt dabei das Schmackhafte vom Widerlichen zu unterscheiden.

Das ist indessen nur in recht engen Grenzen richtig. Neuere Untersucher haben auf beschränktem Gebiet Futter zwischen Steinchen, Holzteilchen, Sand usw. hingestreut und beobachtet, wie oft ein Kücken nach dem Genießbaren pickt. Die Zahl der auf ungenießbare Dinge gerichteten Pickbewegungen beträgt nach

Hellwald (1931) bei Leghorns 5,4%.
Breed (1911) bei Plymouth-Rock 32,8%.

Das zeigt, daß dem Futter etwas stärkere primäre Valenzen zukommen, als anderen Gebilden und daß diese primären Valenzwirkungen nur in Einzelfällen von der Erfahrung modifiziert, in vielen Fällen aber auch einfach verstärkt werden. Bei Leghorn gibt es große individuelle Unterschiede. Das leistungsfähigste Kücken pickte 114mal nach »Spratt« oder Sago und schluckte dabei 31mal. Nach Steinchen oder Erde pickte es 50mal und verschluckte einen dieser Partikel. Ein anderes pickte nur 50 genießbare Dinge, schluckte 8 und pickte 43 ungenießbare, von denen es sich 9 einverleibte.

Die Nahrung liefert das Material für den Stoffwechsel. Läßt man aber ein Tier zwischen verschiedenen Futtersorten wählen, so entscheidet es sich nicht nach dem Kalorienwert, sondern nach Faktoren, die den Affekt betreffen. Und wir dürfen annehmen, daß das, was ein Tier aus einem Gemisch zuerst heraussucht, ihm auch am besten schmeckt.

Um die *Beliebtheit einer Futtersorte* festzustellen, macht man Wahlversuche verschiedener Art. Einige Forscher boten kleine Haufen und Gefäße mit verschiedenem Futter. Dabei zeigt sich durchweg, daß alle Artgenossen einige ganz besonders beliebte Sorten übereinstimmend zuerst fressen. Bei den »mittleren« zeigen sich individuelle Unterschiede. *Bayer* (1929) hat bei Versuchen mit Hühnern folgende Beliebtheitsreihen gefunden:

a) 1. Mais, 2. Reis, 3. Weizen, 4. Gerste, 5. Hafer, 6. Roggen,
b) 1. Mais, 2. Weizen, 3. Reis, 4. Gerste, 5. Hafer, 6. Roggen,
c) 1. Mais, 2. Weizen, 3. Gerste, 4. Reis, 5. Hafer, 6. Roggen.

In einem anderen Verfahren streut man eine große Anzahl von Futterbrocken oder Körnern gut durcheinandergemischt vor dem Versuchstier hin. Dann sucht es das Beliebteste zunächst heraus, frißt aber auch ab und zu etwas anderes. Wer einem Affen eine Schüssel mit sehr vielen Stücken von Äpfeln und Apfelsinen hinstellt und ihm davon 100 fressen läßt, wird rund 70 Stück Apfel und 30 Stück Apfelsine notieren. Mit 7 : 3 gibt man das *Beliebtheitsverhältnis* der Futtersorten an.

Warum ein Meerschweinchen ein Blatt der Schafgarbe (*Achillea*) neben einem Blatt des Wegerich (*Plantago*) bevorzugt, ist ein noch in jeder Hinsicht offenes Problem. Landläufig sagt man, daß ersterer dem Tier »besser« schmeckt. Wenn es die beiden Nährstoffe als chemisch verschieden unterscheidet, ist damit indessen noch nicht gesagt, daß sie verschieden wirken. Die nächstliegende Annahme, die die Bevorzugung erklärt, ist die, daß beide Geschmackswahrnehmungen verschieden starke Affekte auslösen. Das Tier sucht dann später den jeweils stärkeren.

Es könnte aber auch sein, daß nicht nur die Quantität des Affektes, sondern auch seine Qualität eine Rolle spielt. Dann wäre es eine gewisse »Geschmackstönung«, die bei der Futterwahl den Ausschlag gibt.

Die Wichtigkeit des Problems bedarf keiner Begründung. Seine Schwierigkeit liegt darin, daß beim Menschen die Feinheit des Erlebnisses die Ursache eines sehr starken Affektes sein kann. Wenn das zutrifft, dann ist das starke und tiefe Gefühlserlebnis letztes Ziel jeden menschlichen Strebens. Und es liegt durchaus im Bereich des Wahrscheinlichen, daß Menschen und Tiere in dieser Hinsicht nicht verschieden sind. Der Unterschied liegt nicht in der Art der tiefsten Befriedigung, sondern in ihrer Auslösung. Nicht der einzelne Ton oder ein einzelner Bissen schafft uns das tiefste Gefühl, sondern das kunstvoll geschaffene Tongebäude oder die meisterliche Zusammenstellung mehrerer Speisen zu einer ganzheitlichen Erlebnisfolge.

Der Grad der primär erregenden Wirkung eines beliebigen Gebildes ist erblich festgelegt. Indessen ist damit keine automatische Koppelung zwischen Wahrnehmung und Affektstärke gegeben. Denn verschiedene Sinnesinhalte und verschiedene Komponenten des Affektes beeinflussen sich gegenseitig. Neben einer Banane erscheint ein Apfel einem Affen recht wenig verlockend. Der Apfel wird aber weiterhin der Apfelsine vorgezogen, wenn auch nicht sehr stark. Nun sollte man erwarten, daß die Apfelsine neben der so hoch geschätzten Banane sehr selten gewählt wird. Bei vergleichenden Versuchen fand aber *Maslow* (1933) ganz andere Verhältnisse, die ein Schema erläutert.

Banane — — —	Apfel	
94%	6%	
	Apfel — — —	Apfelsine
	72%	28%
Banane — — —	— — — —	Apfelsine
55%		45%

Ferner ergaben noch nicht veröffentlichte Futterwahlversuche von *Platz* bei Wahlversuchen mit einem Stieglitz keine statistisch beachtenswerte Bevorzugung von Distelsamen neben Leinsamen. Wenn von jeder Sorte je ein Korn zur Wahl stand, hat der Vogel bald das eine, bald das andere zuerst gefressen.

Hirse hat der Stieglitz verschmäht. Eines Tages bekam er aber in einer Reihe von Versuchen je drei Körner vorgelegt, nämlich Distelsamen, Leinsaat und Hirse. Nun wurde plötzlich der Distelsamen stark bevorzugt.

Distelsamen — — —	Leinsamen [1]	
42%	58%	
Distelsamen — — —	Leinsamen — — —	Hirse
76%	24%	verschmäht

Ein Erlebnis, das Menschen vielleicht nicht selten haben, mag das erläutern. Man spricht mit zwei Personen, ohne die eine sympathischer als die andere zu finden. Nun tritt eine dritte Person hinzu, die man als unangenehm ampfindet. Jetzt fühlt man plötzlich auch einen Unterschied zwischen den beiden ersten Leuten und spürt eine deutliche Zuneigung zu dem, der den besseren Charakter hat.

Mit diesen Überlegungen treten eine Reihe von Fragen auf, deren Bearbeitung die Willensanalyse wesentlich fördern wird. Im welchen Grade veränderter Affekt die Ziele des Daseins beeinflußt, ist noch nicht untersucht. Ferner ist es ein offenes Problem, in welcher Weise die Valenzen der Einzelbestandteile eines Wahrnehmungsfeldes sich gegenseitig beeinflussen.

Mit Nachdruck muß die Meinung bestritten werden, daß das Streben höherer Tiere nur auf eine Befriedigung der Triebe gerichtet sei. Steht gleicher Nährwert, aber verschiedener Geschmack zur Wahl, so entscheidet dieser. *Hausmann* (1932/33) hat in einer größeren Unter-

[1] Die Prozentzahlen betreffen die Anzahl der Versuche, bei denen das betreffende Samenkorn *zuerst* gefressen wurde.

suchungsreihe Ratten neben dem normalen Wasser auch durch Saccharin gesüßtes Wasser (10 Tabl. auf 2 Liter) geboten. Nur noch dieses wurde getrunken, während der Verbrauch an fester Nahrung normal blieb. Dieser sank aber beträchtlich, als eine Zuckerlösung (20%) neben dem Wasser stand. Die Gesamtaufnahme war aber bei dieser Art der Fütterung größer als bei der Süßung des Wassers mit Saccharin (Verhältniszahl der Cal. z. B. 60,8: 83,6).

Einen starken positiven Affekt erlebt der Mensch als Genuß. Diesen erstreben auch Tiere. Nun könnte man der Meinung sein, daß der Genuß in der Natur die Beutung eines Mittels zur Sicherung der Nährstoffanfuhr sei.

Daneben besteht aber auch die Möglichkeit, daß das Genießen Selbstzweck ist. Nur um diesen Gedanken klar zu machen, sei er auf die Spitze getrieben und auch übertrieben. Der Organismus muß ernährt werden. Dieses Erfordernis ist nun Mittel zur Beschaffung von Affekterlebnissen, ja geradezu von Genuß geworden.

Futterwahltendenzen sind individuell sehr verschieden und es ist wahrscheinlich, daß sie Mutationen unterliegen. Wenn diese nur vom Zufall abhängen, bedeuten sie doch eine Bereicherung der Lebensgesamtheit. Nehmen wir an, daß in einem Stamm Nagetiere Weizen bevorzugt wird. Und nehmen wir weiter an, daß durch Mutation in einigen Tieren eine Vorliebe für Gerste entsteht. Diese Nager werden anderen Zielen zustreben als der Ausgangsstamm und andere Affekte erleben. Hier unterliegen sie auch veränderten Selektionsbedingungen.

Mit diesen Erwägungen führt der Gedankengang zu den Erfordernissen der Experimentalforschung zurück. Man wird Futterwahltendenzen erbbiologisch prüfen müssen. Dann ergibt sich aber die Aufgabe, die Bedeutung dieser Tendenzen in der Gesamtheit der Lebenserscheinungen festzustellen.

In dieser Hinsicht hat *Dove* (1935) ein Vorbild geliefert. Er studierte die Futterwahltendenzen von Kücken und Hühnern und fand folgendes. (Nur die wichtigsten Ergebnisse der großen Arbeit sind angeführt.)

1. Kücken, die ihr Futter nach Belieben aus einem reichen Futtergemisch heraussuchen dürfen, wachsen schneller als Vergleichstiere, die gezwungen sind, Kalorien- und vitaminreiche Nahrung ohne Auswahlmöglichkeit zu fressen.

2. Hühner, die als Folge von Futterneigungen besonders schnellwüchsig oder auch besonders langsamwüchsig sind, leben im allgemeinen

kurz. Es gibt aber Ausnahmetiere, die Neigungen haben, die mit schnellem Wachstum und normaler Lebensdauer korrelieren.

3. Es besteht nur eine lockere Beziehung zwischen Spontantendenzen und der optimalen Ernährung.

4. Zeitweise kommen »*Futterleidenschaften*« (food jags) vor, bei denen — meistens vorübergehend — eine Futtersorte übermäßig bevorzugt wird.

5. Gewohnheiten können spontanem Futterwechsel hinderlich sein. Lang gewohntes Futter lockt stärker als Futter mit hoher Primärvalenz.

Damit ist die Hauptsache gesagt. Es gibt offenbar schon bei den Wirbeltieren zwei widerstreitende psychische Tendenzen, die im Menschenleben eine große Rolle spielen. Die eine Tendenz ist konservativ. Gewohnheiten behält man gerne bei. Die andere Tendenz ist progressiv. Das Besondere lockt in der Ferne und wirkt alten Gewohnheiten mehr oder minder entgegen.

Bei Hühnern ist der konservative Faktor der stärkere. Starke Primärvalenzen haben nur in der Jugend, dann aber auch nachhaltigen Einfluß auf das Verhalten. Bei Ratten scheint es ähnlich zu sein.

Affen nehmen nach Untersuchungen von *Maslow* (1933, 35) insofern eine Sonderstellung ein, als ihre Nahrungstendenzen viel stärker schwanken als bei niederen Tieren. Ob indessen ihre starke Vorliebe für Bananen durch Gewöhnung an Äpfel gemindert werden kann (also entsprechend der Bedeutung von Gewohnheiten bei Hühnern) ist eine noch offene Frage.

DIE VERBORGENEN ZIELE

Wer ein Kaninchen durch das Gelände hoppeln sieht, muß versuchen, sich die innere Lage des Tieres klar zu machen. Es ist ein beginnender Sommerabend und wir dürfen annehmen, daß es Hunger hat. Dieser Antrieb würde genügen, es handeln zu lassen und ein Verhalten ergeben, daß uns als Suchen erscheint. Wirkt aber vielleicht noch mehr mit? Fällt dem Kaninchen ein, daß es vor kurzem links in der Ferne ein Kleefeld entdeckt hat und rechts hinter dem Hügel eine Wiese?

Daneben besteht auch die Möglichkeit, daß das Tier ohne gedächtnismäßiges Ziel vorwärts wandert. Wenn ihm aber der Geruch einer Pflanze begegnet, die es als schmackhaft kennt, so wird diese zum Ziel. Mit der Wahrnehmung lebt die Erinnerung auf, so daß man von »*gebundener Erinnerung*« sprechen darf. Und es sind die Valenzen, die an die Wahrnehmungen fixiert erscheinen.

Nun lehrt der Alltag, daß fast alle höheren Tiere mehr oder minder regelmäßig feste Futterplätze einhalten. Sollten sie mit einer bestimmten Erwartung dorthin kommen, so müssen sie weitersuchen, falls sich das erstrebte Futter nicht vorfindet.

In diesen Zusammenhang gehört noch eine andere Überlegung. Wenn die Erinnerung an Futter die Wahrnehmung überdauert, so muß auch dann noch gesucht werden, wenn dies Lockmittel aus dem Sinnesbereich schwindet.

Nach einfachster Tierbeobachtung scheint das wirklich der Fall zu sein. Wie gebannt bleibt eine Katze vor dem Loch stehen, in dem eine

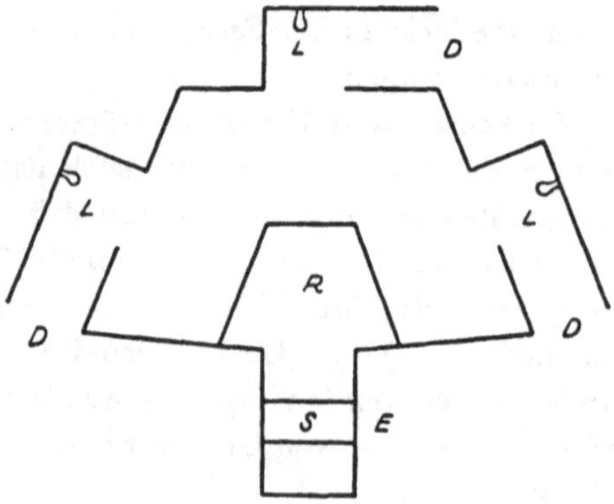

Abb. 102. Grundriß der Versuchsanordnung für »aufgeschobenes Handeln«. (Nach Hunter) S und R Vorräume, L Lampen, D Durchgang und Futterstelle. (Nach Hunter)

Maus verschwunden ist. Einer kritischen Beurteilung dieses Verhaltens erwachsen aber durch die Valenzen, die das dunkle Gebilde beim Entschwinden der Maus bekommen haben könnte sehr große Schwierigkeiten. Darum hat *Hunter* (1913) die bekannten *Versuche mit aufgeschobenem Handeln* erdacht.

Bei Untersuchungen dieser Art gibt es eine direkte und indirekte Methode. *Hunter* hat letztere benutzt. Abb. 102 zeigt den Grundriß seiner aus drei Kammern bestehenden Anordnung. Sie sind um einen Vorraum R angeordnet, in dem das Versuchstier wartet. Jede Kammer trägt eine Lampe L, eine von ihnen leuchtet. Und in dieser Kammer ist für das Tier nicht wahrnehmbar Fleisch verborgen.

Zunächst lernt der Hund: beim Licht ist Futter. Die Lampe bekommt also Sekundärvalenzen. Beim kritischen Versuch wird das Licht nach kurzem Aufleuchten verlöscht. Aber das Tier darf noch nicht handeln, sondern muß warten. Hat es nach mehreren Minuten noch behalten, wo das Licht gewesen war?

Hunter fand bei Hunden die Grenze mit 5 Minuten, bei Ratten mit 10 Sek. und bei Waschbären mit 25 Sekunden.

Bei der direkten Methode pflegt man kein assoziiertes Merkmal, sondern das Lockmittel selbst vorzuweisen und es dann hinter oder unter einem von mehreren gleichen Gebilden (Kästen oder Blumentöpfen) zu verbergen. Nach einer kurzen Zeit darf das Tier dann wählen.

Die Ergebnisse der verschiedenen mit diesen Methoden angestellten Untersuchungen habe ich schon früher referiert (*Fischel*, 1935, 1936). Man kann sie dahin zusammenfassen, daß alle Hunde nach drei bis fünf Minuten Verwechslungen machen, Katzen schon nach Sekunden. Affen haben neuerdings *Harlow* (1932/33) und seine Mitarbeiter eingehend geprüft und einen auffallenden Unterschied zwischen den Affen der neuen und der alten Welt gefunden. Die Durchschnittszeiten sind für:

Lemuroidea 5 Sek.
Platyrrhina 15 Sek.
Hylobatidae 15 Sek.
Catarrhina 60 Sek. und mehr.
Anthropomorphae 120 Sek. und mehr.

Nach diesen Feststellungen muß man annehmen, daß nur die höheren Affen bestimmte Ziele auch außerhalb des Wahrnehmungsbereiches erstreben können. Nur sie erinnern sich an das, was aus ihrem Blickfeld entschwunden ist, auch noch mehrere Stunden und sogar Tage später.

Allerdings müssen hier einige sehr wichtige Einschränkungen gemacht werden. Das Lockmittel wird bei den Versuchen mit aufgeschobenem Handeln stets sehr kurze Zeit gezeigt. Zweitens beweist das Verhalten bei positivem Ergebnis nur die Erinnerung an Futter schlechthin und nicht an die Qualität des Futters. Drittens wird verlangt, daß das Futter von Versuch zu Versuch in einem anderen Versteck aufgesucht wird. Hat das Versuchstier nun eine Tendenz, denselben Futterplatz wiederholt aufzusuchen, entsteht ein Konflikt und es kann sein, daß die Ortseinstellung siegt und zwar auch dann, wenn die Erinnerung an die Qualität des Lockmittels vorhanden ist.

Ferner führt *B. Schmid* gegen die Untersuchungen mit aufgeschobenem Handeln an, daß sie unter ungünstigen Laboratoriumsbedingungen stattgefunden hätten und den in der freien Natur vorkommenden Verhaltensweisen widersprechen.

Letzteres erläutert er an einem schönen Beispiel (Abb. 103). Ein Jäger schießt einen Hasen, legt ihn bei A hin und geht mit dem Hunde am Waldrand entlang weiter. Nach zwei Stunden kehrt er zurück und schlägt bei B den geraden Weg zum Gutshof ein. Der Hund verläßt hier aber seinen Herrn, rennt zum Hasen bei A und apportiert ihn nach C (*B. Schmid* 1937).

Der Abstand AB betrug 400 m und bei Gegenwind hat der Hund den Hasen weder sehen noch riechen können. Aber dennoch holt er ihn.

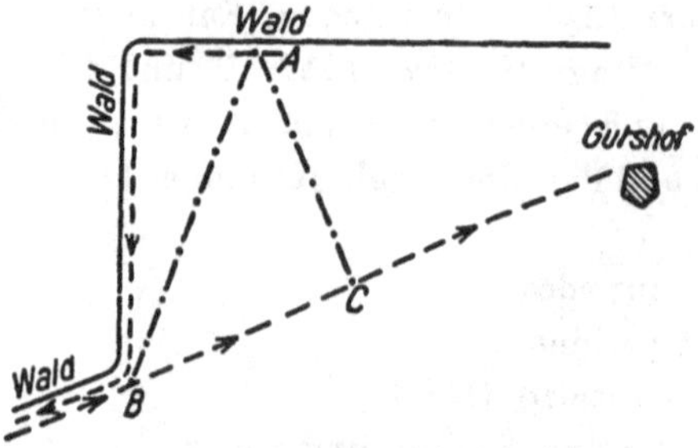

Abb. 103. Spontane Apportierleistung eines Hundes. (Nach *Bastian Schmid*)

Sollte ihm hier nicht ein Erinnerungsbild von der Stelle A mit der dort liegenden Beute aufgestiegen sein? *Schmid* und *Chall* halten es nicht für möglich, das Verhalten ohne die Annahme einer echten Vorstellung, eines frei im Gedächtnis aufgetauchten Bildes zu erklären.

Es ist auch nicht möglich, diese Erklärung zwingend auszuschließen. Mit gutem Recht besteht aber daneben die Möglichkeit, daß hier eine reine Ortserinnerung vorliegt, daß also ein »goal gradient« gewirkt hat. Die Beute hat sehr erregende Wirkung, wodurch der Platz Valenzen bekommt. Kein Reiz, der Nase oder Auge trifft, bestimmt hier das Verhalten, sondern der Ort schlechthin, an dem das Tier erst vor zwei Stunden ein starkes Erlebnis gehabt hat.

Wir kennen das gute Orientierungsvermögen der Hunde und wissen, daß sie geneigt sind, bekannte Stellen auch dann aufzusuchen, wenn ihr eigentliches Handlungsziel dort nicht vorhanden ist. Das hat sich auch bei Versuchen gezeigt, die *B. Schmid* (1933) durchgeführt hat, um die Entfernung festzustellen, auf die ein Hund seinen Herrn erkennt. Fünf Personen — darunter der Herr — standen mit drei bis fünf Meter Abstand nebeneinander. 100 m entfernt steht der Hund, zunächst von der Personenreihe abgewandt. Nun pfeift einer der Leute, aber nicht der Herr. Der Hund dreht sich um, läuft zur Reihe und bemerkt entweder sofort oder unterwegs seinen Herrn, den er jetzt aufsucht.

Beim zweiten Versuch stehen die Leute in einer anderen Reihenfolge. Aber 4 von den 5 Hunden laufen jetzt an die alte Stelle, wo sie erst beim Herankommen (20—30 m) erkennen, daß dort ein anderer Mann steht.

Die Erinnerung an die frühere Laufrichtung bestimmt das Verhalten in den meisten Fällen. Lockt den Hund eine Wahrnehmung, so wirkt ein Gedächtnisinhalt, der bekanntes Handeln betrifft. Dabei wird es von Valenzen beeinflußt. Bei den Versuchen wirkte der Pfiff auslösend und die Reihe der Männer war wie ein Rahmen, dem die vorher erfolgreiche Einstellung angepaßt wurde.

Die erste, das Handeln veranlassende Wahrnehmung erregt, liefert einen Impuls und es ist kein wesentlicher Unterschied, ob der Hund einen Befehl wahrnimmt oder einen Hasen wittert. Ihn beherrscht jetzt ganz der Gedanke: rennen, stehen, hinlegen usw. je nach den Erfahrungen, die er gemacht hat oder nach dem, was er gelernt hat.

Aber das Ziel ist als wirkender Inhalt der Psyche sehr schnell verblaßt. So kommt es, daß wir den Hund, der beim Apportieren nichts gefunden hat, erneut anrufen müssen. Das weckt die Erinnerung an die jetzt erforderliche Suchtätigkeit von neuem. Und plötzlich bemerkt das Tier ein lockendes Gebilde, das Bringholz oder die Beute.

Jeder Abrichter kennt die leichte Ablenkbarkeit der Hunde. Sie ist zu verstehen, wenn man annimmt, daß nur wahrnehmbare Gebilde bei ihnen subjektive Handlungsziele sind. Verschwinden diese aus dem Bereich von Nase, Ohr und Auge, so treten schnell andere Gebilde mit lockendem Wert an ihre Stelle. Und ihr Einfluß muß in der Abrichtung gebrochen werden, indem sie durch Rückruf des Hundes oder gar durch Strafe negativiert werden.

In diesem Zusammenhang sei auch erwähnt, daß *B. Schmid* nur in ebenen Gelände gute Erfolge hatte, als die Hunde einen Menschen in der Ferne erkennen und aufsuchen mußten. Lag eine Senkung zwischen Ziel und Tier, so hat es jenes bald vergessen. Mit Recht führt der Untersucher das auf den Affekt, die Erregtheit des »suchenden« Tieres zurück.

Das gegenwärtige Gebilde lockt den Hund stärker als das Ferne und Verborgene.

Jetzt wird eingewandt, daß man doch aus einem anderen Zimmer sich vom Hunde einen Pantoffel bringen lassen kann. Und die Blindenhunde führen ihren Herrn auf den Befehl: nach Hause, richtig dorthin. Muß denn da das Ziel nicht von vornherein einen wirkenden psychischen Inhalt bilden? [1])

Auf diese Frage kann man ohne weiteres mit dem Hinweis auf den bekannten Weg antworten. Der Befehl ruft die Erinnerung an eine Verhaltensform wach und der Hund handelt entsprechend. Wenn beim Menschen von vornherein eine Zielvorstellung wirkt, folgt daraus nicht, daß es auch beim Hunde unbedingt der Fall sein müsse.

Greife ich zu Hut und Stock, so freut sich der Hund auf den Spaziergang. Der bevorstehende *Affekt* spielt eine Rolle. Daß in ihm aber nun ein Erinnerungsbild an den Wald auflebt und nicht das an die Felder beweist das Verhalten nicht.

Wenn der Fuchs an 27 Tagen nacheinander auf einem Bauernhof Hühner stiehlt (wie *B. Schmid*, 1937, schildert) zwingt das nicht zu der Annahme, daß er von vornherein an die lockenden Hühner »gedacht« hat, die dort sind und daß er deshalb Mäuse verschmäht. Die Erinnerung an das erfolgreiche Handeln führt ihn wiederholt an dieselbe Stelle. Und das Erreichen dieses Zieles sichern zwei psychische Fähigkeiten: der »goal gradient« und der die Verhaltensform betreffende Gedächtnisinhalt. So wird das Raubtier vor allem die erfolgversprechenden Revierstellen aufsuchen. Und es ist wahrscheinlich, daß Ortsorientierung und die Erinne-

[1]) Daß auch Menschen ohne gedächtnismäßiges Ziel durchaus intelligent handeln können, beweist der Mann ohne Gedächtnis (*Störring* 1936). Er vergißt nach spätestens 1 Sek. was man ihm gesagt hat. Also steht er nach Aufforderung auf, geht zum Schalter, um Licht zu machen, bricht aber die Handlung ab, weil er vergißt, was er tun »wollte«. Hat dagegen das Ziel gegenwärtig wirkende Valenzen, so wird richtig gehandelt. Sein eigenes Taschenmesser hebt der Patient nach Aufforderung vom Boden auf. Vergleichend-psychologisch wichtig ist folgender Versuch, der auch bei Tieren bedeutsame Ergebnisse bringen würde. In einigem Abstand vom Patienten liegt auf dem Boden sein Messer und ein Stück Papier. Wird nun gewünscht, daß er dieses bringe, so nimmt er doch das Messer. Die Handlung läuft sinngemäß ab. Aber der Anblick der Dinge ergibt ein neues Gegenwartsziel: das bekannte Messer, während das durch die Aufforderung gesetzte Ziel vergessen ist. Bekannte Tätigkeitsformen und gegenwärtige Ziele beherrschen das Verhalten dieses keineswegs verblödeten Menschen, der nicht in einer Anstalt lebt und dessen sympathischer Charakter wiederholt betont wird.

rung in den dem Raubtier gegebenen Formen die entsprechenden Fähigkeiten des Menschen weit übertrifft.

Tierfreunde führen auch gern die Verstimmung von Hunden bei längerer Abwesenheit des Herrn als Argument für die Annahme von Vorstellungen beim Hunde an. Das beruht auf einer Unterschätzung der Affekte. Auch Menschen wissen mitunter recht genau, daß ihnen etwas fehlt, finden den Zustand unbehaglich, ja peinlich, und können sich mitunter nicht entsinnen, was sie eigentlich vermissen. Und erst dann, wenn der vergessene Regenschirm erblickt wird, erlebt man: das was es, was mir fehlte! Wenn man nun annimmt, daß Hunde einen entsprechenden Affekt weit stärker als Menschen erleben, ist die Verstimmung des Tieres hinreichend erklärt. In dieser seelischen Lage kann der Hund auch auf die Suche gehen. Geschieht das wiederholt und kommt es dabei zu stürmischen Begrüßungen, so können auch diese als Affekterlebnisse vom Hund erwartet werden.

Man muß den zukünftigen Affekt von der zukünftigen Wahrnehmung unterscheiden. Jener kann beim Hund und bei anderen Raubtieren als lockendes Zukunftsereignis eine Rolle spielen. Diese aber nicht.

Wer einen alten Fuchs in der Freiheit beobachtet hat, weiß wie sehr er jede Witterung prüft und auf jedes Geräusch achtet, wobei Affektschwankungen deutlich zu erkennen sind.

Wenn jetzt eine Beute zu bemerken ist, geht das Raubtier ganz in diesem Erlebnis auf. Jeder »Gedanke« an eine andere Nahrung liegt ihm fern. Und es muß rasch und entschlossen handeln. Denn die Beute kann fliehen.

Mit diesem Verhalten muß man das zögernde und wählerische Schnuppern eines Pflanzenfressers, eines Rehes oder einer Ziege vergleichen. Ihnen läuft die Beute nicht fort, so daß sie Zeit zum Wählen haben.

Wir sehen, daß die hohe Intelligenz der Raubtiere (die die Mittel zum Erreichen der Ziele betrifft) und ein reiches stark differenziertes Affektleben alle ihre Leistungen erklärt und zwar auch dann, wenn ihnen Vorstellungen durchaus abgesprochen werden.

Die Fähigkeit der Menschen, sich ein gestern gesehenes Haus heute anschaulich vorzustellen, ist eine stammesgeschichtlich junge Fähigkeit. Nur beim Eidetiker erreicht der Vorstellungsinhalt volle Übereinstimmung mit dem früher gesehenen Bilde. Ferner überdauert die Erinnerung an den Affekt die Erinnerung an Wahrnehmungen um ein Beträchtliches. Wer in einer Stadt frohe Stunden verlebt hat, behält das noch lange, während er sich an das Aussehen der Häuser schon nach kurzer Zeit nicht mehr erinnert. Das gilt auch vom flüchtigen Eindruck. Der Kraftfahrer berichtet: »Die Fahrt durch den Wald war schön«. Ob dort aber Buchen oder Eichen standen, weiß er nicht anzugeben. *Der Affekt wird leicht und die Wahrnehmung schwer behalten.*

Alles, was bisher zur Kritik des Vorkommens von bildartigen Erinnerungsgehalten beim Hunde gesagt wurde, bedeutet keinen zwingenden Beweis gegen ihre Möglichkeit. Weitere Tatsachen sprechen aber sehr eindringlich gegen sie.

Wir haben zwei Hunde (*Fischel*, 1933) zwischen einem Stück Fleisch und einem Biskuit wählen lassen. Sie lagen mit 1 m gegenseitigen Abstand von dem 4 m entfernt angeleinten Hund (ein Terrier und ein Pinscher), der gleich nach dem Hinlegen der Beute losgelassen wurde und wählen durfte. Bei 40 Versuchen entschieden sie sich 30mal zuerst für das Fleisch. Dieses lockte also stärker.

Das wurde anders, als die Futterstücke vor den Augen der Hunde in Kästen gelegt wurden. Sie liefen einfach zum rechten und fraßen — von einigen Ausnahmen abgesehen — was sie dort fanden. Der eine Hund hat indessen bei 50 Versuchen 6mal das rechts vorgefundene Biskuit verschmäht, ist zum anderen Kasten gelaufen, hat das Fleisch und danach auch noch das Biskuit verzehrt. In diesen wenigen Fällen könnte eine Erinnerung an das Fleisch vorliegen und den Hund gelockt haben, als er den weniger beliebten Bissen fand.

Verbirgt man vor den Augen eines Hundes in nur einem von zwei Kästen Futter, so sucht er diesen sofort richtig auf. Das führt im Vergleich zum vorigen Versuch zu einer wichtigen Folgerung. Der Hund behält gut, *wo* etwas verborgen wurde, und vergißt schnell, *was* es war. Die Versteckstelle bekommt eine stark affektive Tönung und lockt nun dadurch.

E. Kukuck (1936) hat bei Wahlversuchen mit Braunbären bessere Ergebnisse gehabt. Er arbeitete mit zwei Blechnäpfen, die so im Käfig hingen, daß das Versuchstier den Inhalt nicht sehen konnte (Abb. 104). In den einen legte er vor den Augen des Bären ein Stück Brot, das mit Honig bestrichen war. In den anderen Napf kam gewöhnliches Brot. Ersteres war beliebter.

Im Gegensatz zu unseren Hunden sind nun beide Bären ausnahmslos sofort zu dem Versteck gegangen, in dem sie das bevorzugte Futter haben verschwinden sehen. Sie haben also wahrscheinlich etwas von der Qualität des jeweils versteckten Lockmittels behalten.

Unbedingt zwingend ist dieser Schluß insofern nicht, als der jeweils besser beköderte Kasten eine Stelle mit stärkeren Valenzen bedeutet. Vorteilhafter ist es darum, die Lockmittel nicht zu zeigen, sondern das Tier einfach wählen zu lassen. Kommt es nun zufällig zum minderen Futter (dessen Lage es nicht wissen kann) und verschmäht es dieses, um zunächst das andere zu suchen, so ist die Valenzwirkung ausgeschlossen. Nur die Erinnerung an die Qualität des bevorzugten Futters kann unter solchen Umständen die Ursache des Suchens sein.

Im Vergleich mit dem Fuchs und den meisten Hunden ist der Bär ein ruhiges Tier, das zwar lebhaft, aber sehr selten hastig ist. Es könnte nun sein, daß dieser Unterschied der Grund für die Verschiedenheit des Verhaltens beim Wahlversuch

Abb. 104. Ein junger Braunbär (♀) bei einem Klimmzug an einem Napf, in dem Futter verborgen wurde. (Nach Kuckuck)

Abb. 105. Ein Braunbär (♂) beim Austasten eines Futternapfes. (Nach Kuckuck)

ist. Ein unruhiges Tier, das stark auf eine mit Valenzen gewissermaßen übermäßig »geladene« Umwelt anspricht, läßt dabei keine psychischen Inhalte aufkommen, die ferne Dinge betreffen[1]).

[1]) Diese Gedanken hat inzwischen *Bierens de Haan* bei der Erörterung der Futtervorliebe von Affen herangezogen. (Z. Morph. u. Ökol. d. Tiere, Bd. 43, S. 89.) Er unterschied bei seinen 6 Affen wählerische und gierige Arten. (2 Makaken — gierig, 2 Meerkatzen — Mittelstellung, 2 Kapuziner — wählerisch.) Erstere zeigten niedrige, letztere hohe Vorliebezahlen. Von jeder Affenart war ferner ein motorisches und ein sensorielles Individuum vorhanden. Beim Suchen nach verborgenem Futter hatte ein sensorieller Kapuziner die beste Leistung (95,9%) aufzuweisen. Aber ein sehr motorischer Makake war mit 75,1 % nicht der schlechteste der Gruppe. Wenn nun vermutet wird, daß Lebhaftigkeit dem Wirken von Gedächtnisinhalten entgegenstehe, so bedarf das noch weiterer experimenteller Nachprüfung. Außerdem kann als brauchbare Arbeitshypothese der Gedanke

Wenn das Raubtier nicht rasch und entschlossen handelt, sondern zögernd überlegt, ob nicht in der Nähe noch etwas besseres als die im Augenblick gewitterte Nahrung zu finden wäre, vergehen kostbare Sekunden, die seine Erfolgsaussichten auf der Jagd verschlechtern. Es scheint somit durchaus verständlich, daß in der Psyche der Raubtiere die Intelligenz hoch entwickelt ist, während die fernen Dinge als wirkende Inhalte der Seele zwar locken, ohne aber in ihrer Beschaffenheit behalten zu sein. Hinter gegenwärtigen Erscheinungen treten sie schnell zurück, wie man an der leichten Verleitbarkeit von Hunden täglich beobachten kann.

Gegen die Annahme von Vorstellungen beim Hund spricht vor allem die Abrichtungspraxis, der die Erfahrungen von Jahrhunderten zugrunde liegen und die darum nicht ohne weiteres übergangen werden können.

Bekanntlich kann ein Hund, den ich an der Jacke eines Menschen riechen lasse, diesen an einer anderen Stelle am Geruch wiedererkennen. Mit dem Befehl: »Such« ist dem Hund aber kein »Riechziel« gesetzt, das ihm gewissermaßen vorschwebt. Er läuft schnuppernd los, bis ihm plötzlich ein bekannter Duft in die Nase steigt und geradezu einschnappend bellt er: da ist es.

Gibt man dem Hunde sofort danach eine zweite Jacke zur Witterungsnahme, so ist er immer geneigt, die erste Person wieder anzuzeigen. Und nach einer dritten Geruchsprobe an der Kleidung eines dritten Menschen wird er verwirrt. Darum betont *Menzel* (1930) mit Nachdruck, daß bei solchen Prüfungen Pausen eingelegt werden müssen, in denen der Hund die vorigen Riechziele vergessen kann. Umstellungsversuche sollen im Interesse der Leistungsfähigkeit des Hundes überhaupt unterlassen werden.

Ferner fällt auf, daß in den Abrichtungsbüchern von *Most* und seinen Mitarbeitern (1933/34) nur Tätigkeitswörter als Dressurzeichen benutzt werden. Könnte man dem Hund wirklich ein Ziel *außerhalb des Wahrnehmungsbereiches* setzen, so müßte es möglich sein, das bei der Jagd auszunützen. Wer einen Fasan krank geschossen hat, könnte dann sagen: »Such den Fasan!« — also kein Kaninchen. Das ist aber nicht der Fall. Der Hund wird dressiert, das Gelände systematisch abzusuchen und bei dieser Tätigkeit zu bleiben, bis er verwundetes Wild gefunden hat. Stö-

dienen, daß der eigentliche Raubtiercharakter besondere Gedächtnisleistungen bedingt. Weitere Forschung wird sie durch zahlreiche Prüfungen klar herausstellen müssen.

bert er dabei einen Hasen auf, so hetzt er ihn nicht, weil dieses bei der Abrichtung eine verbotene Tätigkeit geworden ist.

Bei Zielen im Sinnesbereich ist es anders. Man kann dem Hund befehlen: geh in die Ecke, setz dich auf den Stuhl usw.

Wo man einen Hund ein verborgenes Ziel erreichen sieht, ist durchweg eine bekannte Wegform im Spiel, ferner Richtungssinn (goal gradient) und ein feines Empfinden für leitende Wahrnehmungen in der gegenwärtigen Umwelt wie Landstraßen, Bahnen oder Gehölzgruppen.

Hinsichtlich der Zielsetzung sind Pflanzenfresser den Fleischfressern überlegen. Wir haben Mäuse in einfachen Wahlversuchen geprüft (*Fischel*, 1929) und ihnen vor ein Schlupfloch je ein Korn Weizen und Roggen unmittelbar nebeneinander hingelegt. Sie bevorzugten ersteres.

Das taten sie aber nicht mehr, als zwischen den beiden Körnern 2 bis 3 cm Abstand war. Sie wurden rechtsläufig und fraßen, was sie fanden.

Nach häufiger Wiederholung des Versuches änderte sich aber ihr Verhalten. Finden sie jetzt zufällig rechts ein Roggenkorn, so lassen sie es nach kurzem Schnüffeln liegen, wenden sich zum Weizen, fressen diesen und danach auch noch das erstere Korn. Letzteres beweist, daß der Roggen anfangs nicht aus Überdrüssigkeit abgelehnt wurde, sondern daß die Erinnerung an den Weizen die Maus zu weiterem Suchen veranlaßte.

Schließlich änderte sich das Verhalten der Mäuse noch einmal. Die Seitenstetigkeit hörte auf und sie liefen vom Schlupfloch aus direkt zum Weizen, mochte er rechts oder links liegen.

Wir begegnen hier dem Problem der »Einstellung«. Es ist als ob die Maus zuerst ohne eigentliches Ziel zum nächsten besten Freßobjekt gelaufen sei. Später hatten sie aber einen Gedächtnisinhalt, der ganz bestimmte Geschmackswahrnehmungen betraf und suchten sich nun auf das betreffende Objekt einzustellen.

Versuche mit Ziegen (*Fischel*, 1930) hatten ein entsprechendes Ergebnis. Leider konnten wir nur eine von ihnen zu Versuchen mit geschlossenen Kästen heranziehen. In einem lag etwas Gerste, im anderen ein Stück Brot, das bevorzugt wurde. Beide Kästen waren mit Klappdeckeln verschlossen, die das Tier leicht hochdrücken konnte.

Das Einlegen der Lockmittel hat die Ziege nicht beachtet und ging während der Vorbereitung des Versuches meist schnüffelnd im Nachbargehege umher. Als die Gittertür zum Versuchsgehege geöffnet wurde, kam sie rasch herbei und ging ausnahmslos zum rechten Kasten und fraß, was zufällig darin war. Mit der Zeit wurde das aber anders. War rechts die Gerste, so ließ sie den Deckel wieder zuklappen, ohne gefressen zu haben, wandte sich nach links, verzehrte das Brot, kam zur Gerste zurück und nahm dann auch diese. Auch das ist ein Beweis für die Erinnerung an die Qualität des Futters. Hier wirkt ein Gedächtnisinhalt ganz unabhängig von der Wahrnehmung des Zieles, das also nur in der Erinnerung gegeben sein kann. Darum habe ich von *freier Erinnerung* gesprochen [1]).

Nun bleiben nur noch die Leistungen der Affen vor verborgenen Zielen zu erörtern. Von ihrer Überlegenheit bei Versuchen mit »aufgeschobener Handlung« haben wir schon gehört. Daß sie mit bestimmten Erwartungen an eine Futterstelle kommen, hat *Tinklepaugh* (1928) durch einen schönen Vertauschungsversuch gezeigt. Vor den Augen eines Affen legte er ein Stück Banane unter einen umgestülpten Becher. Dann richtete er davor ein Brett auf, das bisher flach auf dem Boden gelegen hatte. Hinter diesem Brett wurde nun, ohne daß das Tier es merken konnte, das Lockmittel durch ein Blatt Salat ersetzt.

Nun durfte der Affe herbeikommen, umging das Brett, stülpte den Becher um und war einen Augenblick starr vor Staunen. Dann hat er den Becher genau untersucht und den Versuchsleiter wütend angeschrien. Schließlich ging er gleichgültig fort.

Der Gefühlsausbruch des Affen bedeutet gegenüber dem Verhalten von Nagern oder Ziegen, die eine Erwartung nicht erfüllt finden, einen Fortschritt. Denn diese Tiere wenden sich bald — falls ihr Suchen erfolglos bleibt — gleichgültig einem beliebigen anderen Futter zu. Der Impuls, der von der Erinnerung an die bevorzugte Nahrung ausgeht, ist bei ihnen schwach, beim Affen aber viel stärker.

[1]) Der Gegensatz zwischen freier und gebundener Erinnerung ist zunächst eine rein beschreibende Unterscheidung. Es könnte sich dabei erstens um einen Unterschied in der Fähigkeit zum Bilden von Gedächtnisinhalten handeln, die im einen Fall nur Valenzen im Zusammenhang mit Wahrnehmungen betreffen (»gebundene« Erinnerung) und im anderen Fall vergangene Wahrnehmungen betreffen, die dem Tier beim Anblick anderer Gebilde einfallen können (»freie« Erinnerung). Es ist aber zweitens nicht ausgeschlossen, daß wir es mit verschiedener Fähigkeit zum Ekphorieren an sich gleicher Gedächtnisinhalte zu tun haben. Erst dann, wenn er den Futternapf sieht, fällt dem Hunde ein, wie sein Inhalt geschmeckt hat. Affen vermögen sich dagegen auch dann an eine bestimmte Geschmacksqualität erinnern, wenn nichts von der früheren Futterstelle im Wahrnehmungsbereich liegt. Was zutrifft, wird weitere analytische Arbeit zeigen müssen.

Ob der psychische Inhalt, der hier zur Erörterung steht, von den betreffenden Tieren wirklich als Vorstellung erlebt wird, ist eine offene Fage, die sich dem Experiment entzieht. *Tinklepaugh* spricht vorsichtig von »representative factors«. In der älteren Psychologie des Menschen hielt man alle Bewußtseinsinhalte, die nicht Gefühl und Wahrnehmung waren, für Vorstellungen. Die neuere Psychologie des Denkens hat indessen ergeben, daß auch Gedächtnisinhalte vorhanden sind, die in keiner Weise Vorstellungen sind. Wenn ich das Haus *meine*, in dem ich früher gewohnt habe, ist nicht gesagt, daß ich es mir auch *vorstelle* [1]). Wie weit nun beim Tier der Erinnerungsinhalt klar und anschaulich erlebt ist, wissen wir nicht. Das ist auch unwesentlich neben der Frage, ob er vorhanden ist und wie er wirkt.

Eine wichtige Feststellung darf zum Schluß nicht übergangen werden. Wenn der Affe auch in der Lage ist, sich an die Eigenschaften ferner Dinge zu erinnern, so folgt daraus nicht, daß er es oft tut. Nach wie vor besteht die Behauptung von *W. Köhler* zu Recht, daß die Zeit, in der ein Schimpanse lebt, nach rückwärts und vorwärts eng begrenzt sei. Auch dann, wenn ein gegenwärtiges Ziel stark lockt, kommt es vor, daß der Menschaffe leicht abgelenkt ist und für längere oder kürzere Zeit mit einem beliebigen anderen Gegenstand spielt. Die Gegenwart ist die Welt der Tiere. Und nur bei den leistungsfähigsten von ihnen tritt in ihre Umwelt ab und zu die Erinnerung an etwas Fernes. Sie taucht auf, bewirkt einen Handlungsimpuls und verschwindet. Wir haben nicht den geringsten Grund zu vermuten, daß längere Vorstellungsreihen in der Seele eines Schimpansen vorkommen.

Der Schimpanse kann sich an einen Baum erinnern. Das ist ein einzelnes Gebilde, das in seinem Gedächtnis auftaucht und wieder versinkt. Und das nur, wenn ihn ein Bedürfnis dazu treibt.

Darum kann es auch beim Affen nur zu einer anzeigenden, nicht zu einer beschreibenden Sprache kommen. Das beschreibende Wort setzt nämlich zweierlei voraus. Erstens die Erinnerung an viele Gebilde gleichen Wesens, z. B. an zahlreiche Bäume. Und zweitens ein Erfassen des an ihnen Übereinstimmenden. Wenn jetzt noch die Fähigkeit vorhanden ist, das Gemeinsame durch ein Zeichen, also ein Wort anzudeuten, dann

[1]) Einzelheiten über die hier in Betracht kommenden Inhalte der menschlichen Psyche hat *Bühler* (1907) gründlich erörtert (Arch. ges. Psychol. Bd. 9 S. 296—365).

erst ist eine Sprache möglich, wie sie zur Verständigung zwischen Menschen dient.

In den Zielen ihres Strebens offenbart sich ein grundsätzlicher Unterschied zwischen Tieren und Menschen. Man hat oft behauptet, daß der aufrechte Gang und die Freiheit der Hand die Voraussetzung der Menschwerdung sei. Durch diesen Fortschritt werden selbstverständlich die Mittel zum Erreichen von Zielen vergrößert. Aber das Wesen der menschlichen Intelligenz ist schon im Tierreich durch zukunftbedingtes Einsetzen des Könnens in der Hauptsache gegeben. Die Freiheit der Hand bedeutet einen Fortschritt nicht im Wesen, sondern in der Menge der Handlungsmöglichkeiten.

Demgegenüber bedeutet das Freisein der Gedächtnisinhalte des Menschen von der Koppelung an die Bedürfnisse einen Fortschritt in der ganzen seelischen Struktur. Erinnerungen steigen nicht mehr einzeln und vorübergehend auf, sondern gehen in den ständigen Strom der Bewußtseinsinhalte ein. Und sie können zu ganz neuen Gebilden zusammentreten, können Wohnstätten betreffen, Kleidungsstücke oder Menschengemeinschaften und den, der sie erlebt, begeistern, so daß er sie zu verwirklichen trachtet.

13. DIE PSYCHE IN DER GESAMTHEIT DES LEBENS

Bei der Erörterung der tierischen Leistungen haben wir bestimmte Einzelfähigkeiten nacheinander besprochen. Ist nun aber der Nachweis bestimmter Gedächtnisleistungen Grund zu der Annahme einer echten Seele?

Alle in diesem Buch durchgeführte Überlegungen sind an die Fiktion einer Urseele angeschlossen worden. Sie ließ sich durch das Bild eines ursprünglich inhalts- und formlosen Nebels anschaulich machen, in dem bald stärkere, bald schwächere Wallungen vorkommen.

Dieses Gebilde gewinnt mit der Entfaltung des Lebens in der Tierwelt in dreifacher Hinsicht eine Bereicherung. Das ist

erstens das häufiger vorkommende Aufwallen und

zweitens eine Vermehrung der qualitativ verschiedenen Zustände (der Affekte),

dazu kommt

drittens eine Bereicherung an Inhalten durch das Bewahren vergangener Ereignisse im Gedächtnis.

Die dritte Erweiterung seelischen Geschehens ist aber offenbar ein Mittel, um weitere Erlebnisse der beiden ersten Arten möglich zu machen. Das starke Erlebnis wird behalten und kann darum von neuem erstrebt werden. Dazu liefern die erlernten Verhaltensweisen die geeigneten Mittel. Je umfangreicher das Gedächtnis eines Tieres ist, umso größere Auswahlmöglichkeiten hat es unter dem, was die Natur bietet und kann entsprechend öfter besonders schmackhaftes Futter finden als ein Lebewesen mit beschränkter Erinnerungsfähigkeit.

Die Nahrungsaufnahme dient nun nicht nur zur Beschaffung des Materials für den Stoffwechsel, sondern bringt auch psychische Erlebnisse mit sich. Daß das Aufwallen des Affektes und das Empfinden besonderer Qualitäten nicht nur beim Fressen, sondern bei den verschiedensten Tätigkeiten vorkommt, bedarf keiner weiteren Erläuterung.

Auch die Intelligenz des Menschen ist unter gesunden Umständen ein Mittel zur Erzielung von Genuß und Freude, also von Affekten. Schon der bloße Wechsel von Eindrücken wird als befriedigend erstrebt und Eintönigkeit kann quälen. Je höher die Intelligenz eines Lebewesens, desto zahlreichere Affekterlebnisse sind möglich. Darum können wir folgern:

Die Entwicklung der Seele hat eine Bereicherung an erregenden Erlebnissen mit sich gebracht.

Auch da, wo sich — wie in der Welt der Vögel — ein reiches Instinktleben entfaltet, kann dieses nicht ausschließlich als Mittel zur Befriedigung der Triebe verstanden werden. Der Gesang der Vögel, ihr »Revierbesitz« und viele Balzgewohnheiten bringen Affekte mit sich, die das Leben des Einzeltieres über die Bedürfnisse der Arterhaltung hinaus bereichern und der »Sinn« der Ausgestaltung der betreffenden Affekte sind. In der Entwicklung der Intelligenz als Mittel zur Erziehung von Erregtheiten ist der Mensch das Schlußglied einer langen Reihe. Wallung und Affektqualität spielen aber bei ihm die gleiche befriedigende Rolle wie in der Tierwelt.

Die Ziele des Strebens, die das Gefühl beherrschen, sind aber beim Menschen grundsätzlich anderer Art als beim leistungsfähigsten Tier. Gegenüber dem tüchtigsten Schimpansen sind die vom Menschen in das gegenwärtige Erleben verflochtenen Zeiten außerordentlich vergrößert. Wir wissen, daß der Genuß von heute morgen nicht mehr zu erreichen sein wird. Daher der Wunsch nach Steigerung.

Die Erfahrung lehrt die Flüchtigkeit des Einzelerlebnisses. Nur der Mensch verbindet Ereignisse, so daß die Zukunft größere Erlebnisganzheiten bringen wird.

Die schöpferische Persönlichkeit greift über die Grenzen des eigenen Lebens hinaus und sucht im Anschluß an die Leistungen der Vorfahren für die Zukunft zu wirken. So wird nicht nur das geschaffene Gebilde, der stattliche Bau, das Kunstwerk oder die soziale Tat zum befriedigenden Faktor, sondern das Wirken selbst.

Die Werke, die der Mensch in seinem Streben nach tiefen Erlebnissen schafft, verdankt er vor allem der Sprache. Diese ermöglicht nicht nur die Schilderung vergangenen Geschehens — was gegenüber den Tieren nur ein Fortschritt des Grades wäre — sondern auch die Erschaffung von ganzheitlichen Gebilden, die etwas grundsätzlich Neues bedeuten. Das gilt auch dann, wenn in langen Zeiten in einer großen Menschengruppe das Neue nur langsam wächst, wie es bei der Überlieferung und der Sitte der Fall ist. Die so entstandenen übermateriellen Erscheinungen sind die *geistigen Gebilde*, deren Wesen nicht mehr in den Forschungsbereich der Naturwissenschaft gehört.

Natur und Geist sind aber insofern untrennbar miteinander verbunden, als dieser auf die Urerscheinungen der Seele zurückwirkt. Es gibt eine als Dekadenz bekannte geistige Haltung, die das starke Aufwallen des Seelischen hemmt und schädigt. Gesundes Bemühen ist dagegen auf die Erzielung eines Geistes gerichtet, der den Einzelnen und seine Leistung für die Gesamtheit kräftigt.

Die Menschenseele ist gewissermaßen das Gegenteil von der inhaltslosen Urseele, von der wir ausgegangen sind. Unsere Seele empfinden wir niemals als leer. Weil ihre Inhalte ständig auf die Art des Bewegtseins zurückwirken, ist ein gegenüber der Tierwelt grundsätzlich neues Gebilde entstanden, dessen Reichtum an integrierenden Einzelinhalten die eigentliche Menschenseele bezeichnet.

Wer nun die psychischen Gebilde, die wir in der Tierwelt erschlossen haben, nicht als »Seelen« anerkennen will, muß sie unter einem anderen Begriff zusammenfassen, was wissenschaftlich nicht viel bedeutet. Viel einfacher unterscheidet man die Tierseelen ihren verschiedenen Entwicklungsstufen von der Menschenseele in ihrer besonderen Eigenart. Die Hauptsache ist die Art der Entfaltung psychischen Lebens in der Welt der Organismen, von der die vergleichend-psychologische Betrachtung einige wichtige Züge als besonders markant erkennen läßt. Darum setzen wir an den Schluß unserer Überlegungen folgende Gegenüberstellung:

Das Aufwallen zu hohen Erregtheitsgraden besonderer Tönung ist eine Urerscheinung psychischen Lebens.

Instinkt und Intelligenz sind Mittel zur Erzielung seelischer Bewegtheit.

Bei den Tieren sind es die im Streben nach der Erhaltung des Lebens in der Natur gebotenen Erlebnismöglichkeiten, die seelisches Bewegtsein ergeben können.

Bei den Menschen sind es außerdem noch die selbst geschaffenen Erlebnismöglichkeiten, die starkes seelisches Ergriffensein zur Folge haben.

Durch die Zurückwirkung der vom Mensch geschaffenen Gebilde auf den Zustand seiner eigenen Seele verändert sich das ganze Gefühlsleben mit zunehmendem Alter. Der flache Genuß wird in seiner Wertlosigkeit erkannt und verliert an Affektwert. Das Wirken für eine größere Sache, für Volk und Familie gewinnt an Bedeutung.

Die Schwierigkeit, mit der der Einzelne zu kämpfen hat, besteht nun darin, Wollen und Können aufeinander abzustimmen. Das Wesen dieser altbekannten Schwierigkeit hat uns nun die vergleichende Psychologie verständlich gemacht. Denn das Zuordnen bestimmter Verhaltensweisen zu einem räumlich und zeitlich fernen Ziel ist eine stammesgeschichtlich junge Fähigkeit. Das Erlernen bestimmter Handlungen, die oft wiederholt zu Gewohnheiten werden, ist dagegen eine alte und tief in der Seele verwurzelte Fähigkeit. Das zur Gewohnheit gewordene Können muß mit Anstrengung den wechselnden Bedingungen des Lebens angepaßt werden. Bei Müdigkeit oder Abgespanntheit und im Alter gelingt das nur schwer. Wohl jeder Mensch erlebt es einmal, daß er in eine Bibliothek geht und dort vergessen hat, welches Buch er einsehen wollte. Trotz des verblaßten Zieles ist die Handlung richtig ausgeführt worden, wie wir es bei niederen Entwicklungsstufen der Psyche gesehen haben. Diese niederen Stufen sind in der Menschenseele vollständig erhalten. Wo »mechanisch« oder kinästhetisch gehandelt werden kann, geschieht es auch und bedeutet eine Energieersparnis.

Wer nun die eigenen Leistungen oder als Erzieher die Leistungen anderer Menschen beeinflussen will, wird bei Berücksichtigung der vergleichenden Psychologie einen bedeutenden Gewinn erzielen. Er kann die jungen Fähigkeiten besonders üben und dadurch stärken und ein zu frühes Abgleiten auf ein älteres Verhaltensniveau verhindern. Durch die Beherrschung der allgemeinen Psychologie wird er die günstigste Beziehung zwischen Ziel und Handeln und damit zwischen Wollen und Können erreichen.

LITERATURVERZEICHNIS

Alverdes, F. Die Ganzheitsbetrachtung in der Biologie. Sitzungsber. d. Ges. z. Beförderung d. Natur. Marburg 67/1932.

— Die Ganzheit des Organismus. Zool. Anz. 102/1933.

— Nochmals über die Ganzheit des Organismus. Zool. Anz. 104/1933.

— Gewöhnung und Lernen im Verhalten der Tiere. Zool. Anz. 120/1937.

Antonius, O. Über Herdenbildung und Paarungseigentümlichkeiten der Einhufer. Z. Tierpsychol. 1/1937.

Baldus, K. Untersuchungen zur Analyse der Zwangsbewegungen der Insekten. Z. vergl. Physiol. 6/1927.

Bayer, E. Beiträge zur Zweikomponententheorie des Hungers. Z. f. Psychol. 112/1929.

Beniuc, M. Bedeutungswechsel der Dinge in der Umwelt des Kampffisches. Z. vergl. Physiol. 18/1933.

— Bewegungssehen, Verschmelzung und Moment bei Kampffischen. Z. vergl. Physiol. 19/1933.

Bethe, A. Die Plastizität (Anpassungsfähigkeit) des Nervensystems. Die Naturwiss. 21/1933.

Bethe und Thorner. Koordinationsstudien an vielbeinigen Tieren. Pflügers Arch. 232/1933.

Bierens de Haan, J. A. L'effet dynamique des sensations de couleur de quelques animaux. Arch. de Psychol. 19/1924.

— Über Wahl nach relativen und absoluten Merkmalen. Z. f. vergl. Physiol. 7/1928.

— Neuere Untersuchungen über die höheren Formen der tierischen Intelligenz. Verhandl. deutsch. Zool. Ges. 1931.

— Werkzeuggebrauch und Werkzeugherstellung bei einem niederen Affen. Z. f. vergl. Physiol. 13/1931.

— Über das sogen. »Waschen« des Waschbären. Biol. Zentrbl. 52/1932.

— Der Stieglitz als Schöpfer. Journ. f. Ornithol. 81/1933.

— Enkele opmerkingen over »kompaszin«, »plaatszin« en visueele orientatie bij vogels. Ardea. 23/1934.

Über die Verwendung der Kiste als Schemel bei einigen Procyoniden. Z. Psychol. 131/1934.

— Probleme des tierischen Instinktes. Naturwiss. 23/1935.

— Die Tierpsychologische Forschung, ihre Ziele und Wege. Bios. 2/1935.

— Labyrinth und Umwege. Leiden 1937.

Bramstedt, F. Dressurversuche mit Paramecium caudatum und Stylonychia mytilus. Z. vergl. Physiol. 22/1935.

Brandt, H. Eine Gewohnheitsbildung in der Bewegungsrichtung der Mehlmottenraupe. Z. vergl. Physiol. 21/1934.

Breed, F. S. The development of certain instincts and habits in chicks. Behav. monogr. 1/1911.

Buddenbrock, W. v. Grundriß der vergleichenden Physiologie. Berlin 1937.

Bühler, K. Die geistige Entwicklung des Kindes. Jena 1921.

Buytendijk, F. J. J. Instinct de la recherche du nid et expérience chez les crapauds. Arch. Néerland. Physiol. 2/1917.

— L'instinct d'alimentation et l'expérience chez les crapauds. Arch. Néerland. Physiol. 2/1917.

Buytendijk und Fischel. Die Bedeutung der Feldkräfte und der Intentionalität für das Verhalten des Hundes. Arch. Néerland. Physiol. 17/1932.

— Methoden zur psychologischen Untersuchung wirbelloser Tiere. Abderhaldens Handb. d. Biol. Arbeitsmethoden, Abt. VI, Teil D. 1932.

Claparède, E. La Genèse de l'Hypothèse. Arch. de Psychol. 24/1934.

Copeland, M. Au apparent conditioned response in Nereis Virens. Journ. comp. psychol. 10/1930.

Darwin, Ch. The expression of emotions in man and animals. London 1873.

Dashiell, J. F. Direction orientation in maze running by the white rat. Comp. psychol. monogr. 7/1930.

Drescher und Trendelenburg. Weiterer Beitrag zur Intelligenzprüfung an Affen. Z. f. vergl. Physiol. 5/1927.

Dove, Fr. A study of individuality in the nutritive instincts. Amer. Naturalist 69/1935.

Ebbinghaus, H. Grundzüge der Psychologie. Leipzig 1919.

Eisentraut, M. Markierungsversuche bei Fledermäusen. Z. Morph. u. Ökol. Tiere 28/1934.

Fischel, W. Haben Vögel ein »Zahlengedächtnis«? Z. f. vergl. Physiol. 4/1926.

— Über die Bedeutung der Erinnerung für die Ziele der tierischen Handlung. Z. f. vergl. Physiol. 9/1929.

— Weitere Untersuchung der Ziele der tierischen Handlung. Z. f. vergl. Physiol. 11/1930.

— Dressurversuche an Schnecken. Z. f. vergl. Physiol. 15/1931.

— Methoden zur psychologischen Untersuchung der Wirbeltiere. Abderhaldens Handb. d. biol. Arbeitsmethoden. Abt. 6, Teil D, 1932.

— Über bewahrende und wirkende Gedächtnisleistung. Biol. Zbl. 53/1933.

— Das Verhalten von Hunden bei doppelter Zielsetzung und doppelter Handlungsmöglichkeit. Z. vergl. Physiol. 19/1933.

— Gedächtnisversuche mit Schildkröten. Zool. Anz. 107/1934.

— Die Gedächtnisleistungen der Vögel. Z. Züchtg.: B Tierzüchtg. u. Züchtgsbiol. 36/1936.

— Neue Versuche zur Feststellung des Anwendens erlernter Verhaltensformen bei Affen. Verh. Dtsch. Zool. Ges. 1936.

— Tiere mit Gefühl und Verstand. Berlin 1936.

Fischel und Hühnerfeld. Über den Einfluß von Hämatoporphyrin auf das Verhalten von Tieren. Z. exper. Med. 101/1937.

Fischel, W. Die Affektäußerungen und das Gefühlsleben der Tiere in wissenschaftlicher Beurteilung. Z. Tierpsychol. 1/1937.

Fränkel, G. Phototropotaxis bei Meerestieren. Naturw. 15/1927.
Geismer, A. Die lokomotorischen Reaktionen von Helix pomatia auf Helligkeit und Dunkelheit. Zool. Jahrb. Abt. f. allg. Zool. u. Physiol. 55/1935.
Gemelli, A. L'Etude du »Comportement« en Psychologie Animale. »Scientia« 1936.
Gerhardt, U. Weitere Untersuchungen zur Biologie der Spinnen. Z. f. Morph. u. Ökol. d. Tiere 6/1925.
— Libido, Orgasmus und Kohabitation. Handb. norm. u. patholog. Physiol. 14/1926.
— Neue biologische Untersuchungen an einheimischen und ausländischen Spinnen. Z. f. Morph. u. Ökol. d. Tiere 8/1927.
— Zur Kopulation der Limaciden. 1. Mitt. Z. Morph. u. Ökol. d. Tiere 27/1933.
Goethe, Fr. Alttier und Kalb. D. Dtsch. Jäger 26/1937.
— Beobachtungen und Untersuchungen zur Biologie der Silbermöve. J. Ornithol. 85/1937.
Gruhle, H. Psychopathologie. In: Weygandt, Lehrb. d. Psychiatrie, 1934.
Guillaume und Meyerson. L'usage de l'instrument chez les singes. J. Psychol. 27/1930.
— L'usage de l'instrument chez les singes. J. Psychol. 28/1931.
— L'usage de l'instrument chez les singes. J. Psychol. 31/1934.
Hall, C. S. Emotional behavior in the rat. J. comp. Psychol. 22/1936.
Harlow, H. F. Comparative behavior of primates. III. J. comp. Psychol. 14/1932.
Harlow, Uehling and Maslow. Comparative behavior of primates. I. J. comp. Psychol. 13/1932.
Hausmann, M. The behavior of albino rats in choosing food and stimulants. J. comp. Psychol. 13/1932.
— The behavior of albino rats in choosing foods. II. J. comp. Psychol. 15/1933.
Hase, A. Individualverhalten und Artverhalten bei Insekten. Wandervers. Dtsch. Entomologen 3/1929.
Hediger, H. Die Bedeutung der Flucht im Leben des Tieres und in der Beurteilung tierischen Verhaltens im Experiment. Naturwiss. 25/1937.
Heek, L. Über die Bildung einer Assoziation beim Regenwurm auf Grund von Dressurversuchen. Lotos, Prag 67/1919/20.
Heinroth, O. Beiträge zur Biologie, namentlich der Ethologie u. Psychologie der Anatiden. Verh. d. 5. intern. Ornitol.-Congr. Berlin 1910.
— O. und M. Die Vögel Mitteleuropas. Berlin 1924—1931.
Hellwald, H. Untersuchungen über Triebstärken bei Tieren. Z. f. Psychol. 123/1931.
Hempelmann, Fr. Tierpsychologie vom Standpunkt der Biologen. Leipzig 1926.
Henke, K. Die Lichtorientierung und die Bedingungen der Lichtstimmung bei der Rollassel. Z. vergl. Physiol. 13/1930.
Henschel, J. Reizphysiologische Untersuchungen an der Käsemilbe. Z. vergl. Physiol. 9/1929.
Herter, K. Reizphysiologie und Wirtsfindung des Fischegels. Z. vergl. Physiol. 8/1928.
— Studien über Reizphysiologie und Wirtsfindung bei Fisch- und Entenegeln. Sitzungsber. Ges. naturf. Freunde, 1929.

Herter, K. Dressurversuche mit Igeln. Z. vergl. Physiol. 18/1933.
— Die Höhe des thermotaktischen Optium als Art- und Rassenmerkmal bei Nagetieren. Verhandl. Dtsch. Zool. Ges. 1935.
Hertz, M. Beobachtungen an gefangenen Rabenvögeln. Psachol. Forschg. 8/1926.
— Die Organisation des optischen Feldes der Biene. Z. vergl. Physiol. 8/1929.
— Enttäuschung und Erwartung beim Einsiedlerkrebs. Forsch. u. Fortschr. 9/1933.
— Über figurale Intensitäten in der optischen Wahrnehmung der Biene. Biol. Zentralbl. 53/1933.
Hobhouse, L. T. Mind in Evolution. London 1915.
Holst, E. v. Über den Magnet-Effekt als koordinierendes Prinzip im Rückenmark. Pflügers Arch. 237/1936.
— Vom Wesen der Ordnung im Zentralnervensystem. Die Naturwiss. 25/1937.
Honzik, C. H. Cerebral control in the maze learning of rats. J. comp. Psychol. 15/1933.
Hull, C. L. Goal attraction and directing ideas. Psychol. Rev. 38/1931.
— The goal gradient hypothesis and maze learning. Psychol. Rev. 39/1932.
— Differential habituation to internal stimuli in the albino rat. J. comp. Psychol. 16/1933.
Humphrey, E. S. Mental tests for shepherd dogs. J. Hered. 25/1934.
Hunter, W. S. The delayed reaction in animals and childern. Behav. Monogr. 2/Serail Nr. 6, 1913.
Janzen, W. Untersuchungen über Großhirnfunktionen des Goldfisches. Zool. Jb. (Physiol) 52/1933.
Jennings, H. S. Modifiability in behavior. I. Behavior of sea-anemones. J. exp. Zool. 2/1905.
— Das Verhalten niederer Organismen. Leipzig 1910.
Jordan, H. Allgemeine vergleichende Physiologie der Tiere. Berlin 1929.
Kafka, G. Einführung in die Tierpsychologie. Leipzig 1914.
— Tierpsychologie. In: Handb. d. vergl. Psychol. Bd. 1. München 1922.
Kakies, M. Elche zwischen Meer und Memel. Berlin 1936.
Kellogg, W. N. und L. A. The ape and the child. New York 1933.
Klein, K. Über die Helligkeitsreaktionen einiger Arthropoden. Z. wiss. Zool. 145/1934.
Klüwer, H. Behavior mechanisms in monkeys. Chicago 1933.
— Re-examination of implement-using behavior in a Cebus monkey. Acta Psychol. 11/1937.
Koehler, O. Sinnesphysiologische Untersuchungen an Libellenlarven. Verhandl. Deutsch. Zool. Ges. 1924.
— Beiträge zur Sinnesphysiologie der Planaria alpina. Verhandl. Deutsch. Zool. Ges. 1926.
— Sinnesphysiologie der Tiere. Jahresber. üb. d. ges. Physiol. 1926.
— Die Orientierung von Pflanze(und Tier im Raume. Biol. Zentralbl. 51/1931.
— Beiträge zur Sinnesphysiologie der Süßwasserplanarien. Z. Vergl. Physiol. 16/1932.
Koehler, Müller und Wachholtz. Kann die Taube Anzahlen erfassen? Verh. Deutsch. Zool. Ges. 1935.

Koehler und Wachholtz. Weitere Versuche an der Taube »Nichtweiß«. Verhandl. Deutsch. Zool. Ges. 1936.
Köhler, W. Optische Untertuchungen an Schimpansen und am Haushuhn. Abh. Preuss. Akad. Wiss. Phys.-math. Kl. 1915.
— Nachweis einfacher Strukturfunktionen beim Schimpansen und beim Haushuhn. Ebenda 1918.
— Intelligenzprüfungen an Anthropoiden. Ebenda 1917.
— Die psychischen Gestalten in der Ruhe und im stationären Zustand. Braunschweig 1920.
— Gestaltprobleme und Anfänge einer Gestalttheorie. Jahresber. üb. d. ges. Physiol. 3/1925.
Koffka, K. Die Grundlagen der psychischen Entwicklung. Osterwieck 1925.
Krechevski, I. »Hypotheses« versus »chance«. Univ. of Calif. Publ. in Psychol. 6/1932.
— Hereditary nature of »hypotheses«. J. comp. Psychol. 16/1933.
Kretschmer, E. Medizinische Psychologie. Leipzig 1926.
Krueger, F. Der strukturelle Grund des Fühlens und Wollens. Ber. üb. d. 15. Kongr. d. Deutsch. Ges. f. Psychol. Jena 1937.
— Gefühlsartiges im tierischen Verhalten. Z. f. Tierpsychol. 1/1937.
Kuckuck, E. Tierpsychologische Beobachtungen an zwei Braunbären. Z. vergl. Physiol. 24/1936.
Lashleys, K. S. Nervous mechanisms in learning. In: The foundations of experimental psychology. Worcester, Mass. 1929.
— Brain mechanisms and Intellgence. Chicago 1929.
Lemke, G. Beiträge zur Lichtorientierung und zur Frage des Farbensehens der Planarien. Z. vergl. Physiol. 22/1935.
Locher, Ch. Der Nahrungserwerb von Bufo calamita. Z. vergl. Physiol. 6/1927.
Lorenz, K. Der Kumpan in der Umwelt des Vogels. J. f. Ornithol. 83/1935.
— Über die Bildung des Instinktbegriffes. Die Naturwiss. 25/1937.
McDougall, W. On a Lamarckian experiment. Brit. J. Psychol. 17/1927, 20/1930.
— Insight an foresight in various animals. J. comp. Psychol. 11/1931.
McFarlane, D. A. The rôle of kinaesthesis in maze learning. Univ. of Calif. Publ. in Psychol. 4/1930.
Maday, S. v. Psychologie des Pferdes und der Dressur. Berlin 1928.
Maslow, A. H. Comparative behavior in primates. J. comp. Psychol. 16/1933.
— Appetites and hungers in animal motivation. J. comp. Psychol. 20/1935.
Matthes, E. Geruchdressuren an Meerschweinchen. Z. vergl. Physiol. 17/1932.
— Bau und Funktion der Lippensäume wasserlebender Urodelen. Z. Morph. Ökol. d. Tiere 28/1934.
Menzel, R. und R. Beobachtungen über das Abstraktionsvermögen des Hundes. Arch. ges. Psychol. 71/1929.
— Die Verwertung der Riechfähigkeit des Hundes im Dienste der Menschheit. Berlin 1930.
— Tierpsychologische Voraussetzungen für die Nasenarbeit des Hundes. Z. Hundeforschung 2/1932.
— Welpe und Umwelt. Z. Hundeforschg. N. F. 3/1937.

Morgan, L. Ch. Instinkt und Erfahrung. Berlin 1913.
Most und Böttger. Leitfaden für die Abrichtung des Hundes. Berlin 1933.
Müller, D. Sinnesphysiologische und psychologische Untersuchungen an Musteliden. Z. vergl. Physiol. 12/1930.
Müller, H. G. Untersuchungen über spezifische Organe niederer Sinne bei rhabdocoelen Turbellarien. Sissertation, Königsberg, 1936.
Meisenheimer, J. Geschlecht und Geschlechter im Tierreich. Jena 1921.
Pache, J. Formensehen bei Fröschen. Z. Vergl. Physiol. 17/1932.
Perkins und Wheeler. Configurational learning in the goldfish. Comp. Psychol. Monogr. 7/Nr. 1, Serial Nr. 31, 1930.
Perkins, F. Th. A further study of configurational learning in the goldfish. J. exp. Psychol. 14/1931.
Petermann, B. Die Wertheimer-Köffka-Köhlersche Gestalttheorie. Leipzig 1929.
Peters, H. Die Fanghandlung der Kreuzspinne. Z. vergl. Physiol. 15/1931.
— Weitere Untersuchungen über die Fanghandlung der Kreuzspinne. Z. vergl. Physiol. 19/1933.
— Studien am Netz der Kreuzspinne. Z. Morph. u. Ökol. Tiere 32 und 33/1937.
— Experimentelle Untersuchungen über die Brutpflege eines maulbrütenden Knochenfisches. Z. f. Tierpsychol. 1/1937.
Peyer und Kuhn. Die Kopulation von Limax cineroniger. Vjschr. naturforsch. Ges. Zürich 73/1928.
Piéron, H. L'évolution de la mémoire. Paris 1910.
— La loi de l'oubli chez la limnée. Arch. de Psychol. 9/1910.
Portielje, A. F. J. Zur Ethologie bzw. Psychologie der Silbermöve. Ardea 17/1928.
Romanes, G. J. Die geistige Entwicklung im Tierreich. Leipzig 1885.
Rösch, G. Untersuchungen über die Arbeitsteilung im Bienenstaat. Z. vergl. Physiol. 2/1925.
— Über die Bautätigkeit im Bienenvolk. Z. vergl. Physiol. 6/1927.
— Untersuchungen über die Arbeitsteilung im Bienenstaat. 2. Teil. Z. vergl. Physiol. 12/1930.
Rundquist, E. Inheritance of spontaneous activity in rats. J. comp. Psychol. 16/1933.
Rüppell, W. Heimfindeversuche mit Staren. J. Ornithol. 83/1935.
Russell, E. S. The behavior of animals. London 1934.
— Valence and attention in animal behavior. Acta Biotheorethica 1/1935.
Sander, F. Zur neueren Gefühlslehre. Ber. 15. Kongr. d. deutsch. Ges. f. Psychol. Jena 1937.
Sarris, E. G. Die individuellen Unterschiede bei Hunden. Z. angew. Psychol. 52/1937.
Scharmer, J. Die Bedeutung der Rechts-Linksstruktur und die Orientierung bei lithobius forficatus. Zool. Jb. (Physiol) 54/1935.
Schiche, O. E. Reflexbiologische Studien an Bodenfischen. Zool. Jb. (Physiol) 38/1921.
Schmid, B. Vorläufiges Versuchsergebnis über das hundliche Orientierungsproblem. Z. Hundeforschg. 2/1932.
— Begegnung mit Tieren. München 1935.

Schmid, B. Über die Heimkehrfähigkeit von Waldmäusen. Z. vergl. Physiol. 23/1936.
— Zur Psychologie des Treibens und Hütens. Z. f. Tierpsychol. 1/1937.
Schulze, P. Über das Wesen der Instinkte. Rostocker Universitätsreden 29/1933.
Seifert, R. Sinnesphysiologische Untersuchungen am Kiemenfuß. Z. vergl. Physiol. 11/1930.
— Raumorientierung und Phototaxis der anostraken Euphyllopoden. Z. vergl. Physiol. 16/1932.
Small, W. S. An experimental study of the mental processes of the rat. Amer. J. Psychol. 11/1899.
Soest, H. Dressurversuche mit Ciliaten und rhabdocoelen Turbellarien. Z. vergl. Physiol. 24/1937.
Spatz, H. Physiologie und Pathologie der Stammganglien. Handb. d. norm. u. pathol. Physiol. 10/1927.
Spindler und Bluhm. Kleine Beiträge zur Psychologie des Seelöwen. Z. vergl. Physiol. 21/1934.
Spragg, S. D. Anticipation as a factor in maze errors. J. comp. Psychol. 15/1933.
— Anticipatory responses in the maze. J. comp. Psychol. 18/1934.
Stern, W. Psychologie der frühen Kindheit. Leipzig 1923.
Störring, G. E. Gedächtnisverlust durch Gasvergiftung. Arch. f. Psychol. 95/1936.
Steiniger, F. Die Katalepsie von Nepa. Biol. general. 12/1936.
— Über Reaktionshemmung bei jungen Möwen und Seeschwalben. Ornithol. Monatsber. 44/1936.
— Die biologische Bedeutung der »tierischen Hypnose« bei Vögeln. J. Ornithol. 85/1937.
Szymanski, S. Über den Antrieb. Biol. Zentralbl. 39/1919.
Tinbergen, N. Die Orientierung des Bienenwolfes. Z. vergl. Physiol. 16/1932.
Tinklepaugh, O. L. An experimental study of representative factors in monkeys. J. comp. Psychol. 8/1928.
Tirala, L. Die Form als Reiz. Experimentelle Untersuchungen an Libellen. Zool. Jb. (Physiol.) 39/1923.
Teyrovsky, V. A study of ideational behavior of a garden warbler. Publ. de la Facul. des Sciences de l'Université de Masaryk. 122/1930.
Tolman, E. C. Purposive behavior in animals and men. New York 1932.
Uexküll, J. von. Theoretische Biologie. Berlin 1928.
Uexküll und Kriszat. Streifzüge durch die Umwelten von Menschen und Tieren. Berlin 1934.
Vincent, S. B. The white rat and the maze problem. J. anim. Behav. 5/1915.
Volkelt, H. Tierpsychologie als genetische Ganzheitspsychologie. Z. Tierpsychol. 1/1937.
Wachs, H. Paarungsspiele als Artcharaktere. Verh. Deutsch. Zool. Ges. 1933.
Wagner, H. Über Jahres- und Tagesrhytmus bei Zugvögeln. Z. vergl. Physiol. 12/1930.
— Über den Farbensinn der Eidechsen. Z. vergl. Physiol. 18/1933.
Walton, A. Visuel cues in maze running by the albino rats. J. genet. Psychol. 38/1930.

Watson, J. B. Behavior, an introduction to comparative psychology. New York 1914.
— Psychology from the standpoint of a behaviorist. Philadelphia und London 1919.
Weber, H. Beiträge zur Bewegungsphysiologie der Hippocampusarten. Z. vergl. Physiol. 5/1927.
Weizsäcker, v. Reflexgesetze. Handb. d. norm. u. pathol. Physiol. 10/1927.
— Der Gestaltkreis. Pflügers Arch. 231/1933.
Werner, H. Einführung in die Entwicklungspsychologie. Leipzig 1926.
Weyrauch, W. K. Der Internodiallauf als Ausdrucksbewegung. Biol. General. 11/1935.
Wolfle, D. L. The effect of contious interchange of alley sections on the maze behavior of rats. J. comp. Psychol. 19/1935.
Wojtusiak, R. J. Über den Farbensinn der Schildkröten. Z. vergl. Physiol. 18/1933.
Wunder, W. Brutpflege und Nestbau bei Fischen. Ergebn. Biol. 7/1931.
Yerkes, R. M. The intelligence of the earthworms. J. animal. behav. 2/1912.
— Modes of behavioral adaption in chimpanzee to multiple choice problems. Comp. Psychol. Monogr. 10/Nr. 1, Serial Nr. 47, 1934.
— Nature and conditions of avoidance (fear) response in chimpanzee. J. comp. Psychol. 21/1936.
Yerkes und Coburn. A study of behavior of the pig the multiple choice method. J. anim. Behav. 5/1915.
— A study of behavior of the crow by the multiple choice method. J. anim. Behav. 5/1915.
Ziehen, Th. Allgemeine Psychologie. Berlin 1923.
Zuckermann, S. The social life of monkeys an apes. New York 1932.
Zunini, G. Osservatione sul salto delle sanguinerole. Arch. di Sci. biol. 5/1936.

NAMENREGISTER

SACHREGISTER

Kolibri 360 GmbH
Ferdinand-Jühlke-Straße 7
99095 Erfurt, Deutschland
produktsicherheit@kolibri360.de